全国高等职业教育暨培训教材

BIM 技术应用基础

何关培　策　划
王轶群　主　编
何　波　王鹏翊　张立杰　副主编

中国建筑工业出版社

图书在版编目（CIP）数据

BIM 技术应用基础/王轶群主编. —北京：中国建筑工业出版
社，2015.11（2024.3重印）
全国高等职业教育暨培训教材
ISBN 978-7-112-18521-4

Ⅰ.①B…　Ⅱ.①王…　Ⅲ.①建筑设计-计算机辅助设计-应用
软件-高等职业教育-教材　Ⅳ.①TU201.4

中国版本图书馆 CIP 数据核字（2015）第 233885 号

本书是面向专业岗位及职业需要编写而成的 BIM 教学培训用书，全书共分为 10 章，
包括：BIM 概述，BIM 模型创建流程，Revit 应用基础，建筑专业模型创建，结构专业模
型创建，水、暖、电专业模型创建，BIM 模型集成及技术应用，基于 BIM 模型的工程算
量，BIM 模型 5D 应用以及展望。全书内容浅显易懂，突出典型性、示范性，使读者在学
习 BIM 基本知识及相关软件功能的同时，也能了解和掌握与专业相关的 BIM 应用方法。
　　本书可作为各类院校建筑类相关专业的教材，也可供从事 BIM 技术研究的人员学习
和参考。

责任编辑：范业庶　王砾瑶
责任设计：董建平
责任校对：李欣慰　刘　钰

全国高等职业教育暨培训教材
BIM 技术应用基础
何关培　策　划
王轶群　主　编
何　波　王鹏翊　张立杰　副主编
＊
中国建筑工业出版社出版、发行（北京西郊百万庄）
各地新华书店、建筑书店经销
北京科地亚盟排版公司制版
北京凌奇印刷有限责任公司印刷
＊
开本：787×1092 毫米　1/16　印张：23¼　字数：576 千字
2015 年 11 月第一版　2024 年 3 月第十次印刷
定价：59.00 元
ISBN 978-7-112-18521-4
（27759）

本书编委会

策　　划：何关培

主　　编：王轶群

副 主 编：何　波　王鹏翊　张立杰

编　　委：张家立　程莉霞　杨　玲　石天然　谭　佩

　　　　　胡　魁　汪　萍　黄天池　房春艳　王安保

前言：根据行业需要组织 BIM 教学内容

2011 年 5 月，住房城乡建设部颁发了《2011～2015 年建筑业信息化发展纲要》，把加快建筑信息模型（BIM）在工程中的应用、推动信息化标准建设作为行业发展总体目标的主要内容，并就推进 BIM 技术在建筑领域的应用提出了具体要求。2012 年住房城乡建设部启动 BIM 国家标准体系建设工作。2014 年住房城乡建设部发布的《关于推进建筑业发展和改革的若干意见》中，再次明确推进建筑信息模型（BIM）等信息技术在工程设计、施工和运营维护全过程的应用等工作。2015 年 6 月，住房城乡建设部印发《关于推进建筑信息模型应用的指导意见》，提出发展目标："到 2020 年末，建筑行业甲级勘察、设计单位以及特级、一级房屋建筑工程施工企业应掌握并实现 BIM 与企业管理系统和其他信息技术的一体化集成应用。"这表明 BIM 将成为支撑建筑业发展的重要基础和支点，其作用不可忽视，其前景将十分广阔。

建筑信息模型（Building Information Modeling，简称 BIM）是工程项目物理和功能特性的数字化表达，是工程项目有关信息的共享知识资源。BIM 的作用是使工程项目信息在规划、设计、施工和运营维护全过程充分共享、无损传递，使工程技术和管理人员能够对各种建筑信息做出高效、正确的理解和应对，为多方参与的协同工作提供坚实基础，并为建设项目从概念到拆除全生命期中各参与方的决策提供可靠依据。

BIM 的提出和发展，对建筑业的科技进步产生了重大影响。应用 BIM 技术，有望大幅度提高建筑工程的集成化程度，促进建筑业生产方式的转变，提高投资、设计、施工乃至整个工程生命期的质量和效率，提升科学决策和管理水平。对于投资，有助于业主提升对整个项目的掌控能力和科学管理水平、提高效率、缩短工期、降低投资风险；对于设计，支撑绿色建筑设计、强化设计协调、减少因"错、漏、碰、缺"导致的设计变更，促进设计效率和设计质量的提升；对于施工，支撑工业化建造和绿色施工、优化施工方案，促进工程项目实现精细化管理、提高工程质量、降低成本和安全风险；对于运维，有助于提高日常管理和应急管理水平。

BIM 技术的普及应用离不开从业人员的 BIM 技能。近年来，每年都有大量在职人员参加各类 BIM 应用培训，据统计，仅中国建筑股份有限公司 2014 年参加 BIM 应用培训的人数就达到 4783 人，从中可见一斑。同时，BIM 教育也已经在一定数量学校的研究生、本科生和职业教育等各个层面展开，因此，无论是从业人员还是相关专业的学生，未来 BIM 都不仅仅是一种必须掌握的技能，还可能是一种在职业选择和职业发展中突破自我的有效竞争因素。

BIM 不等于一种或几种软件，但 BIM 价值和效益的实现却必须应用若干相关的软件来完成，BIM 软件应用有两个特点，其一是不同的企业和职业可能需要使用不同的软件，其二是同一个职业也需要同时使用不止一个软件，而且一般来说这些软件都来自不同的软件厂商。美国 buildingSMART 联盟主席 Dana K. Smitn 先生在其 2009 年出版的 BIM 专著 "Building Information Modeling - A Strategic Implementation Guide for Architects, Engineers, Constructors and Real Estate Asset Managers" 中下了这样一个论断："依靠一个软件解决所有问题的时代已经一去不复返了"。目前能够看到的各类 BIM 软件应用培训资料几乎都是以"软件"为中心来编写的，最常见的形式是一个软件一本书介绍该软件的使用方法，还没有看到面向专业、岗位或职业需要来编写的 BIM 教学培训资料，本书是对面向"职业"而不是面向"软件"组织 BIM 教学内容的一种探索和尝试，希望对从业人员和在校学生快速掌握满足"职业"需要的 BIM 应用能力起到积极作用。

BIM 软件的专业性普遍很强，掌握 BIM 软件的功能并不难，而真正要用好却并不是一件容易的事，它往往需要使用者具备一定的专业知识和实战经验。BIM 应用能力不仅仅只是建模能力，或是 BIM 软件操作能力，而是能将 BIM 与自身专业、岗位和职业相结合提高自身业务水平的能力。本书力求让初学者在学习 BIM 软件功能的同时，也能同时了解和掌握与专业相关的 BIM 应用方法。内容编排上为兼顾这两者的需求，除了对案例项目的适当简化以外，在软件功能和应用方法的讲解上都力求浅显易懂，突出典型性、示范性，希望初学者可以在此基础上举一反三。

建筑业不同企业和职业的种类虽然有很多种，但基本上可以分为技术、商务和管理三个类型，各类院校建筑业相关的专业也主要可以分为技术和商务两大类，也就是说，对于学生而言，毕业以后从事的工作不外乎技术和商务两个类型，这就是本书组织教学内容的基本出发点。当然，同样是技术或商务 BIM 应用的软件也不止一个，对于这个问题，本书则选择了目前国内比较常用的 4 款软件，包括欧特克软件（中国）有限公司的 Revit 和 Navisowrks、广联达软件股份有限公司的 BIM 5D 以及深圳市斯维尔科技有限公司的"三维算量 for Revit"，这些软件都可以从对应厂商的官方网站上下载教育版和学习版。

本书共分 10 章，第 1 章是 BIM 基本概念和 BIM 常用软硬件介绍，让学生对 BIM 技术有一个整体了解；BIM 模型创建是 BIM 应用的基础，第 2 章～第 6 章通过一个实际工程案例从建模基本流程到建筑、结构、水暖电各专业模型的创建等几个方面详细介绍一个完整工程项目 BIM 模型的创建方法和过程；第 7 章介绍 BIM 模型在建筑业技术层面的应用；第 8 章、第 9 章分别介绍两种不同技术路线开展建筑业 BIM 商务应用的操作方法；BIM 技术还处于快速发展阶段，包含的内容很广，离成熟和完整也还有很长的路要走，不可能在一本这样的书里面包罗万象，最后一章介绍了 BIM 深入应用和发展的可能性。

BIM 是一种新的建筑业信息技术，根据行业需要组织 BIM 教学内容也是一种新的探索，从大方向上我们充满信心，但两个这样的"新"碰在一起，具体问题和困难在所难免，需要更多的专家和同行一起在实际教学工作中逐步解决和完善。

何关培

2015 年 8 月

目　录

第 1 章 BIM 概述

1.1 BIM 基本概念

国际智慧建造组织（building SMART International，简称 bSI）对 BIM 的定义包括以下三个层次：

（1）第一个层次是 Building Information Model，中文可以称之为"建筑信息模型"，bSI 对这一层次的解释为：建筑信息模型是一个工程项目物理特征和功能特性的**数字化表达**，可以作为该项目相关信息的共享知识资源，为项目全生命期内的所有决策提供可靠的信息支持。

（2）第二个层次是 Building Information Modeling，中文可称之为"建筑信息模型应用"，bSI 对这一层次的解释为：建筑信息模型应用是创建和利用项目数据在其全生命期内进行设计、施工和运营的**业务过程**，允许所有项目相关方通过不同技术平台之间的数据互用在同一时间利用相同的信息。

（3）第三个层次是 Building Information Management，中文可称之为"建筑信息管理"，bSI 对这一层次的解释为：建筑信息管理是指通过使用建筑信息模型内的信息支持项目全生命期信息共享的业务流程**组织和控制**过程，建筑信息管理的效益包括集中和可视化沟通、更早进行多方案比较、可持续分析、高效设计、多专业集成、施工现场控制、竣工资料记录等。

目前中英文最常用的两个术语"建筑信息模型"和"BIM"一般情况下都包含前两个层次的含义。

不难理解，上述三个层次的含义互相之间是有递进关系的，也就是说，首先要有建筑信息模型，然后才能把模型应用到工程项目建设和运维过程中去，有了前面的模型和模型应用，建筑信息管理才会成为有源之水、有本之木。

本书包含 BIM 前两个层次的内容，即如何创建模型和如何应用模型。作为 BIM 应用的入门教材，通过一个典型的工程项目案例，具体介绍采用 BIM 软件工具实现最基本的 BIM 应用的步骤和方法。为教学方便，本案例数据经过简化处理，书中涉及的 BIM 应用环境、工具和方法都仅作为教学示范之用。

1.2 BIM 常用软硬件

BIM 的应用离不开软硬件的选择，在项目不同阶段的应用或是针对不同目标的单项应用都需要选择不同的 BIM 软件，并予以必要的硬件配备。

本书采用的软件产品包括用于 BIM 建模的 Autodesk Revit、用于 BIM 模型集成应用的 Autodesk Navisworks Manage、用于 BIM 算量的斯维尔软件和用于 BIM 5D 应用的广联达软件。本节将简单介绍一下这几款软件产品和相应的硬件配置要求。

1.2.1 Revit 软件概述

Autodesk Revit 软件是美国数字化设计软件供应商 Autodesk 公司针对建筑行业的三维参数化设计软件平台。Revit 最早是一家名为 Revit Technology 公司于 1997 年开发的三维参数化建筑设计软件。2002 年，美国 Autodesk 公司以 2 亿美元收购了 Revit Technology，将 Revit 正式纳入 Autodesk BIM 解决方案中。

Revit 为 BIM 这种理念的实践和部署提供了工具和方法，是目前最为主流的 BIM 设计和建模软件之一。

目前 Revit 软件包括 Revit Architecture（Revit 建筑模块）、Revit Structure（Revit 结构模块）和 Revit MEP（Revit 机电模块——暖通、电气、给水排水）三个专业工具模块，以满足完成各专业任务的应用需求。用户在使用 Revit 的时候可以自由安装、切换和使用不同的模块，从而减少对设计协同、数据交换的影响，帮助用户在 Revit 平台内简化工作流，并与其他使用方展开更有效的协作。

Revit 是三维参数化 BIM 工具，不同于大家熟悉的 AutoCAD 绘图系统。参数化是 Revit 的一个重要特征，它包括参数化族和参数化修改引擎两个特征。

Revit 中对象都是以族构件的形式出现，这些构件是通过一系列参数定义的。参数保存了图元作为数字化建筑构件的所有信息。

参数化修改引擎则确保用户对模型任何部分的任何改动都可以自动修改其他相关联的部分。在 Revit 模型中，所有的图纸、二维视图和三维视图以及明细表都是同一个基本建筑模型数据库的信息表现形式。在图纸视图和明细表视图中操作时，Revit 将收集有关建筑项目的信息，并在项目的其他所有表现形式中协调该信息。Revit 参数化修改引擎可自动协调在任何位置（模型视图、图纸、明细表、剖面和平面中）进行的修改。

Revit 的主要特点包括：

（1）三维参数化的建模功能，能自动生成平立剖面图纸、室内外透视漫游动画等。

（2）对模型的任意修改，自动地体现在建筑的平立剖面图，以及构件明细表等相关图纸上，避免图纸间对不上的常见错误。

（3）在统一的环境中，完成从方案的推敲到施工图设计，直至生成室内外透视效果图和三维漫游动画全部工作，避免了数据流失和重复工作。

（4）可以根据需要实时输出任意建筑构件的明细表，适用于概预算阶段工程量的统计，以及施工图设计时的门窗统计表。

（5）通过项目样板，在满足设计标准的同时，大大提高了设计师的效率。基于样板的任意新项目均继承来自样板的所有族、设置（如单位、填充样式、线样式、线宽和视图比例）以及几何图形。使用合适的样板，有助于快速开展项目。

（6）通过族参数化构件，Revit 提供了一个开放的图形系统，支持自由地构思设计、创建外型，并以逐步细化的方式来表达设计意图。族既包括复杂的组件（例如家具和设备），也包括基础的建筑构件（例如墙和柱）。

Revit 族库把大量 Revit 族按照特性、参数等属性分类归档管理，便于相关行业企业或组织随着项目的开展和深入，积累自己独有的族库，形成自己的核心竞争力。

1.2.2　Navisworks 软件概述

AutodeskNavisworks 软件早期由英国 Navisworks 公司研发，2007 年该公司被美国 Autodesk 公司收购。Navisworks 是一款用于集成 BIM 模型，通过 3D 和 4D 方式协助设计检查的软件产品，其针对建筑行业的项目全生命期，以提高质量、生产力为主要目标，支持项目相关方可靠地整合、分享和审阅三维模型。

Navisworks 支持项目各参与方将各自的成果集成至一个同步的完整的建筑信息模型中，从而进行模型浏览、审查、碰撞检测及四维施工模拟等。使用 Navisworks，可以在项目实际动工前，在仿真的环境中体验所设计的项目，发现设计缺陷，检查施工进度计划，并可更加全面地评估和验证所用材质和纹理是否符合设计意图。

Navisworks 软件能够将 AutoCAD 和 Revit 系列等应用创建的设计数据，与来自其他设计工具的几何图形和信息相结合，将其作为整体的三维项目，通过多种文件格式进行实时审阅。Navisworks 软件产品可以帮助所有相关方将项目作为一个整体来看待，从而优化从设计决策、建筑实施、性能预测和规划直至设施管理和运营等各个环节。

Navisworks 的主要特点包括：

（1）三维模型的实时漫游。Navisworks 可实现实时漫游，并且对较大模型也能实现平滑的漫游，为三维校审提供了较好的支持。

（2）模型整合。Navisworks 可以将多种三维模型合并到一个模型中，即综合各个专业的模型到一个模型，而后可以进行不同专业间的碰撞检查、浏览展示。

（3）碰撞检查。Navisworks 不仅支持硬碰撞（物理意义上的碰撞），还可以做软碰撞检查（时间上的碰撞检查、间隙碰撞检查、空间碰撞检查等）。可以定义复杂的碰撞规则，提高碰撞检查的准确性。

（4）4D 模拟。Navisworks 可以导入主流项目管理软件（P3、Project 等）的进度计划，与模型直接关联，通过 3D 模型和动画能力直观演示出建筑和施工的步骤。

（5）支持 PDMS 和 PDS 等工厂设计软件的模型。能够直接读取类似软件的模型，并可以直接进行漫游、渲染和校核等功能。

（6）模型发布。Navisworks 支持将模型发布成一个 .nwd 的文件，利于模型的完整和保密性，并可以用免费的浏览软件进行查看。

Navisworks 系列软件包含三款产品，为项目相关方提供了合适的工具，帮助他们更加高效地进行协作、协调和沟通。

1）Autodesk Navisworks Manage

Autodesk Navisworks Manage 软件是一款完备的校审解决方案，能够帮助用户对项目信息进行校审、分析、仿真和协调。多领域设计数据能够整合进单一集成的项目模型，以使用户进行冲突管理和碰撞检测。Navisworks Manage 能够帮助设计和施工专家在施工前预测和避免潜在问题。

2）Autodesk Navisworks Simulate

Autodesk Navisworks Simulate 软件主要帮助用户对项目信息进行校审、分析和仿真。完备的 4D 模拟、实时漫游动画功能支持用户对设计意图进行演示，对施工流程进行仿真，从而帮助其加深项目理解，提高可预测性。

3）Autodesk Navisworks Freedom

Autodesk Navisworks Freedom 软件是一款针对 NWD 和三维 DWF 文件的免费浏览器。Navisworks Freedom 使所有项目相关方都能够查看整体项目，从而提高沟通和协作效率。

三款产品的功能比对如表格 1-1 所示。

Navisworks 三款产品的功能比对 表 1-1

产品名称	Autodesk Navisworks Manage	Autodesk Navisworks Simulate	Autodesk Navisworks Freedom
项目查看	●	●	●
项目校审	●	●	
仿真和分析	●	●	
碰撞检查及协作	●		

1.2.3 广联达 BIM 系列软件概述

广联达 BIM 系列软件如图 1-1 所示。

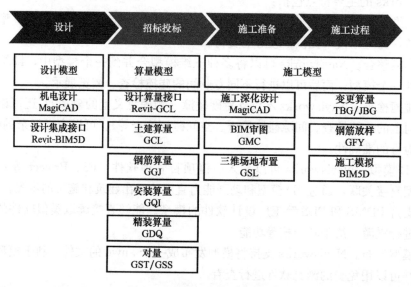

图 1-1 广联达 BIM 软件族谱

（1）MagiCAD 软件：广联达 MagiCAD 软件是整个北欧及欧洲大陆地区领先的机电 BIM 软件，广泛应用于通风、采暖、给水排水、电气、喷洒系统和支吊架的设计与施工，是大众化的 BIM 解决方案。该软件包括风系统设计、水系统设计、喷洒系统设计、电气系统设计、电气回路系统设计、系统原理图设计、智能建模、舒适与能耗分析、管道综合支吊架设计模块。用户根据自身情况，可以选用基于 AutoCAD 平台或者 Revit 平台的 MagiCAD 产品，也可以选用双平台套装软件。

（2）Revit-BIM5D 插件：一款由广联达公司自主开发，辅助完成将主流设计软件 Revit 建筑、结构、机电、场地模型导出广联达 BIM5D 软件可读取的 BIM 模型的应用文件。通过插件直接将 Revit 设计文件转换导入 BIM5D 软件中开展后期相应 BIM 应用，摆脱以往 IFC 的集成方式，直接获取 Revit 源数据，将 Revit 模型集成应用变得更加方便快捷，数据更加完整。

（3）Revit-GCL 插件：一款由广联达公司自主开发，将主流设计软件 Revit 建筑、结构模型导出为广联达土建算量软件可读取的 BIM 模型的应用软件。通过 GFC 直接将 Revit 设计文件转换为算量文件，无需二次建模，避免传统算量软件烦琐的建模工作，快速解决全生命周期工程量计算问题。

（4）广联达 GCL 软件：广联达土建 BIM 算量软件 GCL 是广联达自主图形平台研发的一款基于 BIM 技术的算量软件，无需安装 CAD 即可运行。软件内置《房屋建筑与装饰工程工程量计算规范》及全国各地现行定额计算规则；可以通过三维绘图导入 BIM 设计模型（支持国际通用接口 IFC 文件、Revit 文件、ArchiCAD 文件）、识别二维 CAD 图纸建立 BIM 土建算量模型；模型整体考虑构件之间的扣减关系，提供表格输入辅助算量；三维状态自由绘图、编辑，高效且直观、简单；运用三维布尔技术轻松处理跨层构件计算，彻底解决困扰用户难题；提量简单，无需套做法亦可出量；报表功能强大，提供做法及构件报表量，满足招标方、投标方各种报表需求。

（5）广联达 GGJ 软件：广联达钢筋 BIM 算量软件 GGJ 是公司自主图形平台研发的一款基于 BIM 技术的算量软件。它无需安装 CAD 即可运行，同时内置国家结构相关规范和平法标准图集标准构造。软件通过三维绘图、导入 BIM 结构设计模型、二维 CAD 图纸识别等多种方式建立 BIM 钢筋算量模型，整体考虑构件之间的钢筋内部的扣减关系及竖向构件上下层钢筋的搭接情况，同时提供表格输入辅助钢筋工程量计算，替代手工钢筋预算，解决客户手工预算时遇到的"平法规则不熟悉、时间紧、易出错、效率低、变更多、统计烦"问题。

（6）广联达 GQI 软件：广联达安装 BIM 算量软件 GQI 是针对民用建筑工程中安装专业所研发的一款工程量计算软件。集成了 CAD 图算量、PDF 图纸算量、天正实体算量、Magicad 模型算量、表格算量、描图算量等多种算量模式。通过设备一键全楼统计，管线一键整楼识别等一系列功能，解决工程造价人员在招标投标、过程提量、结算对量等过程中手工统计繁杂、审核难度大、工作效率低等问题。

（7）广联达 GDQ 软件：广联达精装算量软件 GDQ 是专业的装饰工程量计算软件，软件内置全国统一现行清单、定额计算规则，兼顾各地特殊规则，确保满足使用者需求；通过批量识别 CAD 图、描图算量、三维造型、表格输入等方式，满足各种算量要求。软件报表功能强大，可以按房间、材料等类别分类汇总出报表，满足招标方、投标方各种报表需求，它把使用者从繁杂的手工算量工作中解放出来，提升效率达 60% 以上。

（8）广联达 GST/GSS 软件：广联达对量软件是协助客户完成工程量审核工作的 BIM 应用软件，包括广联达钢筋对量软件 GSS2011 与广联达图形对量软件 GST2011。它通过快速对比量差，智能分析原因，帮助客户解决对量过程中工程量差算不清，查找难，易漏项的问题。通过读取两个 BIM 算量模型工程文件，根据模型空间位置建立对比关系，快速实现工程量对比，分析量差产生的原因。对量软件能够与广联达 BIM 算量软件即时通信，支持定位、刷新、修改，实现对量过程一次加载工程即可完成。同时还支持与电子表单的对比。

（9）广联达 GMC 软件：广联达 BIM 审图颠覆了传统的二维审图方式，以三维模型为基础，摆脱了对经验的依赖，智能审图，用计算机代替人脑，利用 BIM 技术，快速、全面、准确地预知项目存在的问题，并能一键返回建模软件，精准定位问题所在，快速修改，从而提高工作效率，促进沟通，提升项目管理能力。BIM 审图能与广联达土建、安装、Revit、Magicad 软件共享模型，实现一次建模，多次应用。

（10）广联达 GSL 软件：广联达场地布置软件 GSL 是一款真正用于建设项目全过程临建规划设计的三维软件，内嵌三维模型构件，可以通过绘制或者导入 CAD 电子图纸、3Dmax、GCL 文件快速建立模型，软件按照规范完成规划的方案优化，快速生成直观、美观的三维模型文件，自动配套生成临水、临电方案及临建预算，软件建立的模型可导入至 BIM5D 中用于项目管理阶段。

（11）广联达 TBG/JBG 软件：广联达变更算量包括钢筋变更算量 JBG2013 与土建变更算量 TBG2013 两个产品。作为 BIM 算量软件的模块，分钢筋和土建两个专业，以施工过程和竣工结算的变更单计量业务为核心，实现对多而乱的变更单条理有序化、使得烦琐的手工变更算量智能便捷、底稿可追溯、结果可视化、形象化，帮助工程造价人员在施工过程中和竣工结算阶段便捷、灵活、准确、形象地完成变更单的计量工作，化繁为简，更能防止漏算、少算、后期遗忘、说不清等造成不必要的损失。

（12）广联达 GFY 软件：广联达钢筋施工翻样软件 GFY2014 是一款替代翻样人员手工翻样的高效工具。该软件可通过绘制或导入 CAD 电子图纸、预算工程快速建立建筑模型，软件按照规范和施工要求自动完成各类构件的翻样计算。该软件处理范围广、计算结果准确、呈现形式直观、断料方案合理，能够替代翻样人员 90% 以上的工作量，让翻样人员能够高效、轻松、专业的完成翻样工作。

（13）广联达 BIM5D 软件：以 BIM 平台为核心，集成土建、机电、钢构、幕墙等各专业模型，并以集成模型为载体，关联施工过程中的进度、合同、成本、质量、安全、图纸、物料等信息，利用 BIM 模型的形象直观、可计算分析的特性，为项目的进度控制、成本管控、物料管理等提供数据支撑，协助管理人员有效决策和精细管理，从而达到减少施工变更，缩短工期、控制成本、提升质量的目的。

广联达 BIM 系列软件，涉及项目各个阶段的造价应用，可按照项目要求和应用目标选择合适的 BIM 软件。

本书主要介绍"广联达 BIM5D 软件"的应用。

1.2.4 斯维尔 BIM 软件概述

斯维尔提供涵盖设计院、房地产企业、施工企业、造价咨询企业、电子政务等领域的全生命周期的 BIM 解决方案（如图 1-2 所示）。

斯维尔工具软件分为三类：

1）设计类软件

（1）建筑设计（TH-Arch）软件：建筑设计软件 Arch，构建在被设计师广泛应用的 AutoCAD 平台之上，采用自定义对象技术，在电脑中构建建筑物的虚拟模型，集二维施工图、三维表现图、BIM 模型和建筑数据的管理于一体。

（2）结构设计（YJK）软件：与上游建筑设计软件可以进行构件模型导入，能进行多、高层建筑结构的空间有限元计算分析与设计，适用于框架、框剪、剪力墙、筒体结

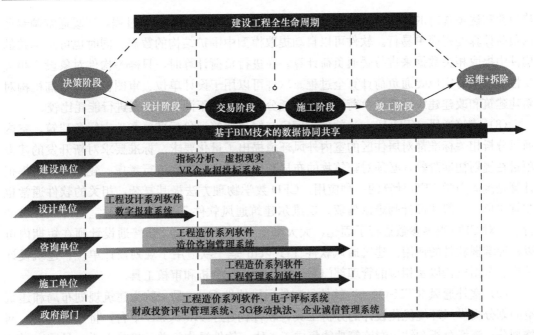

图 1-2　斯维尔 BIM 系列软件概况

构、混合结构和钢结构等。

（3）节能设计（TH-Becs）软件：节能设计软件 Becs，构建于 AutoCAD 平台之上，可以直接利用主流建筑设计软件 Arch 或 TArch 的工程文件，也可以通过软件提供的建模工具快速建立热工模型或通过 2D 条件图识别 T3 或纯 CAD 绘制的图纸。

（4）日照分析（TH-Sun）软件：日照分析软件 Sun，构建于 AutoCAD 平台，按照国家规范和相关的地方规范编制，包含两个主体模块：建筑日照采光分析计算和太阳能利用分析计算。支持日照标准的定制，适用于全国各地日照分析计算。

（5）采光分析（TH-Dali）软件：采光分析 Dali 是国内首款建筑采光专业分析软件，构建于 AutoCAD 平台，主要为建筑设计师或绿色建筑评价单位提供建筑采光的定量和定性分析工具，功能操作充分考虑建筑设计师的传统习惯，可快速对单体或总图建筑群进行采光计算，是《建筑采光设计标准》实施的配套必备工具，结合建筑日照 Sun、建筑节能 Becs、能效测评 Beec、暖通负荷 Bech 等实现绿色建筑设计指标全覆盖。

（6）能效测评（TH-Beec）软件：能效测评软件 Beec 运行于 AutoCAD 平台，主要针对建筑节能测评，用于对建筑物进行能效基础项的理论测评计算。软件对建筑物的能耗进行计算并给出相对节能率，输出能效计算书和测评报表。TH-Beec 可以用于能效测评机构对已竣工建筑的节能效率的测评，也可以用于设计单位对正在设计的建筑进行能效自评，同时可以作为《绿色建筑评价标准》中计算采暖空调系统节能率的配套工具。对设计单位而言，能效测评软件 Beec 与节能设计软件 Becs 配合使用效果最佳，可以重复利用节能设计的成果。

（7）暖通负荷计算（TH-Bech）软件：暖通负荷计算（TH-Bech）软件是为了满足国家和行业的相关标准而研发的软件，软件完全符合《公共建筑节能设计标准》、《民用建筑供暖通风与空气调节设计规范》等规范的强条规范。规范要求施工图在设计阶段必须进行热负荷和逐项逐时的冷负荷计算，TH-Bech 摒弃了以往烦琐的计算过程，使暖通空调专业的负荷计算变得简单易行。软件可以自动提取模型中围护结构的数据。同时也可从单独的构件中提取相关数据来进行暖通负荷计算。在进行负荷计算时，只需为构件对象设定相应属性值，便可完成暖通负荷计算全过程。软件可以用于设计单位、审图机构和咨询机构对新建建筑和改建建筑的暖通负荷计算、能耗分析以及对不同设计方案进行能耗比较。

（8）建筑通风（TH-Vent）软件：国家《绿色建筑评价标准》和地方绿色建筑、室内通风分析相关标准都对居住区的室内外风环境提出了量化要求。标准要求对新开发的建设项目在规划初期阶段，必须对建筑物的布局和环境通风等内容进行考虑。建筑通风的模拟计算是流体力学 CFD 计算的一种应用，CFD 数学物理方法极其复杂，相关的软件通常也非常深奥，一般的设计师难以驾驭。斯维尔建筑通风软件 TH-Vent 针对室内外风环境的特点，对 CFD 很多参数进行了固化，大大降低了使用的门槛，让普通设计师在短期内可以快速掌握软件的使用。建筑通风软件 TH-Vent 是一款适用于规划设计单位、建筑设计单位、审图机构以及相应的管理部门对建筑通风进行分析和审核工具。

（9）室外通风（TH-Oven）软件：室外通风软件 Oven 是一款为建筑规划布局和建筑空间划分提供风环境优化设计的分析工具，软件构建于 AutoCAD 平台，将建筑建模、网格划分、流场分析和结果浏览等功能集成于一体。软件操作简单，极易上手，是国内对建筑室内外风环境分析必需的一款软件，它将深奥复杂的流体力学计算（CFD）用浅显易用的可视化方式予以展现。

（10）设备设计（TH-Mech）软件：设备设计软件（TH-Mech）是一款在 AutoCAD 平台上运行的设备专业设计软件，是为设备专业设计提供的一款方便、快捷设计工具。它使设备设计更专业、更深入，更加符合国家规范，更能准确地反映工程实际情况，并且为上行、下行专业提供良好的接口。生成的构件具有足够的特性来满足后续算量、计价工作的需要。为后续工作提供良好的数据接口。

2）造价类软件；

（1）三维算量 For CAD（THS-3DA For CAD）软件：软件基于国际广泛使用的 AutoCAD 平台，拥有正版 Autodesk 授权。手动布置和自动识别相结合，快速准确，通过导入设计院电子文档进行识别，快速生成三维构件工程量计算模型；算量结果可直接导入"清单计价"软件。

（2）三维算量 For Revit（THS-3DA For Revit）软件：是一款结合国际先进的 BIM 理念，集工程设计、工程预算、项目管理为一体的贯穿工程全生命周期的工程管理软件。软件基于国际先进的 Revit 平台开发，利用 Revit 先进性，轻松实现设计出图、编制预算、指导施工的 BIM 全过程应用。软件结合我国国情，将国家标准清单规范和各地定额工程量计算规则融入算量模块中，突破了国内部分专家、学者认为 Revit 平台上无法实现算量的假设，实现 BIM 理念落地和 Revit 软件的本土化。

（3）安装算量 For CAD（THS-3DM For CAD）软件：软件基于国际广泛使用的 AutoCAD 平台，拥有正版 Autodesk 授权。通过真实的三维图形模型，利用构件相关属性和计算数据，辅以灵活的计算规则设置，完全满足给水排水、通风空调、电气、采暖、消防等安装工程全专业的工程量计算。安装工程中的构件直接在共享的土建模型中进行布置，可以直接对安装器材与器材、器材与土建结构构件进行碰撞检查，无需再次用其他软件和手段进行碰撞建模检查，是真正意义上的"BIM"系列建模软件。算量结果可直接导入"清单计价"软件，实现 BIM 数据传递。

（4）清单计价（THS-BQ）软件：与三维算量软件 TH-3DA 和安装算量软件 TH-3DM 的输出数据无缝连接，实现真正意义上的 BIM 数据传递。系统包含工程量清单计价与传统定额计价两种模式；用户可以根据计价特征以及其他需求自由设置；系统可以同时计算两套结果、打印两套报表。

（5）软件内置用户指定的工程量清单计价项目及项目指引、当地当前适用的建设工程计价定额或消耗量定额，根据工程概预算结算、造价审核、投标报价方式的不同，可提供建设、施工、审查、招标、投标单位等全面的解决方案。

3）工程管理类软件：

（1）项目管理（THS-PM）软件：能够生成横道图、双代号网络图、时标网络、单代号网络，能根据国家标准编制计划，科学合理地安排计划，实时动态地控制工程进度；以横道图，双代号网络图作为主要工具，可互动生成、智能模拟，可在图上直接绘制图线，并可自动生成统计分析表；能够对选中施工项目进行资源挂接，消耗量定额挂接。

（2）施工平面图布置（THS-ID）软件：提供丰富的基本图形组件及其综合操作，通过组合和编辑这些基本图形，可生成各样的工程图形组件完成施工平面图的绘制。同时软件的图元库中包含众多标准建筑图形提供使用；用户自己绘制图形可保存到图元库备用；软件可将图片、剪贴画、Word 等任意文档插入图中进行美化；图纸可存为 BMP、EMF 等格式便于客户交流。可自定义施工现场图形组件，满足特殊情况的需要。

（3）工程标书编制（THS-BDC）软件：支持多媒体标书的编制与组织集成。可在标书里集成视频、音响、Flash、Dwg、Word、Excel 等文档以及多达 20 多种图形格式。标书编制软件可将清单计价软件产生的经济标报表进行合并打包，将技术标、经济标作为一个整体来进行管理和投寄。

本书主要介绍"三维算量 For Revit（THS-3DA For Revit）软件"的应用。

1.2.5　常用硬件要求

BIM 模型是集成了建筑三维几何信息、建筑属性信息等的多维信息模型。首先三维几何信息就比通常的二维图形信息量大，再加上其他的工程属性信息，同样一个项目，二维 CAD 图与 BIM 模型相比，BIM 模型的信息量要大得多，通常是二维 CAD 图的 5～10 倍以上。而且，BIM 模型在用软件打开和运行时，所占用的计算机资源还远大于这个静态存储量。

目前，一般还是在个人计算机终端中直接运行 BIM 软件，完成 BIM 的建模、分析及计算等工作，所以 BIM 对于计算机在数据运算能力、图形显示能力、信息处理数量等几个方面都提出了较高的要求。

以下是对操作 BIM 软件的个人计算机的硬件配置建议：

1）软件学习最低配置

（1）CPU：Intel i5 或同等性能 AMD；

（2）内存：4GB；

（3）硬盘：C 盘可用空间至少 10GB；

（4）显卡：支持 24 位色显示适配器；

（5）显示器：1280×1024 真彩色；

（6）操作系统：Windows 7 或 Windows 8。

2）项目应用建议配置

（1）CPU：Intel i7 主频 3.0GHz 以上或同等性能 AMD；

（2）内存：16GB；

（3）硬盘：C 盘可用空间至少 10GB；

（4）显卡：支持 24 位色独立显示适配器；

（5）显示器：1280×1024 真彩色；

（6）操作系统：Windows 7 SP1 64 位，Windows 8 64 位。

本书采用的案例属于小型规模的项目，使用本书进行学习演练的个人计算机配置不要低于软件学习的最低配置。

1.3 教学软件应用准备

1.3.1 Revit 和 Navisworks 软件下载和安装

Revit 和 Navisworks 软件可以到网站 http://www.autodesk.com.cn 下载。

本书采用的是 Revit 2015 和 Navisworks Manage 2015 版本。下载时要注意软件的版本。安装前需仔细阅读每个软件的安装说明文件，了解相关的硬件要求和安装步骤。软件最好安装在 C 盘默认路径上，要保证 C 盘有足够大的安装空间（一般不少于20G）。

Revit 在安装时，自带有供不同的专业选用的项目样板文件、族文件和对应的族样板文件。其默认安装在：C:\ProgramData\Autodesk\下生成名为"RVT＋版本号"的文件夹下，但要注意的是，当联网安装 Revit 时，程序会自动在网上下载此文件夹，如果离线安装或安装时未选择下载此文件夹，则需要事后手动下载。

另外，为确保 Revit 和 Navisworks 的数据转换插件能自动安装，在安装时要注意先安装 Revit，再安装 Navisworks。

1.3.2 广联达 BIM 软件下载和安装

为了尽可能减少用户的等待时间，广联达 BIM 软件和相关资料，均采用了电子发放的方式，即可以通过网络下载的方式获取。本书用到的是广联达土建 BIM 算量软件 GCL2013 和广联达 BIM5D 软件。下载和安装方法分别为：

1）广联达 GCL 软件下载

第 1 步：下载安装广联达 G＋工作台

广联达 G＋工作台下载地址：http://gws.glodon.com/，在下载界面（图 1-3）下载安装即可，在广联达 G＋平台中可以对广联达公司大部分的产品进行下载安装。

第 2 步：进入广联达 G＋平台中的【软件管家】界面，在界面搜索栏中 输入"GCL"，进行搜索。在搜索结果中选择相应的地区对应的软件进行下载，如图 1-4 所示。

图 1-3　广联达 G+工作台下载界面

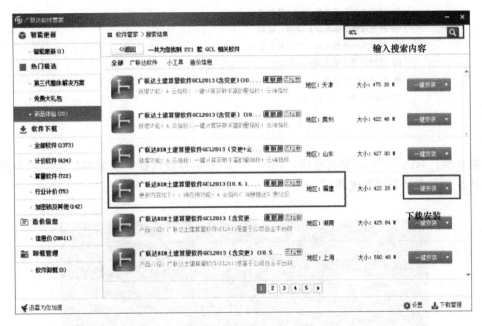

图 1-4　搜索软件并安装

第 3 步：安装完毕后，双击打开即可。这里要注意的是，一定要事先插入软件对应的加密锁，否则软件不能打开。

这样就完成了广联达 GCL 软件的下载和安装。广联达 GGJ、GQI、GDQ、GST/GSS、GFY、GMC 软件的下载和安装方法与广联达 GCL 软件一致，按照同样的方法进行下载安装即可。

2) 广联达 BIM5D 软件下载安装

广联达 BIM5D 软件的下载要到广联达 BIM 官方网站"BIM 之路"中进行，下载地址为：http://bim.fwxgx.com/portal.php?mod=view&aid=197。

第 1 步：在图 1-5 所示的广联达 BIM5D 下载界面，点击"试用版下载"或"正式版下载"，进行软件下载。

通过BIM模型集成进度、预算、资源、施工组织等关键信息，对施工过程进行模拟，及时为施工过程物资、商务、进度、生产等重要环节提供准确的界面切分、资源消耗、技术要求等核心数据，提升沟通和决策效率，从而达到节约时间和成本，提升项目管理质量的目的。支持国际IFC标准，可集成Revit, MagicCAD, Tekla等多专业设计模型

试用版说明，试用版试用时间为30天，欢迎大家购买正版！

| 5D 最新试用版（6月版） | 软件下载地址：试用版下载 |
| 5D 最新正式版（5月版） | 软件下载地址：正式版下载 |

5D 案例工程下载地址：5D试用案例下载

5D 快速上手指南：快速上手指南

5D 操作手册下载地址：5D操作教程

5D 操作视频下载地址：5D操作视频

5D 快速上手视频地址：20分钟学会5D

5D 建模规范下载地址：建模规范

5D Revit插件（5月版）下载地址：Revit for 5D插件

5D产品交流群：223833569

图 1-5　广联达 BIM5D 下载界面

第 2 步：双击 BIM5D 安装程序，在图 1-6 的安装界面选择"安装路径"、"项目路径"点击开始安装直至安装完成即可。

图 1-6　广联达 BIM5D 安装界面

1.3.3　斯维尔 BIM 软件下载和安装

斯维尔 BIM 解决方案系列软件都可以在斯维尔官方网站"斯维尔知道"频道下载

（图 1-7）。本书用到的是三维算量 For Revit（THS-3DA For Revit）软件。

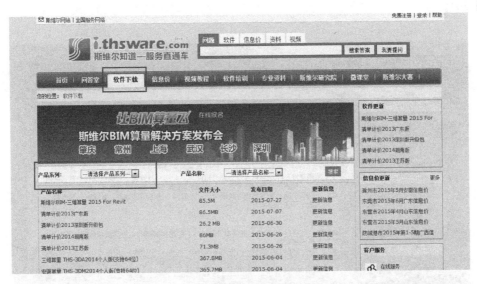

图 1-7　斯维尔 BIM 系列软件下载页面

下载好后，启动安装程序，软件将为用户提供安装向导，按照提示操作即可。

第 1 步：双击"安装 BIM—三维算量 For Revit 安装程序"，稍许等待后将弹出如图 1-8 所示的窗口。建议用户在安装之前关闭所有运行的程序，包括防病毒软件。

图 1-8　三维算量 for revit 安装界面

第 2 步：点击"下一步"按钮，进入"许可协议"页面，用户必须同意协议才能继续安装（图 1-9）。

第 3 步：点击 "下一步" 按钮，进入 "安装选项" 页面，选择要安装的路径（图 1-10）。

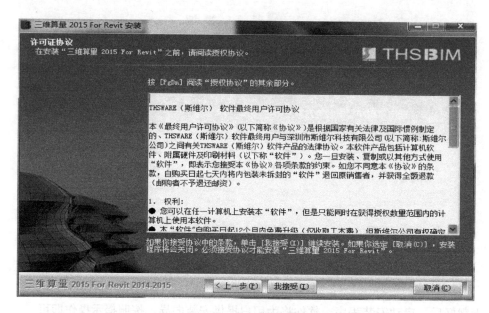

图 1-9　用户协议页面

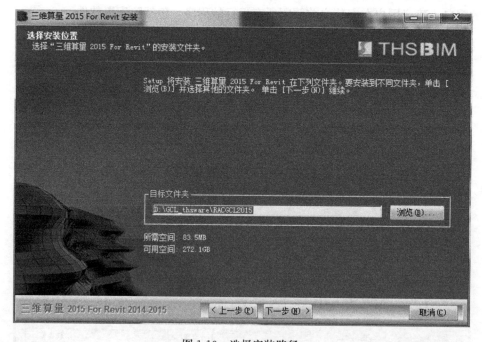

图 1-10　选择安装路径

第 4 步：点击 "下一步" 按钮，进入 "安装类型" 页面，选择安装类型（图 1-11）。
第 5 步：根据向导点击操作直至安装完成（图 1-12）。

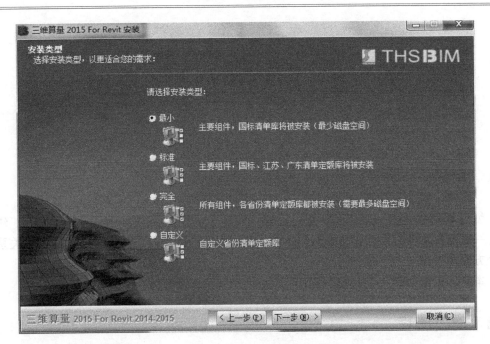

图 1-11　选择安装类型

图 1-12　安装完成

第2章 BIM模型创建流程

2.1 概述

创建BIM模型是一个从无到有的过程，而这个过程需要遵循一定的建模流程。建模流程一般需要从项目设计建造的顺序、项目模型文件的拆分方式和模型构件的构建关系等几个方面来考虑。

本章将主要介绍一下Revit建模时需要考虑的工作流程和本书使用的案例情况。

2.2 建模流程

目前国内工程项目一般都采用传统的项目流程"设计-招标-施工-运营"，BIM模型也是在这个过程中不断生成、扩充和细化的。当一个项目在设计的方案阶段就生成有方案模型，则之后的深化设计模型、施工图模型，甚至是施工模型都可以在此基础上深化得到。对于项目中的不同专业团队，共同协作完成BIM模型的建模流程一般就按先土建后机电，先粗略后精细的顺序来进行。

考虑到项目设计建造的顺序，Revit建模流程通常如图2-1所示。首先确定项目的轴网，也就是项目坐标。对于一个项目，不管划分成多少个模型文件，所有的模型文件的坐标必须是唯一的，只有坐标原点唯一，各个模型才能精确整合。通常，一个项目在开始以前需要先建立一个唯一的轴网文件作为该项目坐标的基准，项目成员都要以这个轴网文件为参照进行模型的建立。

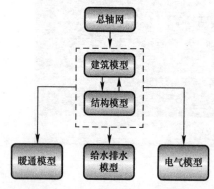

图2-1 Revit建模流程

这里还要特别说明一下的是，与传统CAD不同，Revit软件的轴网是有三维空间关系的。所以，Revit中的标高和轴网是有密切关系的，或者说Revit的标高和轴网是一个整体，通过轴网的"3D"开关控制轴网在各标高的可见性。因此，在创建项目的轴网文件时，也要建立标高，并且遵循"先建标高，再建轴线"的顺序，可以保证轴线建立后在各标高层都可见。

建好轴网文件后，建筑专业人员就开始创建建筑模型，结构专业人员创建结构模型，并在Revit协同技术保障下进行协调。建筑和结构专业模型可以是一个Revit文件，也可以分成两个专业文件，或是更多更细分的模型文件，这主要取决于项目的需要而定。当建筑和结构模型完成后，水暖电专业人员在建筑结构模型基础上再完成各自专业的模型。

由于 BIM 模型是一个集项目信息大成的数据集合体，与传统的 CAD 应用相比，数据量要大得多，所以很难把所有项目数据保存成一个模型文件，而需要根据项目规模和项目专业拆分成不同的模型文件。所以建模流程还和项目模型文件的拆分方式有关，如何拆分模型文件就要考虑团队协同工作的方式。

在拆分模型过程中，要考虑项目成员的工作分配情况和操作效率。模型尽可能细分的好处是可以方便项目成员的灵活分工，另外单个模型文件越小，模型操作效率越高。通过模型的拆分，将可能产生很多模型文件，从几十到几百个文件不等，而这些文件有一定的关联关系，这里要说明一下 Revit 的两种协同方式："工作集"和"链接"。

这两种方式各有优缺点，但最根本的区别是："工作集"允许多人同时编辑相同模型，而"链接"是独享模型，当某个模型被打开时，其他人只能"读"而不能"改"。

理论上讲"工作集"是更理想的工作方式，既解决了一个大型模型多人同时分区域建模的问题，又解决了同一模型可被多人同时编辑的问题。而"链接"只解决了多人同时分区域建模的问题，无法实现多人同时编辑同一模型。但由于"工作集"方式在软件实现上比较复杂，对团队的 BIM 协同能力要求很高，而"链接"方式相对简单、操作方便，使用者可以依据需要随时加载模型文件，尤其是对于大型模型在协同工作时，性能表现较好，特别是在软件的操作响应上。

最后，Revit 建模流程还与模型构件的构建关系有关。

作为 BIM 软件，Revit 将建筑构件的特性和相互的逻辑关系放到软件体系中，提供了常用的构件工具，比如"墙"、"柱"、"梁"、"风管"等。每种构件都具备其相应的构件特性，比如结构墙或结构柱是要承重的，而建筑墙或建筑柱只起围护作用。一个完整的模型构件系统实际就是整个项目的分支系统的表现，模型对象之间的关系遵循实际项目中构件之间的关系，例如门窗，他们只能够建立在墙体之上，如果删除墙，放置在其上的门窗也会被一块删除，所以建模时就要先建墙体再放门窗。例如消火栓族的放置，如果该族为一个基于面或基于墙来制作的族，那么放置时就必须有一个面或一面墙作为基准才能放置，建模时也得按这个顺序来建。

建模流程是很灵活和多样的，不同的项目要求、不同的 BIM 应用要求、不同的工作团队都会有不同的建模流程，如何制定一个合适的建模流程需要在项目实践中去探索和总结，也需要 BIM 项目实战经验的积累。

2.3　操作案例

2.3.1　案例概况

本书采用案例为由北京国奥五环国家体育馆经营管理有限公司开发的某一居住公共服务设施楼项目（以下简称案例项目）。本项目总建筑面积 2643.5m²，其中地上 1 层，为公共服务设施区域，建筑面积 363.26m²，地下 2 层，为公共服务设施区域和游泳馆，建筑面积 2280.24m²。总建筑高度为 6.6m。

项目为钢筋混凝土框架结构。安全等级为二级，设计使用年限为 50 年，抗震设防烈度为 8 度。

本书将按常规的建模流程，通过案例项目模型的创建过程来讲解 Revit 的操作方法。为方便教学，本书采用根据项目的施工图创建项目模型的方式。这种方式比较简单，也比较适合初学者学习软件的操作。项目所有专业的施工图纸电子版（DWG 格式）都放在本书网络下载资源中的"图纸"目录下，建议在开始学习建模前，先通过图纸理解项目设计意图，以便更好地了解建模流程和方法。

2.3.2　项目样板和族文件

为便于统一项目标准，在建模开始之前，项目负责人一般需准备好项目的样板和族文件。本书中，为了便于初学者理解，采用的是 Revit 自带的项目样板，在之后的建模过程中会逐一讲解到各类与项目样板相关的设置方法。除了 Revit 自带的族库，本书附网络下载资源附有项目模型中会用到的族文件。在建模过程中，可以直接调取现有的族文件使用，也可以按第 4.14 节讲解的方法自行创建族文件。

2.3.3　模型文件

本书案例按专业将项目模型划分为"建筑"、"结构"、"暖通"、"给水排水"、"消防"、"电气"六个模型文件，如图 2-2 所示，每个专业内部不再划分子模型文件。

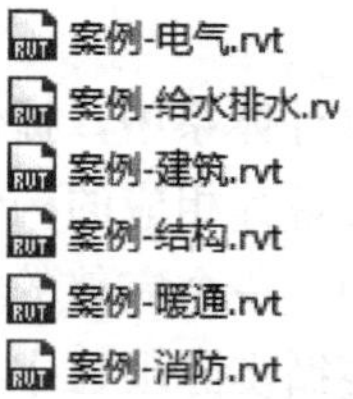

案例-电气.rvt

案例-给水排水.rv

案例-建筑.rvt

案例-结构.rvt

案例-暖通.rvt

案例-消防.rvt

图 2-2　案例模型文件

我们根据项目特点和教学要求，对各专业的建模内容进行了基本的设定，这种模型划分方式主要从创建项目模型角度出发，并未考虑过多设计和专业协同的应用环境，初学者可以通过这种简单的方式尽快熟悉掌握软件的操作。每个章节都按此划分方式分别讲解各专业模型的创建方法，各专业模型之间采用链接方式互相参照，这六个专业文件整合在一起，就是完整的项目模型文件。

第 3 章　Revit 应用基础

Revit 提供了建筑、结构、机电各专业的功能模块，用于进行专业建模和设计，但是一些 Revit 基本的功能和概念是各专业通用的。本章主要讲解一下在用 Revit2015 创建项目模型时，需要了解的最基本的通用功能。

3.1　Revit 软件启动

成功安装 Revit 2015 后，双击桌面 ![]图标即可启动进入到如图 3-1 所示的启动界面。

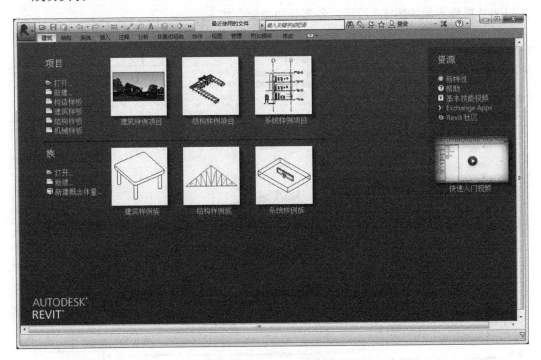

图 3-1　Revit 启动界面

在启动界面上，可以直接点击选择"打开"或"新建"或用样板创建项目文件和族文件，之前使用过的项目和族也会在界面上显示，点击可直接打开这些文件。

Revit 项目文件格式为 RVT，项目的所有设计信息都是存储在 Revit 的项目文件中的。项目文件包含了建筑的所有设计信息（从几何图形到构造数据），包括建筑的三维模型、平立剖面及节点视图、各种明细表、施工图图纸以及其他相关信息。

Revit 项目样板文件格式为 RTE，当在 Revit 中新建项目时，Revit 会自动以一个后缀名为".rte"的文件作为项目的初始条件。项目样板主要用于为新项目提供预设的工作环境，包括已载入的族构件，以及为项目和专业定义的各项设置，如单位、填充样式、线样

19

式、线宽、视图比例和视图样板等。Revit 提供有多种项目样板文件，默认放置在："C：\ProgramData \ Autodesk \ RVT 2015 \ Templates \ China"文件夹内。

Revit 族文件格式为 RFA，族是 Revit 中最基本的图形单元，例如梁、柱、门、窗、家具、设备、标注等都是以族文件的方式来创建和保存的。可以说"族"是构成 Revit 项目的基础。

Revit 族样板文件格式为 RFT，创建新的族时，需要基于相应的样板文件，类似于新建项目要基于相应的项目样板文件。Revit 提供有多种族样板文件，默认放置在："C：\ProgramData \ Autodesk \ RVT 2015 \ Family Templates \ Chinese"文件夹内。

Revit 允许用户自定义自己的项目样板或族样板文件的内容，并保存为新的 RTE 和 RFT 文件。

3.2 Revit 界面

Revit 操作界面如图 3-2 所示，各部分功能简介如下：

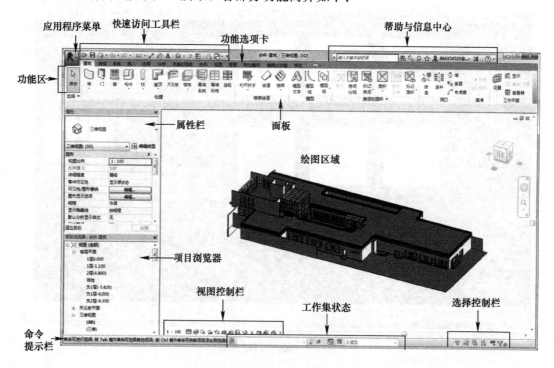

图 3-2 Revit 界面

1）应用程序菜单

应用程序菜单提供对常用文件操作的访问，例如"新建"、"打开"和"保存"，还可以使用更高级的工具（如"导出"和"发布"）来管理文件。单击图标，即可打开如图 3-3 所示的应用程序菜单。

2）快速访问工具栏

常用工具的快捷访问栏，可以根据需要添加工具到快速访问工具栏。

　　快速工具栏可以显示在功能区的上方或者下方，如图 3-4 所示，选择"自定义快速访问工具栏"下拉列表下方的"在功能区下方显示"即可。

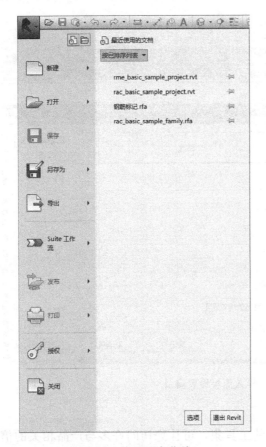

图 3-3　应用程序菜单　　　　　　　　图 3-4　自定义快速访问栏

3）功能选项卡

　　将 Revit 的不同功能分类成组显示，单击某一选项卡，下方会显示相应的功能命令，如图 3-5 所示，单击"插入"，下方显示相应的功能按钮。

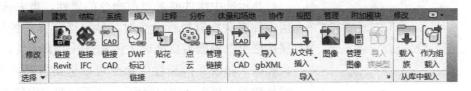

图 3-5　功能选项卡

4）功能区

　　显示功能选项卡里对应的所有功能按钮。

5）面板

　　将功能区里的按钮分类别归纳显示。面板标题旁的小三角，表示该面板可以展开，来显示相关的工具和控件，如图 3-6 所示。

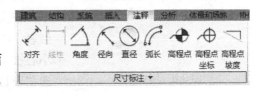

图 3-6　尺寸标注面板

面板右边有小箭头，单击小箭头可以打开一个与面板相关的设置窗口，如图 3-7 所示。

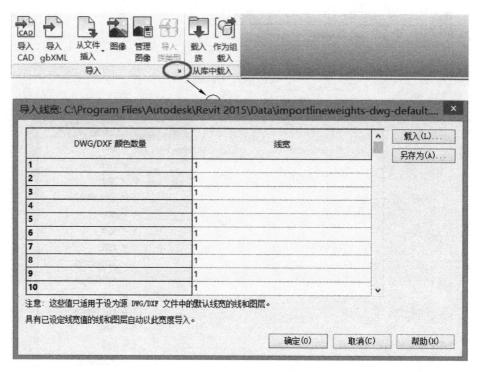

图 3-7　导入面板设置窗口

6）帮助与信息中心

信息中心包括一个位于标题栏右侧的工具集，可让您访问许多与产品相关的信息源，此功能需要联网操作，帮助显示多种软件功能的介绍。

7）绘图区域

绘图区域显示当前项目的视图，如三维视图、二维视图、明细表、图纸等。

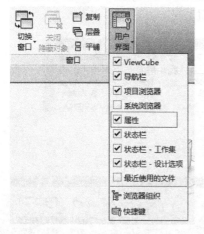

图 3-8　用户界面

8）属性栏

显示选中构件或者当前命令的属性，当未选中任何构件或者没有执行命令时，显示当前视图的属性。属性栏可以根据需要随时关闭和打开，关闭后，选择功能区"修改＞属性"命令可以重新打开属性栏，或是选择"视图＞用户界面"，在下拉列表中勾选"属性"一栏，如图 3-8 所示。

9）项目浏览器

记录当前打开项目所包含的所有视图、图例、明细表、图纸、族、组、Revit 链接。"项目浏览器"不小心被关闭，可以通过到图 3-8 的"用户界面"中勾选"项目浏览器"一栏的方法打开。

10）命令提示栏

提示当前命令应该执行的操作说明。

11）视图控制栏

控制当前视图的显示状态。

12）工作集状态

已启用工作共享的团队项目时，显示当前项目的工作集状态。

13）选择控制栏

控制当前项目的选择状态，根据需要，打开或关闭相应的选择项。

3.3　Revit 新建项目

在 Revit 中新建项目，可以选择▲＞新建＞项目，或者使用快捷键"Ctrl＋ N"，弹出如图 3-9"新建项目"对话框。

在"新建项目"对话框中可以选择想要的样板文件，除了默认的"构造样板"，在下拉框中还有"建筑样板"、"结构样板"、"机械样板"可供选择，这是 Revit 提供的指向样板文件的快捷方式，具体所对应的样板文件可在"▲开始＞选项＞文件位置"中设置，界面如图 3-10 所示。

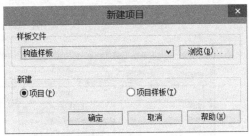

图 3-9　新建项目

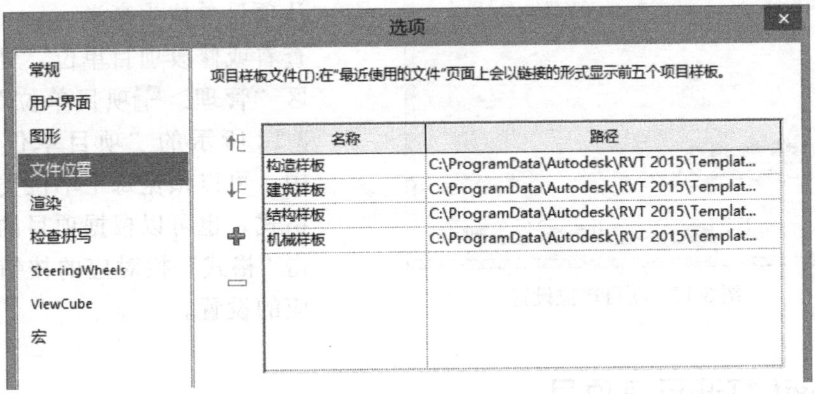

图 3-10　文件位置

Revit 默认的"构造样板"包括的是通用的项目设置，"建筑样板"是针对建筑专业，"结构样板"是针对结构专业，"机械样板"是针对机电全专业（包括水暖电）。如果需要机电某个单专业的样板，可以点击"新建样板"对话框中的"浏览"按钮，在图 3-11 中选择 Electrical-DefaultCHSCHS（电气），Mechanical-DefaultCHSCHS（暖通）或 Plumbing-DefaultCHSCHS（给水排水）专业样板。

在 Revit 启动界面，如图 3-1 所示，有已经默认的"构造样板"、"建筑样板"、"结构样板"、"机械样板"，可以单击这些默认的样板，直接打开项目文件。

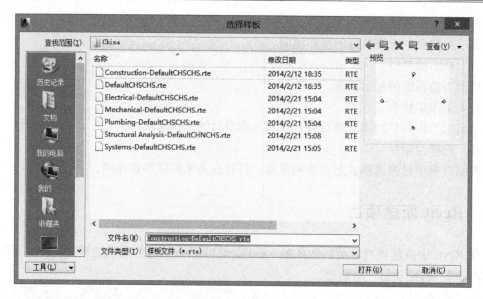

图 3-11　样板浏览

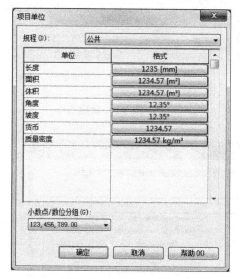

图 3-12　项目单位设置

在使用 Revit 初期，我们可以使用 Revit 自带的这些项目样板，建立项目文件。当具备一定的使用经验后，我们就可以建立适合自己项目使用的样板。

在 Revit 自带样板中，一般默认项目单位为毫米（mm）。若需要查看或修改项目单位，可选择功能区"管理＞项目单位"，在如图 3-12 所示的"项目单位"对话框中，可以预览每个单位类型的显示格式，也可以根据项目的要求，点击"格式"栏对应的按钮，进行相应的设置。

3.4　Revit 打开已有项目

选择＞打开＞项目，或者使用快捷键"Ctrl＋O"，弹出"打开"对话框，找到需要打开项目的路径，选中文件打开即可。如果仅查看某种类型的文件，可以从"打开"对话框的"文件类型"下拉列表中选择该类型，筛选需要查看的类型文件，方便查找。

3.5　Revit 模型保存

可直接单击保存（Ctrl＋S），或选择＞另存为＞项目，弹出如图 3-13 所示的

"另存为"对话框，找到需要保存的路径，点击"保存"即可。

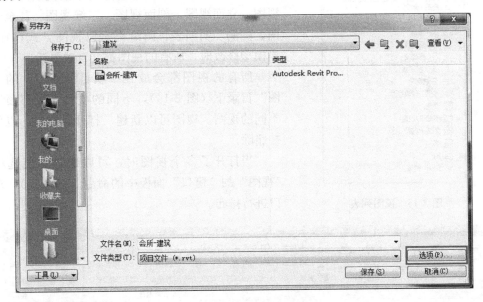

图 3-13　"另存为"对话框

模型保存后，会看到保存的模型文件里，附带有后缀为 001、002……的文件，此为备份文件，格式与模型文件一样，备份文件的数量是可以设置的，点击图 3-13 中的"选项"，弹出"文件保存选项"对话框（图 3-14），可以输入"最大备份数"，数值不能为"0"。

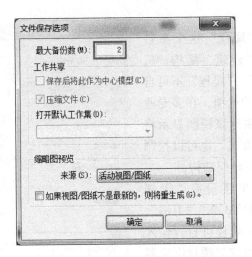

图 3-14　"文件保存选项"对话框

3.6　Revit 视图

在 Revit 中，所有的平立剖面图纸都是基于模型得到的"视图"，是建筑信息模型的

图 3-15　视图列表

表现形式。我们可以创建模型的不同视图，有平面视图、立面视图、剖面视图、三维视图，甚至于详图、图例、明细表、图纸都是以视图方式存在的。当模型修改时，所有的视图都会自动更新。

所有的视图都会放在"项目浏览器"的"视图"目录下（图 3-15），不同的项目样板都预设有不同的视图。视图可以新建、打开、复制，也可以被删除。

当打开了多个视图时，可以通过功能选项卡"视图"的"窗口"面板中的命令（图 3-16），对窗口进行排布。

图 3-16　"窗口"面板

3.7　视图控制

Revit 视图可以通过视图控制栏上的工具或视图属性栏中的参数设置不同的显示方式，这些设置都只影响当前视图。其中常用到的包括：

1）规程

视图属性栏中的"规程"这个参数（图 3-17），默认包括"建筑、结构、机械、电气、卫浴、协调"。"规程"不可自行添加，只能选择现有的选项。在多专业模型整合时，"规程"决定该视图显示将以什么专业为主要显示方式，也可以控制项目浏览器中视图目录的组织结构。

Revit 的视图属性里还设有"子规程"，按专业默认有"HVAC"、"卫浴"、"照明"、"电力"等。子规程可自行输入添加，与规程一样，可以控制项目浏览器中视图目录的组织结构。

2）可见性/图形替换

模型对象在视图中的显示控制可以通过"可见性/图形替换"进行。选择功能区"视图 ＞ 可见性/图形替换"命令，

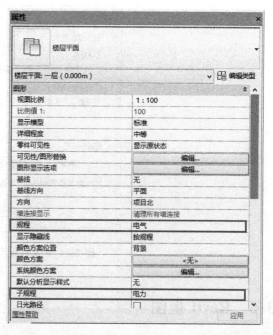

图 3-17　视图属性栏中"规程"和"子规程"参数

或是点击视图属性栏中的"可见性/图形替换"编辑按钮，弹出可见性设置对话框（图 3-18），根据项目的不同，对话框会有多个标签页，以控制不同类别的对象的显示性。在此对话框中可以通过勾选相应的类别，来控制该类别在当前视图是否显示，也可以修改某个类别的对象在当前视图的显示设置，如投影或截面线的颜色、线型、透明度等。

图 3-18　"可见性/图形替换"对话框

3）视图范围

视图属性栏中的"视图范围"参数是设置当前视图显示模型的范围和深度的。点击视图属性栏中的"视图范围"编辑按钮，即可在弹出的对话框中设置（图 3-19）。不同专业和视图类别对于显示范围有不同的设定。

4）视图比例

点击"视图控制栏"的"视图比例"按钮，如图 3-20 所示，可以为当前视图设置视

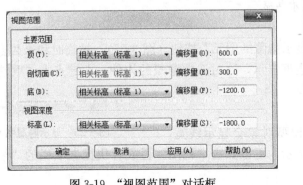

图 3-19　"视图范围"对话框

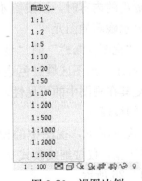

图 3-20　视图比例

27

图 3-21　详细程度

图比例。

5) 详细程度

点击"视图控制栏"的"详细程度"按钮（图 3-21），可以为当前视图设置"粗略"、"中等"或"精细"三种详细程度。

6) 视觉样式

在"视图控制栏"的"视觉样式"，如图 3-22 所示，有六种不同的显示模式，可以根据需要选择。

7) 裁剪区域

裁剪区域用于定义当前视图的边界，可以在视图控制栏上单击 ⬚（图 3-23），用于显示或隐藏裁剪区域，通过拖曳控制柄可以调整裁剪区域的范围。在视图控制栏上单击 ⬚，可以选择是否裁剪视图。

8) 临时隐藏/隔离

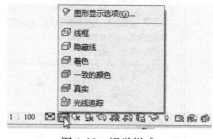

图 3-22　视觉样式

图 3-23　裁剪区域

"视图控制栏"的"临时隐藏/隔离"的功能（图 3-24），可以在当前视图中，隐藏/隔离所选对象，或是与所选对象相同类别的所有模型。临时隐藏/隔离时绘图区域的边框会蓝色高亮显示。

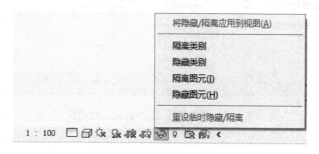

图 3-24　临时隐藏/隔离

点击"将隐藏/隔离运用到视图"，可以将当前视图中临时隐藏/隔离的内容永久隐藏/隔离。当前视图有临时隐藏/隔离的内容时，该按钮才亮显。右键点击"在视图中隐藏"的结果和此命令一样，都是永久隐藏。

点击"重设临时隐藏/隔离"，可以恢复临时隐藏/隔离对象的可见性。当前视图有临时隐藏/隔离的内容时，该按钮才亮显。

9) 显示隐藏的图元

点击"视图控制栏"的"显示隐藏的图元"按钮（图 3-25），被临时和永久隐藏的构件均红色显示，绘图区域红色边框显示，这时选中隐藏的构件，右键点击"取消隐藏图元"，恢复其在视图中的可见性。

10) 细线模式

在默认情况下，视图中的模型对象会显示线宽，

图 3-25　显示隐藏图元

若想忽略线宽，仅按细线模式显示，可以点击"视图"栏或者快捷选项栏的"细线"命令，如图 3-26 所示。

图 3-26　"细线"命令

Revit 还提供了在绘图区直接编辑视图的方法，比如图 3-27 所示是剖面的编辑符号及作用，通过直接点击或拖曳可以灵活地控制视图的显示。

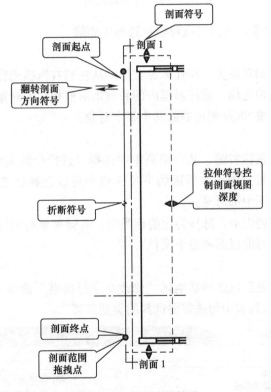

图 3-27　剖面编辑符号

3.8　选择与查看

在 Revit 中，选择模型对象有多种方式：

1）预选

将光标移动到某个对象附近时，该对象轮廓将会高亮显示，且相关说明会在工具提示框和界面左下方的"命令提示栏"中显示。当对象高亮显示时，可按 Tab 键在相邻的对象中做选择切换。比如图 3-28 中，通过 Tab 键，可以快速选择相连的多段墙体。

2）点选

用光标点击要选择的对象。按住 Ctrl 键逐个点击要选择的对象，可以选择多个；按住

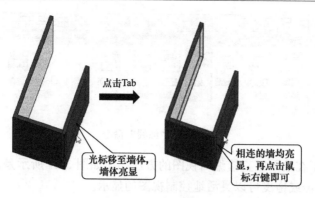

图 3-28　Tab 键使用

Shift 键点击已选择的对象，可以将该对象从选择中删除。

3）框选

将光标移到被选择的对象旁，按住鼠标左键，从左到右拖拽光标，可选择矩形框内的所有对象；从右向左拖拽光标，则矩形框内的和与矩形框相交的对象都被选择。同样，按 Ctrl 键可做多个选择，按 Shift 键可删除其中某个对象。

4）选择全部实例

先选择一个对象，鼠标右键，从右键菜单中选择"选择全部实例"，则所有与被选择对象相同类型的实例都被选中。在后面的下拉选项中可以选择让选中的对象在视图中可见，或是在项目所有视图中都可见。

在项目浏览器的族列表中，选择特定的族类型，右键菜单有同样的命令，可以直接选出该类型的所有实例（当前视图或整个项目）。

5）过滤器

选择多种类型的对象后，选择功能区"修改＞▼过滤器"命令，在打开的"过滤器"对话框（图 3-29），在其列表中勾选需要选择的类别即可。

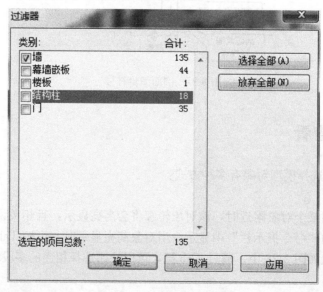

图 3-29　"过滤器"对话框

要取消选择，则可用左键点击绘图区域空白处或者右键点击"取消"或者按键盘"Esc"撤销选择。

在 Revit 中，在三维视图查看模型，可以单击 ViewCube 上各方位（如图 3-30 左所示），快速展示对应方向的模型，也可以右键，在菜单列表中选择查看的方式（如图 3-30 右所示）。

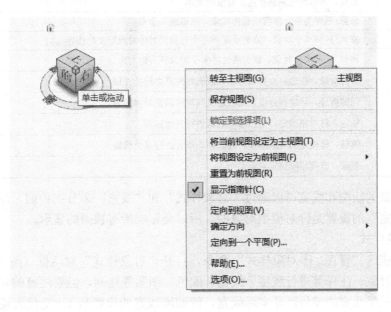

图 3-30　ViewCube 查看

在 Revit 中查看模型也可以通过以下鼠标操作来控制：

（1）按住鼠标滚轮：移动视图。

（2）滑动鼠标滚轮：放大或缩小视图。

（3）按住鼠标滚轮＋Shift：旋转视图，可以选中一个构件，再来操作旋转，旋转中心为选中的构件。

3.9　对象编辑通用功能

Revit 提供了多种对象编辑工具，可用于在建模过程中，对对象进行相应的编辑。编辑工具都放在功能选项卡"修改"下，简要介绍如表 3-1 所示，在后面案例创建过程中，会详细讲解具体用法。

对象编辑工具介绍　　　　　　　　　　　　　　　　　　　　表 3-1

命令	功能
🖹	对齐，可将 个或多个对象与选定对象列齐
🗘	偏移，可将选定对象沿与其长度垂直的方向复制或移动指定的距离
▷◁	镜像-拾取轴，拾取一条线作为镜像轴，来镜像选定模型对象的位置
▷◁	镜像-绘制轴，绘制一条线作为镜像轴，来镜像选定模型对象的位置
✛	移动，用于将选定对象移动到当前视图的指定位置

续表

命令	功能
⚬⚬	复制，可复制一个或多个选定对象，并在当前视图中放置这些副本
↻	旋转，可使对象围绕轴旋转
⊞⊞	阵列，对象可以沿一条线（线性）阵列，也可以沿一个弧形（半径）阵列
⬜	缩放，可以按比例调整选定对象的大小
⊤	修剪/延伸为角，修剪或延伸对象，以形成一个角
⊣	修剪/延伸单个对象，修剪或延伸一个对象到其他对象定义的边界
⊒	修剪/延伸多个对象，修剪或延伸多个对象到其他对象定义的边界
⊪	拆分对象，在选定点剪切对象，或删除两点之间的线段
⫯⫯	间隙拆分，将墙拆分成之间已定义间隙的两面单独的墙
⊢	锁定，将对象锁定，防止移动或者进行其他编辑
⊬	解锁，将锁定的对象解锁，可以移动或者进行其他编辑
✖	删除，直接删除选定对象

模型对象的线型和线宽可以通过"对象样式"和"线宽"来分别控制，注意"对象样式"和"线宽"的设置是针对模型对象的，所以会影响所有视图的显示。

1）对象样式

选择功能区"管理＞🔲对象样式"命令，打开"对象样式"对话框（图 3-31），Revit 分别对模型对象、注释等进行线型、线宽、颜色、图案等控制，但要注意的是这里的线宽所用的数值只是线宽的编号而非实际线宽，例如墙线宽的投影是 1，是代表使用了 1 号线宽，实际线的宽度在"线宽"设置窗口中设置。

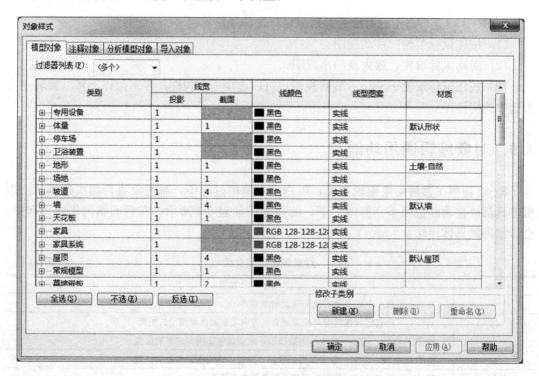

图 3-31 "对象样式"对话框

要注意"对象样式"对话框与"可见性/图形替换"对话框的区别。"对象样式"的设置是针对模型对象的，而"可见性/图形替换"是控制当前视图显示的。在"可见性/图形替换"对话框中（参见图 3-18），点击下方"对象样式"按钮，也可以打开"对象样式"对话框。

2）线宽

选择功能区"管理＞其它设置＞☰ 线宽"命令，打开"线宽"设置窗口（图 3-32）。Revit 分别对模型线宽、透视图线宽、注释线宽进行线宽的设置，同时有些编号较大的线条，还对应不同的视图比例设置不同的线宽，例如 8 号线宽，它在模型显示时，如果视图比例是 1∶50，其实际的线宽为 2mm，在比例是 1∶100，其实际的线宽为 1.4mm 等。你可以根据需要调整、增加或删除这些参数。

图 3-32　线宽设置窗口

3.10　快捷键

在 Revit 软件使用时，可以使用快捷键快速执行命令，软件已对常用命令设置好快捷键，可以直接使用，如图 3-33 所示，当鼠标光标移动至"墙"命令时，稍作停留，光标旁会出现提示框，提示框中括号内大写字母"WA"即为"墙"的快捷键。

除了软件默认的快捷键，我们也可以自己定义其他命令的快捷键。点击 ▲＞"选项"，在"选项"对话框 选择"用户界面"一项，如图 3-34 所示，单击"快捷键"后方"自定义"按钮，弹出如图 3-35 所示的"快捷键"设置窗

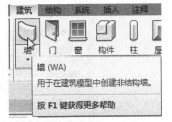

图 3-33　"墙"快捷键

口。也可以选择功能区"视图>用户界面>快捷键",打开这个设置窗口。

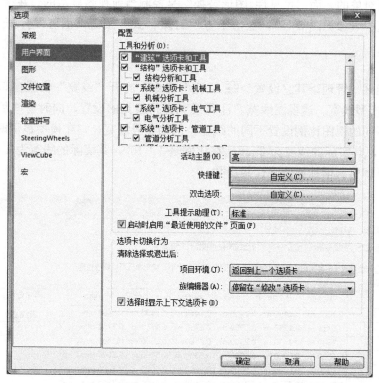

图 3-34 "用户界面"对话框

图 3-35 "快捷键"对话框

我们以添加一个"直径尺寸标注"命令的快捷键"ZJ"为例，在"搜索"栏，输入"直径"快速找到"直径尺寸标注"的命令，在"按新键"栏，输入"ZJ"，单击 [🔑 指定(A)] ，确定后快捷键即添加完成。

快捷键也可以统一导出，或者导入已设置好的快捷键，导出或导入的快捷键文件格式为".xml"，这样可以帮助团队在使用 Revit 软件时，统一快捷键。

不同于其他软件，Revit 软件使用快捷键，只需要直接在键盘上键入快捷键字母即可开始命令，不需要点击空格键或回车键。

3.11　Revit 族

在 Revit 中，"族"有类别和参数的概念。不同的类别代表不同种类的构件，在创建族时，要注意选择合适的族类别。不同的类别也会有不同的参数定义，这些参数记录着族在项目中的尺寸、规格、材质、位置等信息。在项目中可以通过修改这些参数改变族的尺寸和位置等，也可以根据不同的参数控制保存不同类型的族。比如，图 3-36 中，"圆柱"和"矩形柱"都是属于"柱"类别的族构件，其分别又有不同的类型，这些类型就是由不同的参数设置而得到的。

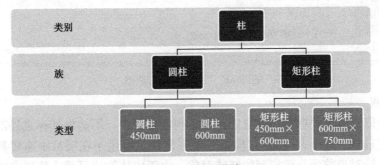

图 3-36　"柱"分类

Revit 中有三种族类型：系统族、可载入族和内建族。

1）系统族

在 Revit 中通过专用命令创建得到。用户不能将其存成外部族文件，也不能通过载入族的方式载入到项目中，只能在项目内进行修改编辑，比如 Revit 中的墙体、屋顶、天花板、楼板、坡道、楼梯、管道等都为系统族，如图 3-37 所示。

图 3-37　系统族

2）可载入族

具有高度可自定义的特征，可通过族样板（RFT 格式）文件创建，保存成 RFA 格式的族文件。可以载入到项目中使用，也可以从项目文件中单独保存出来重复使用。

载入方法有两种：

方法一：在项目文件中，选择功能区"插入＞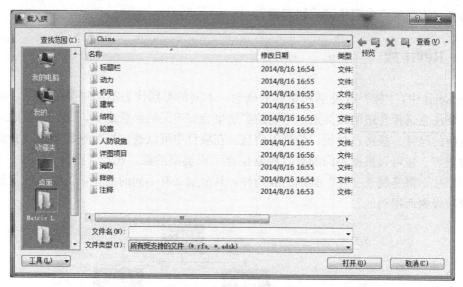载入族"；

方法二：在族文件中，选择功能区"载入到项目中"。

Revit 在安装时自带有族库，包含建筑、结构、机电、注释等多个类型的族，这些族都是可载入族，如图 3-38 所示。其默认放置在："C:\ProgramData \ Autodesk \ RVT2015 \ Libraries \ China"文件夹内。

图 3-38 "载入族"对话框

3）内建族

在项目中以族的方式存在，但只能存在于当前项目中，不能将其存成外部族文件。内建族可以通过选择"构件＞内建模型"来创建。主要用于在项目中需要参照其他模型的对象或是仅针对当前项目而定制的特殊对象。由于内建族比可载入族更占内存，一般建议尽量采用可载入族。

在 Revit 中族参数分为"类型参数"和"实例参数"，当选中某个族时，其类型参数和实例参数会在"类型属性"栏和"属性"栏中分别列出。

1）类型参数

同一类型的族所共有的参数为类型参数，一旦类型参数的值被修改，则项目中所有该类型的族个体都相应改变。例如有一个窗族，其宽度和高度都是使用类型参数进行定义，宽度类型参数为 1200mm，高度类型参数为 1500mm，在项目中使用了 3 个这个尺寸类型的窗族，如果把该窗族的宽度类型参数从 1200mm 改为 1500mm，则项目中这 3 个窗的宽度就同时都改为 1500mm（图 3-39 和图 3-40）。

图 3-39 原宽度类型参数为 1200mm

图 3-40 改变宽度类型参数为 1500mm

2）实例参数

仅影响个体、不影响同类型其他实例的参数称为实例参数，仍以窗族为例，当窗台高度的参数类型是实例参数时，当其中一个窗的窗台高度从原来的 900mm 改为 450mm 时，其他窗的窗台高度保持不变，如图 3-41 和图 3-42 所示。

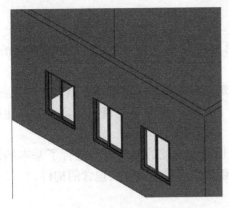 

图 3-41　窗台高度均为 900mm　　　　图 3-42　最左边的窗台高度改为 450mm

第4章 建筑专业模型创建

我们按一般建模流程的顺序，先确定项目的标高轴网，再进行建筑专业的模型创建。

本章创建的是"建筑"模型文件。由于建筑结构的关系比较密切，很多构件比如剪力墙、楼板、屋顶既属于结构构件，又存在找平、防水、保温等建筑部分，所以在建模前，建筑结构要协调好，确定各自的建模内容。

根据本书案例项目的特点和教学要求，我们对各专业的建模内容进行了基本的设定。为便于软件操作的讲解，本章将集中讲解如何创建建筑模型文件所包含的构件。

4.1 新建项目

启动 Revit2015，选择"建筑样板"新建项目（如图 4-1），进入项目绘图界面。

图 4-1 选择建筑样板

4.2 标高

开始建模前，首先要创建的就是标高。在 Revit 中放置标高，必须处于剖面或立面视图中。

4.2.1 创建标高

在项目浏览器中，双击"立面"下的"南"视图（可任选一立面），进入南立面视图，如图 4-2 所示，文件中已默认有两个标高：标高 1、标高 2。

在本书附带的案例项目图纸中，找到建筑的立面图（图 4-3），查看标高。

在 Revit 中修改默认的标高，如图 4-4 所示，将标高 2 的标高改为 5.700：鼠标右键选中标高 2，该标高蓝色高亮显示，点击标高值，进入可编辑状态框，输入"5.7"，按回车键或点击空白处即完成高程修改。

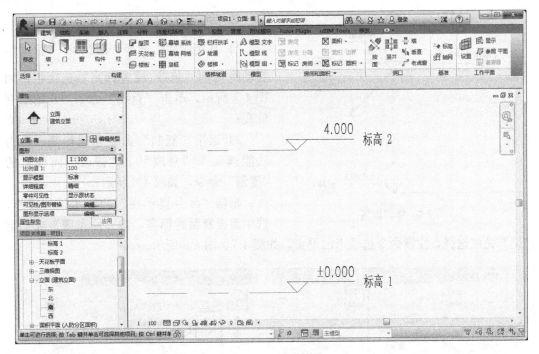

图 4-2　南立面视图

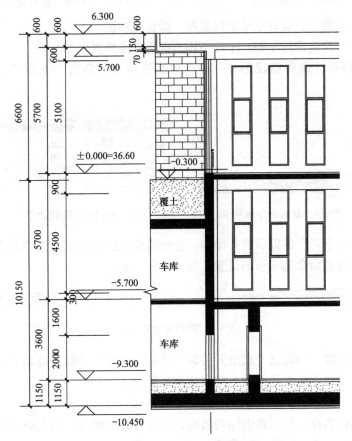

图 4-3　建筑立面图

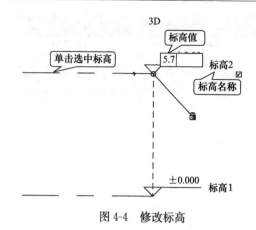

图 4-4　修改标高

要添加其他标高，可以用以下方法：

1) 直接绘制：选择"建筑 > ⚡标高"，自动跳转到"修改/放置标高"选项栏，如图 4-5 所示，单击"直线"命令，开始绘制标高；

2) 运用"复制"命令创建标高：单击功能选项卡"修改"下"修改"面板里的"复制"命令，如图 4-6 所示；

根据"命令提示栏"的提示进行操作，选中需要复制的标高，按"回车键"或"空格键"完成选择，注意命令选项卡的设置，如图 4-7、图 4-8 所示。

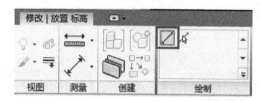

图 4-5　绘制标高　　　　　　　　　图 4-6　复制命令

（1）约束：只能垂直或者水平方向复制，即正交功能。

（2）多个：可连续进行复制，中间不用再次选择需要复制的标高。

3) 运用"阵列"命令创建标高：单击功能选项卡"修改"下的"阵列"命令，如图 4-8 所示。

图 4-7　复制命令选项卡

图 4-8　阵列命令

根据"命令提示栏"的提示进行操作，选中需要复制的标高，按"回车键"或"空格键"完成选择，注意命令选项卡的设置，如图 4-9 所示。

图 4-9　阵列命令选项卡

（1）成组并关联：如勾选"成组并关联"选项，则阵列后的标高将自动成组，需要编辑或解除该组才能修改标头的位置、标高高度等属性。

（2）"阵列"命令可用于生成多个层高相同的标高。

要修改标高的名称，可以点击标头名称，进入可编辑状态，输入新的标头名称，比如"负一层（−5.700m）"，如图 4-10 所示。

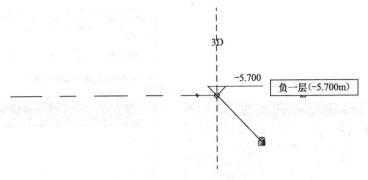

图 4-10　修改标高名称

　　在 Revit 中，楼层平面是和标高符号相关联的，当修改标高名称时会弹出如图 4-11 所示的提醒，点击"是"，则对应标高的楼层平面名称会与标高名称一致，如图 4-12 所示。

图 4-11　重命名提醒

　　当绘制一个新标高时，会自动生成一个楼层平面，若删除某个标高，则对应的楼层平面也会一并删除。但用复制、阵列工具创建的标高，并不会自动创建对应的平面，这时，标高的标头显示为黑色，而有对应平面的标高标头显示为蓝色（图 4-12）。

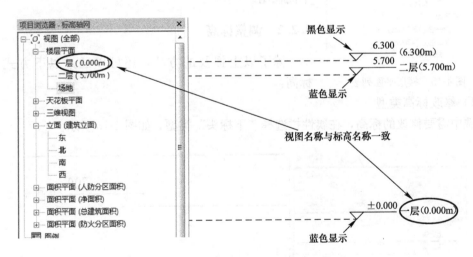

图 4-12　视图与标高名称一致

　　若要为标高创建楼层平面，可以选择功能区"视图＞平面视图＞楼层平面"命令（图 4-13），在如图 4-14 所示的对话框，选中需要创建楼层平面的标高，点击"确定"即可。

　　创建完成后，则"项目浏览器"栏中就会出现新创建的"楼层平面"，如图 4-15 所示。

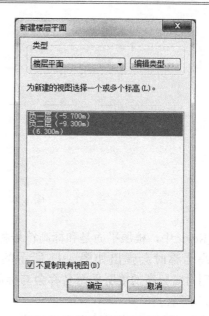

图 4-13 新建楼层平面 | 图 4-14 新建楼层平面对话框

双击楼层平面名称，或者在立面双击蓝色标高标头，或者右键选择"转到楼层平面"，均可以打开对应的楼层平面视图。

4.2.2 调整标高

除了以上提及的方法，还可以通过以下方式调整标高：

图 4-15 楼层平面列表

1）修改标高类型

选中需要修改的标高，在属性栏选择"下标头"类型，如图 4-16 所示。

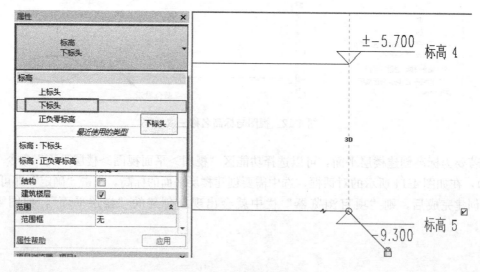

图 4-16 修改标高类型

2）修改标高属性

选中标高，在其属性栏单击"编辑类型"（图 4-17），可查看标高符号的对应属性——线宽、颜色等，如图 4-18 所示。

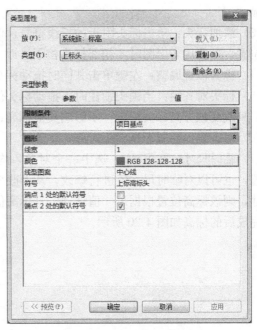

图 4-17 "标高"属性栏   图 4-18 "标高"类型属性

如果要修改类型属性里面的内容，可以"复制"改名称后再修改所需要的类型，则类型下拉菜单会出现复制（相当于新建）的新的标高类型名称。

3）绘图区域调整标高

在绘图区域选中任意一根标高线，会显示锁头、控制符号、选择框、临时尺寸、虚线，如图 4-19 所示。

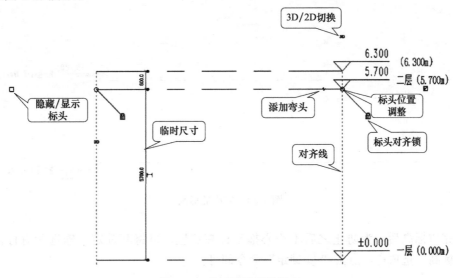

图 4-19 绘图区域调整标高

（1）3D/2D 切换：3D 指关联与之对齐的标高，移动该标高标头位置，与之关联的标高也相应移动，2D 指只修改当前视图该标高标头的位置；

（2）隐藏/显示标头：当标高端点外侧方框勾选时，即可打开标高名称显示，不勾选则不显示；

（3）添加弯头：单击标头附近的折线符号，偏移标头，鼠标按住蓝色"拖拽点"调整标头位置，主要用于出图时，相邻标头相距过近，不便于观察，可以偏移标头位置；

（4）标头位置调整：左键单击并同时拖动标头圆圈符号，即可调整标头位置；

（5）标头对齐锁：当锁头锁住时，拖动标头位置，与之对齐的标头也随之移动，不锁住时，只改变该标高标头位置，不影响其他标高；

（6）对齐线：控制标高标头对齐；

（7）临时尺寸：在 Revit，选中一个对象，均会出现临时尺寸，便于查看该对象的相对位置，也可以对临时尺寸值进行修改，从而改变该对象的位置，如果修改某个标高的临时尺寸，则该标高位置根据尺寸值移动，且标高值也相应自动改变。

完成后的标高如图 4-20 所示。

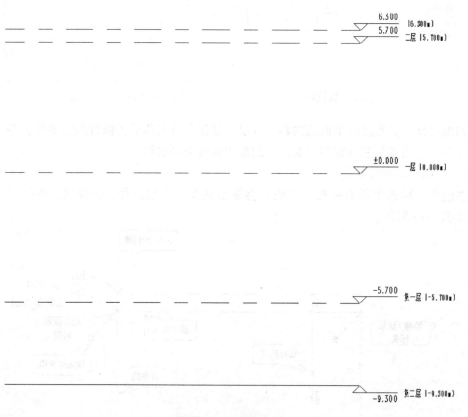

图 4-20　完成的标高

在完成标高后，为防止之后不小心拖动标高位置，可将其锁定。框选所有标高，在"修改/标高"选项栏，点击"　锁定"命令即可。

4.3　轴网

在立面完成标高后，进入一个楼层平面，开始创建轴网。

轴网需要在平面视图绘制，任意一个楼层平面绘制即可，其他楼层平面会自动读取显示绘制好的轴网。

4.3.1　创建轴网

双击项目浏览器任一楼层平面，比如"负一层（−5.700m）"，进入到平面视图，如图 4-21 所示。

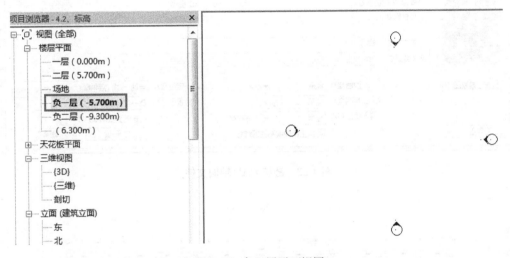

图 4-21　负一层平面视图

在平面视图中，可以看到四个立面符号"○"。Revit 的立面符号是与立面视图相关联的，这四个立面符号就分别与项目浏览器中的"东、南、西、北"四个立面视图相对应。若删除某个立面符号，则相对应的立面视图也会被删除。

在本案例中，我们把 DWG 格式的轴网文件插入到项目中作为参照。选择"插入＞链接 CAD"，弹出"链接 CAD 格式"对话框，选择"轴网.dwg"文件，将导入单位设为"毫米"，如图 4-22 所示，点击"打开"即可将 DWG 图插入到"负一层（−5.700m）"平面视图。

链接好后，将四个立面符号分别移动到 DWG 图纸外围，如图 4-23 所示。

在 Revit 中创建轴网可以采用以下几种方式：

1）直接绘制

选择功能区"建筑＞轴网"命令，软件自动跳到"修改/放置轴网"选项栏（图 4-24），点击"直线"命令开始绘制轴线。

注意因为 Revit 的轴线编号会自动按顺序生成，所以在绘制过程中也最好按轴号顺序，可以先纵向，后横向。创建完 1～13 的轴线，再创建横向轴线时，将轴号改为 A，后

图 4-22　链接 CAD 轴网文件

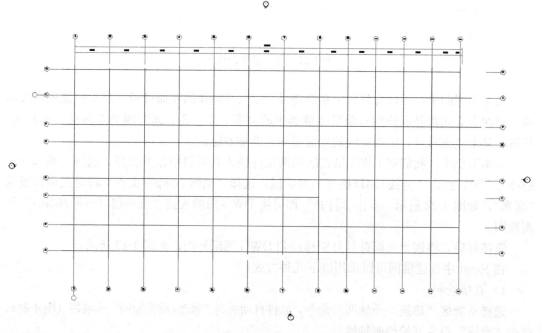

图 4-23　链接到 Revit 中的 CAD 轴网文件

面则会自动按照 B、C、D……编号。Revit 不会自动避开 I、O 轴号，需手动更改。

2）"拾取"生成

利用链接的 DWG 文件，可以用拾取命令快速生成轴网，点击"轴网"命令的"拾取线"（图 4-25），按顺序拾取 DWG 文件的轴线，即可生成 Revit 的轴线。

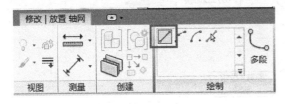

图 4-24　绘制轴网

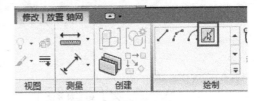

图 4-25　轴网"拾取线"

3）运用编辑工具

绘制完一根轴网后，也可以运用"复制"、"阵列"、"镜像"等工具创建轴网，轴网自动编号。

用"镜像"命令创建轴网时，镜像生成的轴网，轴号排序反向，如图 4-26 所示，需要手动修改轴号。

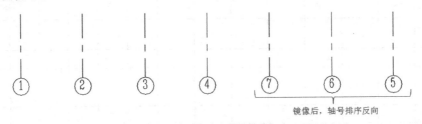

图 4-26　轴网镜像后排序

4.3.2　调整轴网

选中轴线，可以在属性栏选择预设的轴线类型，也可以在其属性栏中，修改其参数值。单击属性栏的"编辑类型"按钮，可打开"类型属性"对话框（图 4-27）。

轴网也可以和标高一样，在绘图区域进行调整，各部分用法如图 4-28 所示，调整方式与标高类似。

最后，完成的轴网如图 4-29 所示。

在完成轴网后，为防止之后不小心拖动轴网位置，可用"锁定"命令将其锁定。

标高轴网创建完成后，建议保存一个单独的文件，可以作为项目的基准给到结构专业作为参照。

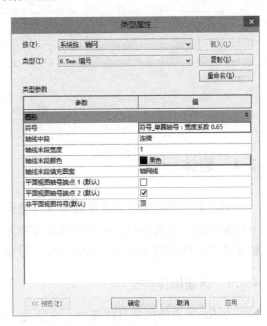

图 4-27　"轴网"类型属性

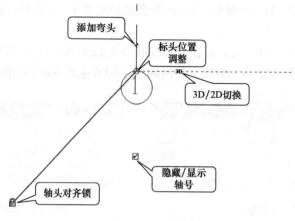

图 4-28　绘图区域调整轴网

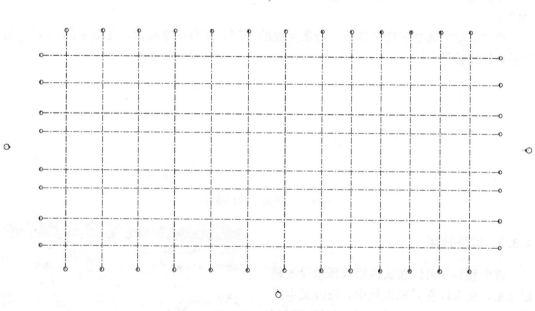

图 4-29　完成的轴网

4.4　墙体

本书案例项目中将非承重墙体放到建筑专业模型中，对于剪力墙，将其受力的结构部分放到结构专业模型中，将其建筑部分视为非承重墙体放在建筑专业模型里。本节主要讲解非承重墙体的创建方法，此处以负一层为例。

4.4.1　新建墙体类型

在 Revit 自带的项目样板中，有预设一些墙类型，如果默认的墙类型里没有项目所需要的，则需要新建墙类型。此处我们以新建一个"建筑内墙"的墙体类型为例。

1）新建墙体类型

选择功能区"建筑＞墙＞墙：建筑"命令（图 4-30），在属性栏，选择任一墙体类型，如"基本墙常规-200mm"，如图 4-31 所示。

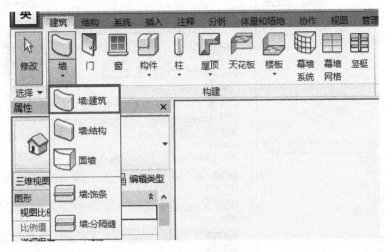

图 4-30 "墙"命令

在其属性栏，单击"编辑类型"，在"类型属性"对话框单击"复制"，弹出"名称"对话框，修改名称为"建筑内墙-200mm"（图 4-32），确定后，当前类型则为新建的建筑内墙。

2）设置墙体构造

在"类型属性"对话框，单击"编辑"按钮（图 4-33），弹出"编辑部件"对话框，各部分功能说明如图 4-34 所示。

在"层"列表中，单击 2 次"插入"按钮，添加两个新层，如图 4-35 所示，新插入的层默认情况下"功能"栏均显示为"结构［1］"，"厚度"栏均为"0.0"。

墙体"层"列表相当于墙体的截面构造，列表中从上（外部边）到下（内部边）代表墙构造从"外"到"内"的构造顺序。

（1）单击编号 2 的墙构造层，该层被选中并且黑色显示，单击"向上"按钮，向上移动该层直至该层编号变为 1，同样方法，将新建的另一层，用"向下"按钮移动至最下部，编号变为 5。

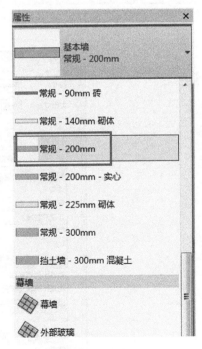

图 4-31 墙类型选择

（2）单击编号 1 行"功能"栏的单元格，如图 4-36 所示，在功能下拉列表中选择"面层 1［4］"，同样方法，将编号 5 行的功能名称改为"面层 2［5］"。

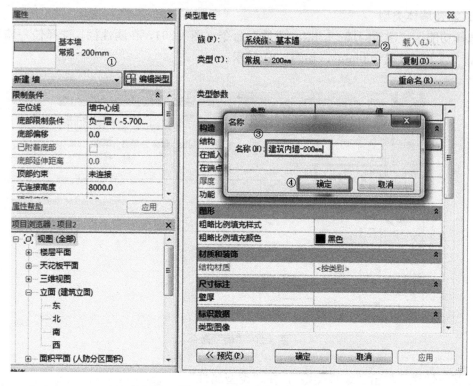

图 4-32　新建墙体类型

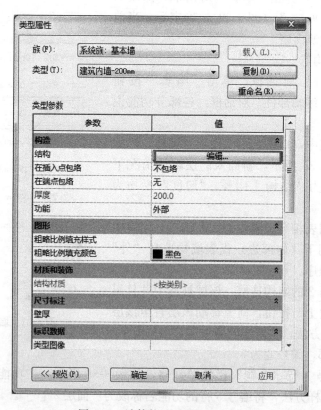

图 4-33　墙体构造"编辑"按钮

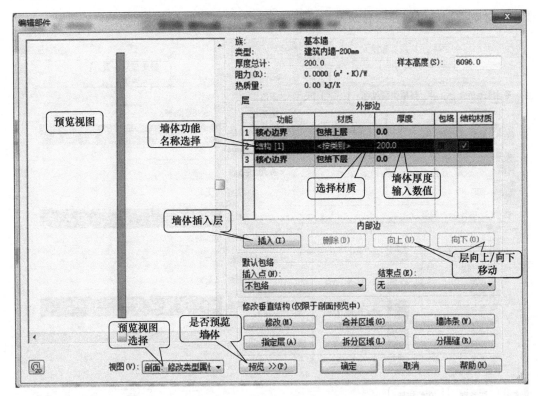

图 4-34　"编辑部件"对话框

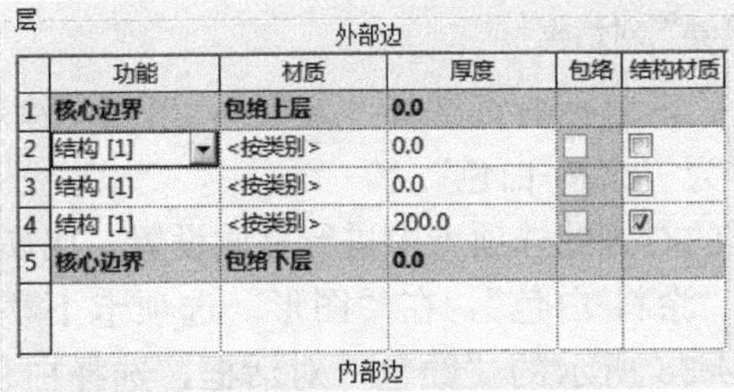

图 4-35　添加墙体层 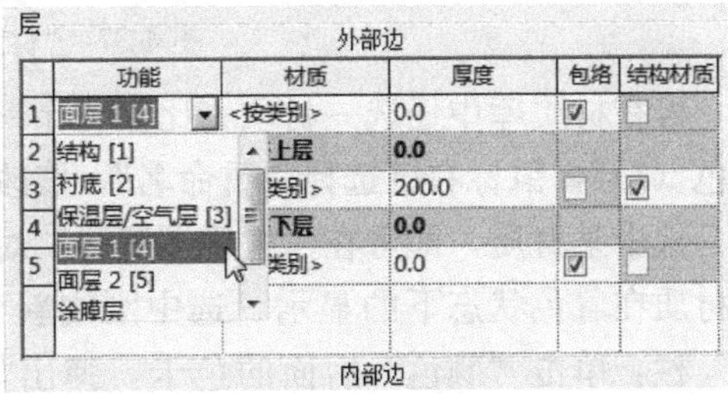　　　　　　　　图 4-36　墙体层设置

在"功能"栏列表中共提供了 6 种墙体功能，分别为"结构［1］"、"衬底［2］"、"保温层/空气层［3］"、"面层 1［4］"、"面层 2［5］"、"涂膜层"，用于定义墙体每一层构造的类别，只能进行选择，不能自定义输入其他名称，且其中"涂膜层"的厚度必须为"0.0"。

（3）在"面层 1［4］"和"面层 2［5］"的"厚度"格均输入"10"。

在 Revit 中，墙体可以设置为多层次复合构造，也可以按构造层分别创建墙体，本案例中对于非承重墙体，就设置为复合构造的墙体，对于剪力墙，就按构造分成结构部分和建筑部分分别创建墙体。

3）设置墙体材质

在 Revit 中可以给每个构造层设置材质，材质可以从材质库中挑选，也可以自行设置。

单击任一面层的"材质"栏下的"按类别"，后方出现"⬚"按钮，单击可打开如图 4-37 所示的"材质浏览器"对话框，如果弹出的"材质浏览器"对话框没有"材质库"，单击"显示/隐藏材质库"按钮就可以调出来。如果"可直接使用材质"列表里面没有需要用的材质类别，可以在"材质库"里选择需要的材质添加上去。

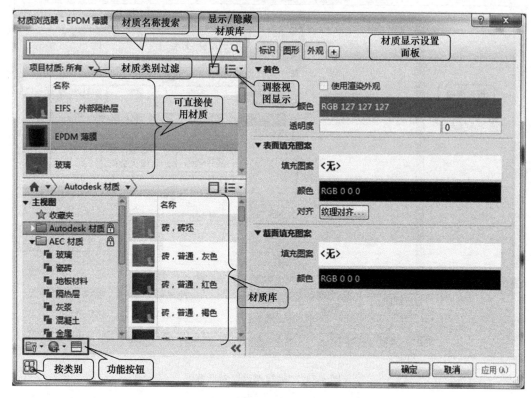

图 4-37　"材质浏览器"对话框

可在材质库中任选一材质，比如"涂料-黄色"，鼠标右键选择"复制"，出现"涂料-黄色（1）"，鼠标右键选择"重命名"，修改名称为"涂料-白色"。

选中某材质，即可在"材质浏览器"对话框的右方的选项卡中进行材质设置。比如设置材质在着色状态下的显示，选中刚刚新建的"涂料-白色"，在"图形"选项卡下"着色"栏，单击"颜色"后面的色卡，弹出如图 4-38 所示的"颜色"对话框，选择白色，

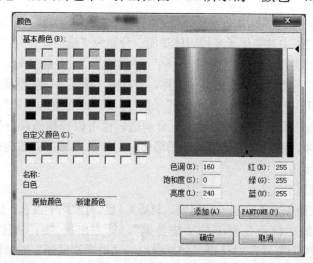

图 4-38　"颜色"对话框

单击"确定"，返回"材质浏览器"对话框，"透明度"默认为 0，即材质为不透明。

如果在着色栏勾选"使用渲染外观"，则着色颜色会自动选用渲染材质的颜色。

在"表面填充图案"栏，单击"填充图案"后面的图案，弹出如图 4-39 所示的"填充样式"对话框，在对话框下方的"填充图案类型"点选"绘图"，在"填充图案"样式里选择"沙-密实"，完成后单击"确定"，返回"材质浏览器"对话框。

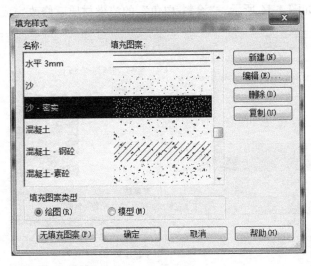

图 4-39　表面填充样式对话框

对于表面填充图案有"绘图"和"模型"两种类型，两者的区别在于当视图比例更改时，模型填充图案相对于模型保持固定尺寸，看上去会产生实物感官的变化，而绘图填充图案相对于图纸保持固定尺寸，不会随着视图比例的变化而变化。

若需要修改填充图案，可单击"编辑"，在如图 4-40 所示的对话框中修改。

在"截面填充图案"栏，点击打开"截面填充图案"的"填充样式"对话框，如图 4-41

图 4-40　修改填充图案对话框

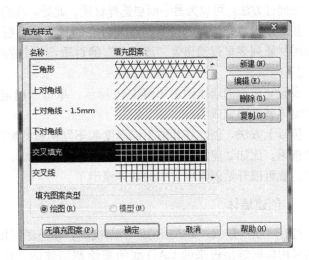

图 4-41　截面填充样式对话框

所示，截面填充图案没有"模型"类型，所以"模型图案类型"下的"模型"灰色显示。在"填充图案"样式里选择"交叉填充"，完成后单击"确定"，返回"材质浏览器"对话框。

设置渲染材质，需要到"外观"选项卡（图 4-42），单击左上角第一个按钮"替换此资源"，弹出如图 4-43 所示"资源浏览器"对话框，在搜索栏输入"白色"，在出现的资源列表中选择所需的材质，单击后面的"⇄"按钮，关闭"资源浏览器"，返回到"材质浏览器"对话框，如图 4-44 所示，"涂料-白色"的渲染材质就修改完成了。

图 4-42 "外观"选项卡

按同样方法，可以为另一面层选择材质。此处，我们仍然选择"涂料-白色"这个材质。

接下来设置结构层的材质，在其对应的材质编辑框左上方搜索栏输入"混凝土"，在下面的材质列表里过滤出含"混凝土"的材质，单击选中"混凝土砌块"（图 4-45），单击"确定"完成。

设置完成后的墙体构造如图 4-46 所示。单击"确定"，这样，"建筑内墙-200mm"类型的墙体就创建完成了。

按以上方法，创建好其他不同厚度和不同构造的墙体类型，并取好相应的名称，以便后续选用。比如"建筑内墙-100mm"、"建筑外墙-200mm"、"建筑外墙面层-100mm"等。建好后就可以开始创建项目中的墙体模型了。

4.4.2 创建墙体

打开"负一层（-5.700m）"平面视图，在绘图区即可开始按墙体位置绘制墙体。本案例采用根据链接进来的 CAD 底图来绘制墙体的方法，所以我们先将负一层平面图的 DWG 文件链接进来。

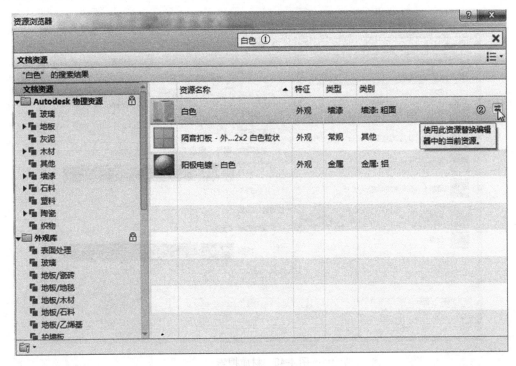

图 4-43　"资源浏览器"对话框

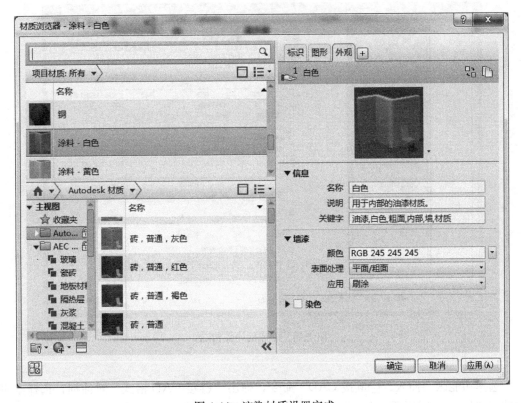

图 4-44　渲染材质设置完成

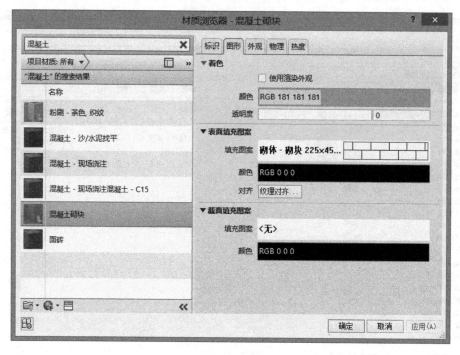

图 4-45　材质搜索

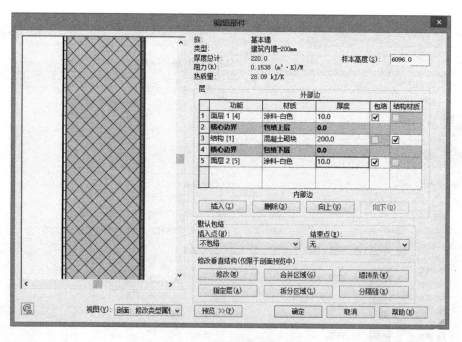

图 4-46　完成的墙体构造

1）链接底图

选择功能区"插入＞链接 CAD"命令，弹出"链接 CAD 格式"对话框，选择本书附带的"地下一层平面.dwg"文件，将 DWG 图插入到"负一层（－5.700m）"平面视图。

之后，注意要将链接的图纸与项目轴网对齐，操作方法可以单击功能选项卡"修改"下的"对齐"命令（图 4-47），先将光标移至 revit 轴线处，该轴线高亮显示，单击该轴线，再将光标移至链接图纸的轴线处，该轴线高亮显示，单击该轴线，则完成水平方向对齐，如图 4-48 所示。同样方法继续完成垂直方向对齐，按键盘"ESC"结束对齐命令。

图 4-47　对齐命令

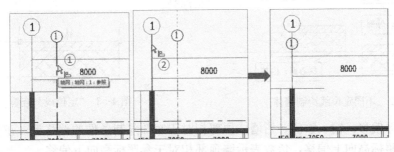

图 4-48　对齐操作

2）绘制墙体

选择"建筑>墙>墙：建筑"按钮，功能选项卡自动跳转为"修改/放置墙"，且"绘制"面板默认选择"直线"命令（图 4-49），表示可以绘制直行墙。若要绘制弧形墙，则选择"绘制"栏中的弧形命令即可。

在属性栏的类型下拉栏中选择合适的墙体类型，比如"建筑内墙-200mm"，并可在属性栏中对当前绘制的墙体设置限制条件（图 4-50）。

其中，各部分的含义分别为：

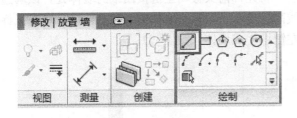

图 4-49　绘制面板

图 4-50　"墙"属性栏设置

图 4-51　墙定位线选项

（1）定位线：对应有 6 种选项，如图 4-51 所示。通过鼠标点击，可放置绿色虚线的定位线，墙体将按照定位线设置的不同放置在不同的位置，图 4-52 显示了不同定位线设置的结果。

选中一面墙，如图 4-53 所示，蓝色圆点指示其定位线。在其属性栏，修改"定位线"，蓝色圆点位置会改变，重新指示修改后的定位线，但墙的位置不会改变。

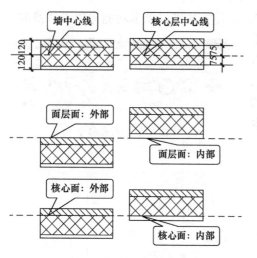

图 4-52　不同定位线绘制墙体

（2）底部限制条件：指墙体底部位置的参照标高。

（3）底部偏移：输入数值，指墙体底部相对于底部限制条件的偏移量，正数表示墙底部相对于参照标高向上偏移，负数表示墙底部相对于参照标高向下偏移。

（4）顶部限制条件：指墙体顶部位置的参照标高。

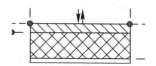

图 4-53　"定位线"查看

（5）顶部偏移：输入数值，指墙体顶部相对于底部限制条件的偏移量，正数表示墙顶部相对于参照标高向上偏移，负数表示墙顶部相对于参照标高向下偏移。

在墙体的选项栏（图 4-54）中，也可以对要绘制的墙体进行快速设置。其中，勾选"链"选项，可以绘制多段连续的墙体。

图 4-54　"墙"选项栏

3）拾取生成墙体

利用之前链接的底图，通过"拾取"底图的图元来生成墙体。执行"墙"命令，在"修改/放置墙"的"绘制"面板中选择"拾取"命令（图 4-55）。

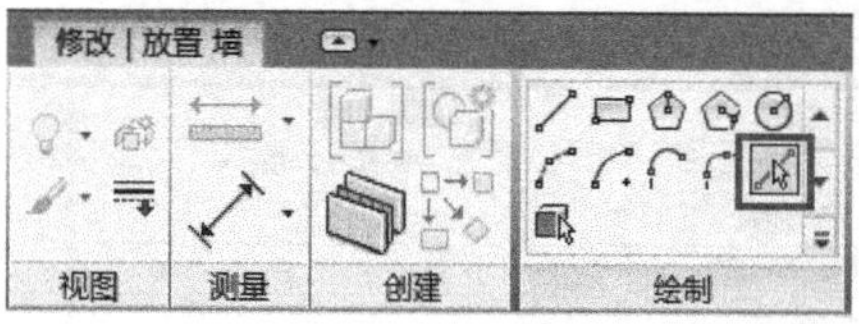

将光标箭头移动至链接图纸的墙体处，该墙边线高亮显示，且显示墙体中心预览虚线，单击鼠标左键即生成墙体（图 4-56）。

图 4-55　拾取命令

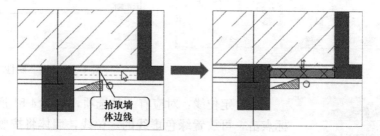

图 4-56　"拾取"生成墙体

4）编辑墙体

选中创建好的墙体，墙体一侧会出现"⇆"反转符号，该符号所在位置表示墙的"外面"，单击该符号或者按键盘空格键，可以翻转墙外部边的方向。蓝色圆点为墙体拖拽点，可以鼠标左键按住该圆点，进行两边拖拉，控制墙体长度。

若在拾取过程中，有未连接的墙体，可以通过"修剪/延伸"命令（图 4-57）来编辑。

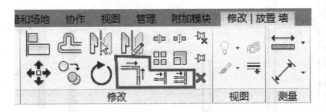

图 4-57　修剪/延伸命令

各命令用法如下：

（1）　：将两个所选对象修剪或延伸为角。选择需要将其修剪成角的对象，单击要保留的对象部分，如图 4-58 所示。

图 4-58　修剪/延伸为角

（2）　：将一个对象修剪或延伸到其他对象定义的边界。选择用作边界的参照，然后选择要修建或延伸的对象，如果此对象与边界（或投影）交叉，则保留所单击的部分，而修剪边界另一侧的部分，如图 4-59 所示。

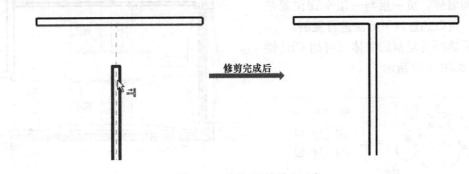

图 4-59　修剪/延伸单个对象

（3）　：将多个对象修剪或延伸到其他对象定义的边界。选择用作边界的参照，然后单击以选择要修剪或延伸的每个对象，或者一次性框选需要修剪或延伸的所有对象，如图 4-60 所示。

运用上述方法完成负一层墙体的创建，转到三维视图，查看效果如图 4-61 所示。

5）复制墙体

当前楼层相同的墙体可通过如图 4-62 所示的复制功能进行。

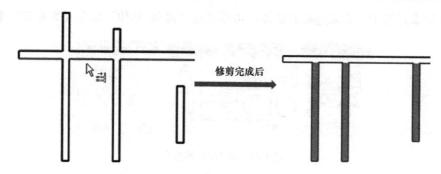

图 4-60　修剪/延伸多个对象

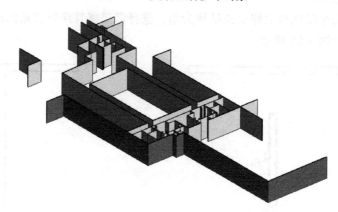

图 4-61　负一层墙体完成效果

需要注意的是上述的复制命令只能在当前标高（当前工作平面）使用，如果要把当前标高的墙体复制到其他楼层，由于是跨标高（跨工作平面），则需通过"剪贴板"进行跨楼层的复制。如②～③轴与Ⓔ～Ⓕ轴范围的楼梯间墙体，负一层与一层平面位置是一样的，可以通过以下方法进行复制：

（1）选择要复制的墙体（可用 Ctrl 键多选），如图 4-63 所示。

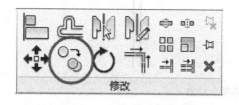

图 4-62　"复制"命令

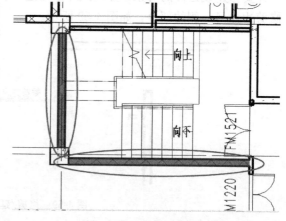

图 4-63　选择楼梯间墙体

图 4-64　剪切板的"复制"命令

（2）选择功能区"修改｜墙＞剪贴板＞复制到粘贴板"，如图 4-64 所示。

（3）选择功能区"修改｜墙＞剪贴板＞展开粘贴"下的下拉菜单，如图 4-65 所示。

（4）选择"与选定的标高对齐"，出现"选择标高"窗口（图 4-66）。

（5）选择"一层（0.000m）"标高，"确定"完成，墙体将复制到一层上。

图 4-65　剪贴板粘贴下拉菜单

图 4-66　选择标高窗口

4.5　门窗

在 Revit 中，门、窗必须基于墙才能放置。墙体创建完成后，就可以开始放置门窗了。门窗属于可载入族，可以从现有的族库中选择合适的族文件，载入到项目中使用，也可以基于门窗的族样板定制门窗族。本节主要讲解如何在项目中放置门窗，如何创建门窗族可参考 4.14 节。

4.5.1　载入门、窗族

选择功能区"插入 > 载入族"，在弹出的"载入族"对话框中，找到本书附带的族库"门窗"目录，或是 Revit 自带的族库"建筑 \ 门"和"建筑 \ 窗"目录下选中需要的门窗，单击"打开"即可将门窗族载入到项目中。

4.5.2　放置门

以放置地下负一层轴号①～②范围的⑥轴上的编号为"FM0921甲"的门为例，在"负一层（-5.700m）"平面视图中，选择功能区"建筑 > 门"命令，在属性栏的类型下拉栏中，选择"单扇防火门"的"FM0921甲"类型，并将底高度设置为"0"如图 4-67 所示。

将光标移动至绘图区域，当光标处于视图空白处时，光标显示为"⊘"，表示不允许在此位置放置门，必须将光标移动至墙位置，光标显示为"✦"十字符号，并出现该门轮廓预览，如图 4-68 所示，表示此处可放置门。

图 4-67　门类型选择

61

放置时，出现门扇位置反向，点击键盘"空格键"调整门扇方向，并移动光标至合适位置，单击鼠标左键，即放置完成。

选中放置好的门，门四周会出现两个转换符号和临时尺寸（图 4-69），可以单击转换符号调整门开启方向，也可以直接点击"空格键"来调整，单击并拖动临时尺寸标注线的圆点，可以调整门的位置，也可以点击临时尺寸数值，输入数值来修改门的位置。

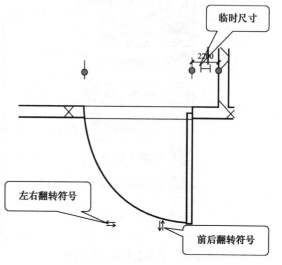

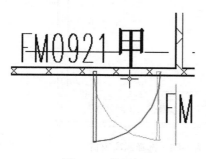

图 4-68　放置门

图 4-69　门位置调整

如果现有的门类型里没有大小合适的门，则可以通过复制新建门类型，比如要放置编号为"M1220"的普通双扇门带窗，则可以选择任一"普通双扇门带窗"，在其类型属性对话框中，单击"复制"，弹出"名称"对话框，输入"M1220"，确定后，修改其类型参数"高度"为"2000"，"宽度"为"1200"，如图 4-70 所示，确定即可。

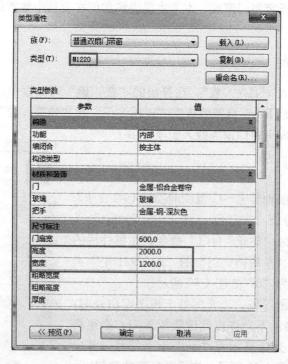

图 4-70　新建门类型

4.5.3　放置窗

以放置地下一层轴号①-②范围的Ⓕ轴上的编号为"C0945"的窗为例，在"负一层（−5.700m）"平面视图中，选择功能区"建筑＞圆窗"命令，在属性栏的类型下拉栏中，选择"铝合金中空玻璃窗"的"C0945"类型，本案例项目该窗的窗台高度为300mm，将底高度设置为"300"如图 4-71 所示。

将光标移至需要放置窗的墙体，与放置门的方法一样，如图 4-72 所示，当光标显示为十字符号时，单击鼠标左键放置即可。

图 4-71　窗类型选择

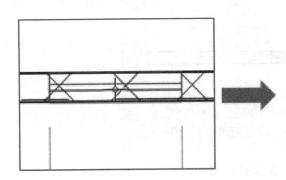 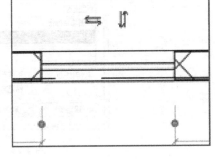

图 4-72　放置窗

4.5.4　门窗标记

在建筑平面图中，门窗需要添加门窗编号，以表达门窗的型号。在 Revit 中，可以通过"标记"命令来标记门窗编号。门和窗的标记方法一样，下面以门标记为例来进行讲解。

1）在放置时进行标记

在放置门时，选择功能区"修改/放置门"下的"在放置时进行标记"命令（图 4-73），按钮高亮显示，放置好门后，门旁边会出现门的标记符号。

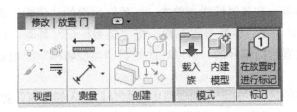

图 4-73　"在放置时进行标记"命令

2）放置后进行标记

（1）按类别标记：

对于没有标记的门，可以选择功能区"注释＞ 按类别标记"命令，将光标移至门上，即出现门标记，点击鼠标右键，添加门标记。

（2）全部标记：

选择功能区"注释＞ 全部标记"命令，弹出"标记所有未标记的对象"对话框（图 4-74），选中"门标记"，单击"确定"即将视图中未标记的门全部标记。

图 4-74 "全部标记"对话框

若不想要引线，需选中门窗编号，在其属性栏中，取消"引线"选项勾选，就可以去除引线。

3）修改标记

如果默认添加的门标记出现问号，或者标记的内容并不是我们想要的门编号，则需要修改标记，可以双击标记符号，直接输入正确的门编号。由于门标记默认标注的是类型参数"类型标记"，所以这种修改方式其实是修改了门"类型标记"的参数值。若不想标记门的"类型标记"参数，可以通过编辑标记族来修改。

选中门标记，选择功能区"修改/门标记＞ 编辑族"命令，打开该标记的族文件，进入到族编辑界面（图 4-75）。

选中视图里的标签，在其属性栏，单击"标签"后面的"编辑"按钮，弹出"编辑标签"对话框（图 4-76），在"标签参数"栏，将"类型标记"移除。在本案例中我们是将门的"类型名称"设置为门编号的，所以在此处将"类型名称"添加进来，单击"确定"，完成标签修改。

选择族编辑器功能区的" 载入到项目中"命令，进入到项目，弹出如图 4-77 所示的"族已存在"提示框，选择第二个"覆盖现有版本及其参数"，则门标记自动转换显示为门的类型名称，也就是门编号了。

要调整门标记位置，可以选中门标记，拖动标记旁的符号 ，或是在其选项栏中将"水平"改为"垂直"（图 4-78）。

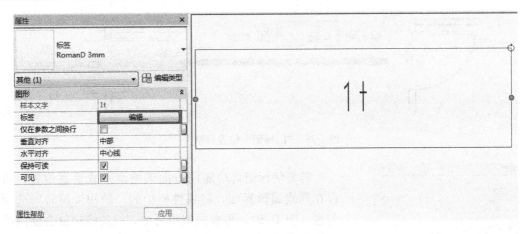

图 4-75　标记族编辑界面

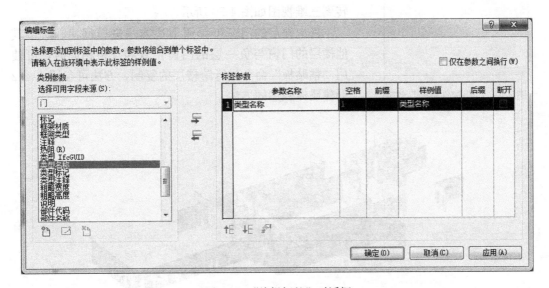

图 4-76　"编辑标签"对话框

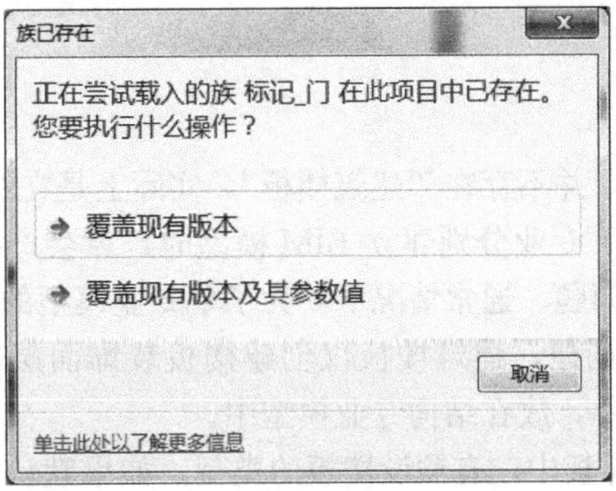

图 4-77　"族已存在"提示框

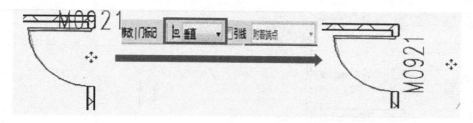

图 4-78　"门标记"位置调整

图 4-79　"随构件旋转"选项

若要使标记自动随门方向调整水平或垂直位置，可以在其族编辑界面，将属性栏中的"随构件旋转"选项勾选（图 4-79），再载回到项目中，门的标记就会随门的方向自动旋转，保持与门平行。

按以上方法，继续放置负一层的其他门窗，完成后转到三维视图如图 4-80 所示。

其他楼层的门窗可参照上述方法进行创建。对于其他楼层的门窗与负一层的门窗位置和规格相同时，可使用"粘贴板"命令进行跨楼层的复制，方法可参照 4.4.2 创建墙体叙述的方法。

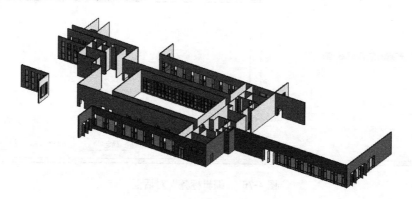

图 4-80　负一层门窗完成效果

4.6　建筑楼板

在实际的工程项目中，并不存在"建筑楼板"，实际上是在结构楼板上覆盖装饰面层。但在按"建筑"和"结构"专业分别建立 BIM 模型时，就会产生"楼板"是归属到"建筑"还是"结构"模型的问题。通常情况下，为了单专业模型的完整性，将楼板分为建筑楼板和结构楼板两部分来创建，建筑楼板仅创建楼板装饰面层部分，放在建筑专业模型中。结构楼板作为受力构件，放在结构专业模型中。

在 Revit 自带的项目样板中，有预设楼板的类型，如果默认的类型里没有项目所需要的，则需要新建类型。

4.6.1 新建楼板类型

选择功能区"建筑>楼板>楼板：建筑"命令（图 4-81），在属性栏，选择任一楼板类型，在其属性栏，单击"编辑类型"，在"类型属性"对话框单击"复制"，修改名称，如"建筑楼板-100mm"。

在"类型属性"对话框，单击"编辑"按钮，弹出"编辑部件"对话框，楼板层的设置方法与墙类似，可参考之前墙构造设置的方法。设置完成后如图 4-82 所示，确定即可完成新建类型"建筑楼板-100mm"。

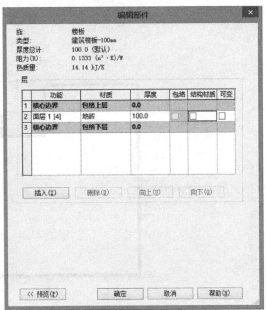

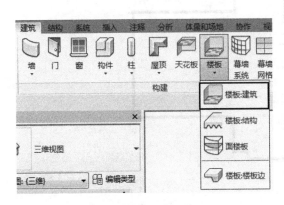

图 4-81 建筑楼板命令　　　　　　图 4-82 建筑楼板层设置

按以上方法，创建好其他不同厚度和不同构造的建筑楼板类型，并取好相应的名称，以便后续选用。

4.6.2 创建楼板

在创建楼板时要注意，不同标高位置的楼板要分开绘制。我们以创建一层"商业服务用房"的楼板为例。在楼板属性下拉栏中选择"建筑楼板-100mm"，其属性栏设置如图 4-83所示。

在功能选项卡"修改/创建楼板边界"中，选择"边界线"和"直线"命令（图 4-84），依次根据链接的底图绘制完成楼板边界轮廓，如图 4-85所示，注意楼板边界轮廓必须是闭合的图形。

绘制完成后，单击功能选项卡"修改/创建楼板边界"甲的"✔"，即可完成当前楼板如图 4-86 所示。

接下来用同样方法完成其他标高的楼板，注意需要开洞口的位置，可以在绘制楼板边界时，绘制出洞口边界轮廓，图 4-87 所示的负一层楼板，需在楼板上为集水坑开出洞口。

图 4-83 楼板高度设置

图 4-84　楼板绘制工具

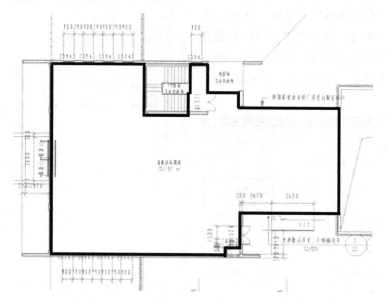

图 4-85　绘制建筑楼板边界（软件界面边界线为洋红色，由于黑白印刷无法表示，
图中用粗线表示，以下涉及边界线的情况均同，不再重复说明）

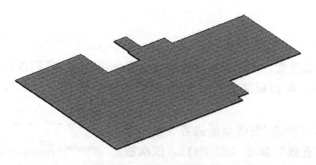

图 4-86　生成的建筑楼板

注意楼板轮廓可以有一个或多个，但不得出现开放、交叉或重叠的情况。

除了用绘制边界轮廓的方式开洞，还可以采用专门的"洞口"命令为楼板开洞（图 4-88），"洞口"提供有"按面"、"垂直"、"竖井"几种方式，区别在于，"按面"创建的是垂直于楼板面的洞口，"垂直"创建的是垂直于楼板标高的洞口，而"竖井"可用于创建贯穿多层的洞口。

"竖井"是有纵向深度的构件，可以在其属性栏中设置其顶部和底部的标高值。例如负一层至一层的管井开洞，则属性栏设置如图 4-89 所示。

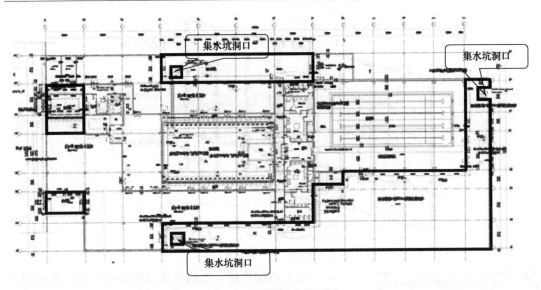

图 4-87　用楼板边界开洞

不管用哪种功能开洞，都要注意绘制洞口轮廓时，应确保轮廓不超出楼板的边界线，即洞口轮廓要被楼板边界线包括。

根据上述方法，完成所有建筑楼板的创建，转到三维视图，模型如图 4-90 所示。

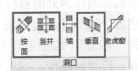

图 4-88　用洞口的功能开洞

图 4-89　"竖井洞口"设置

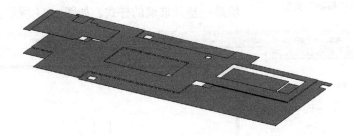

图 4-90　建筑楼板完成效果

4.7　幕墙

在 Revit 中，幕墙属于墙体的一种类型，幕墙由幕墙嵌板、幕墙网格、幕墙竖梃三个部分组成，如图 4-91 所示。

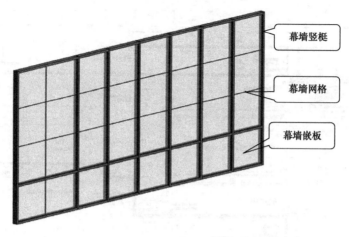

图 4-91　幕墙组成

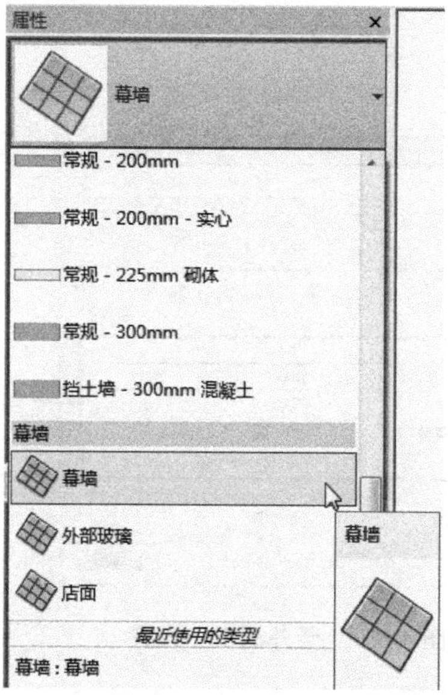

（1）幕墙嵌板：是构成幕墙的基本单元，幕墙由一块或多块幕墙嵌板组成，可以自行创建三维嵌板族。

（2）幕墙网格：决定幕墙嵌板的大小，数量。

（3）幕墙竖梃：为幕墙龙骨，是沿幕墙网格生成的线性构件，外形由二维竖梃轮廓族所控制。

4.7.1　创建幕墙

打开"负一层（－5.700m）"平面视图，我们以创建⑥～⑦轴与Ⓓ～Ⓔ轴之间楼梯处的幕墙为例。

选择功能区"建筑＞墙＞墙：建筑"命令，在属性栏下拉栏中，选择"幕墙"，如图 4-92 所示。

与绘制墙体一样，设置好高度，即可根据链接的底图绘制幕墙，如图 4-93 所示。

由于默认的幕墙还未划分网格，所以目前创建的幕墙是一整片玻璃的样式。如图 4-94 所示。

图 4-92　选择"幕墙"类型

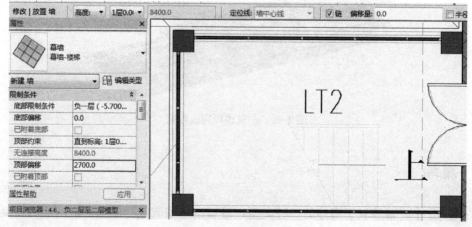

图 4-93　绘制幕墙

注：幕墙拐角处空隙为结构柱，结构柱在结构模型中建立，所以在建筑模型中此时看不到结构柱，需要完成结构模型后再链接结构模型才能看到结构柱。以下案例的建筑模型看不到结构构件的情况均同，不再重复说明。

此处幕墙网格为规则分布，我们可以直接在其类型属性里设置，如图 4-95、图 4-96 设置垂直网格和水平网格的布局、间距，还可以设置垂直竖梃和水平竖梃的类型。

设置完成后，幕墙则自动添加了规则的网格和竖梃，如图 4-97 所示。

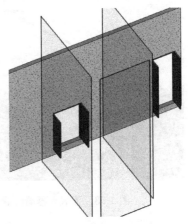

图 4-94　未添加网格的幕墙

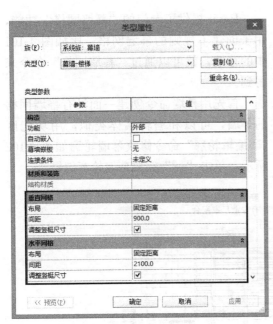

图 4-95　规则幕墙设置一

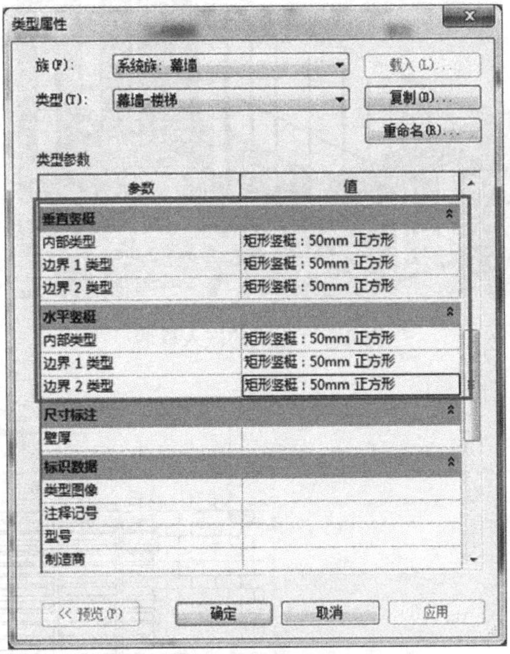

图 4-96　规则幕墙设置二

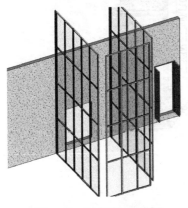

图 4-97　生成的规则幕墙

幕墙命令还可以绘制嵌入在墙内的幕墙样式，比如绘制一层平面入口处的幕墙。此处有绘制好的墙体，如图 4-98 所示。

选择"幕墙"命令，在其类型属性栏中将"自动嵌入"选项勾选上（图 4-99）。

设置好幕墙高度和网格后，在墙体同样的位置上绘制幕墙，墙体会自动开洞插入幕墙，完成后幕墙如图 4-100 所示。

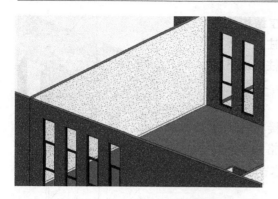

图 4-98　要嵌入幕墙的墙体

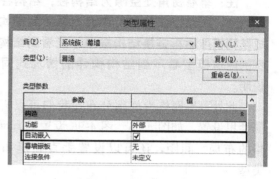

图 4-99　嵌入幕墙设置

图 4-100 生成的嵌入幕墙

4.7.2　幕墙网格

Revit 提供了专门的"幕墙网格"功能，用于创建不规则的幕墙网格。比如图 4-101 中的幕墙，就可以通过"幕墙网格"命令来得到。

首先用幕墙命令创建一面没有幕墙网格的幕墙，可以和编辑墙体类似，用功能区"编辑轮廓"命令修改幕墙轮廓如图 4-102 所示，单击"✔"完成幕墙轮廓编辑。

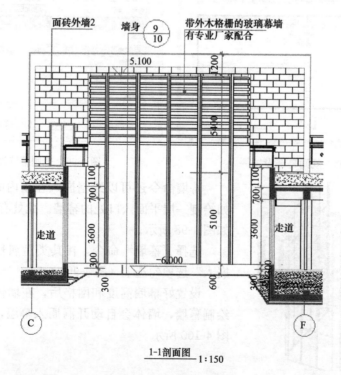

图 4-101　幕墙 CAD 图

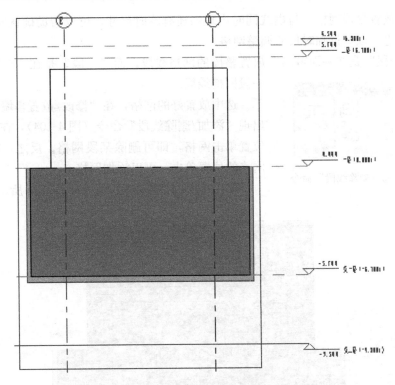

图 4-102　幕墙轮廓编辑

选择功能区"建筑＞⊞幕墙网格"命令，自动跳转到"修改｜放置幕墙网格"，且默认"全部分段"，将光标"₊"移动至幕墙上，出现垂直或水平虚线（图 4-103），点击鼠

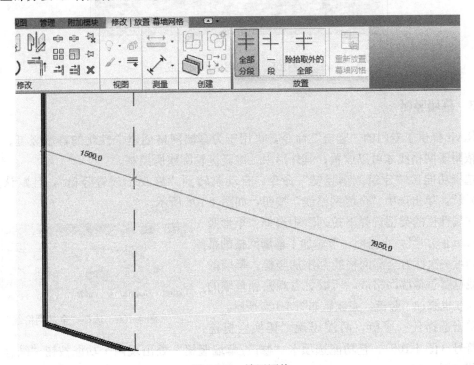

图 4-103　放置网格

标左键即可放置幕墙网格。与虚线同时出现的还有临时尺寸，可以帮助确认网格的位置。放置好后，也可以通过临时尺寸调整网格。

"全部分段"是在一面幕墙上放置整段的网格线段。而"一段"是在一个嵌板上放置一段网格线段。

图 4-104 "添加/删除线段"命令

选中放置好的网格，在"修改/放置幕墙网格"下会出现"添加/删除线段"命令（图 4-104），在需要删除的位置单击网格，即可删除某段网格。反之，在某段缺少网格的位置单击，可以添加网格。

整个幕墙网格添加完成后如图 4-105 所示。

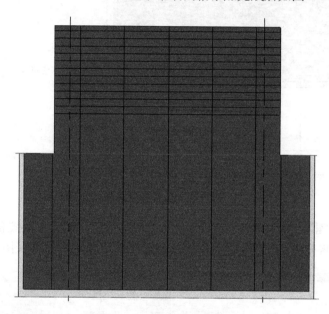

图 4-105 幕墙网格添加完成

4.7.3 幕墙竖梃

Revit 提供了专门的"竖梃"命令，可用于为幕墙网格创建个性化的幕墙竖梃。竖梃必须依附于网格线才可以放置，其外形由二维竖梃轮廓族所控制。

选择功能区"建筑＞⊞竖梃"命令，自动跳转到"修改｜放置竖梃"，且默认选择"网格线"，单击选中"全部网格线"按钮，如图 4-106 所示。

在属性栏的类型选择下拉列表中选择"矩形竖梃-50mm 正方形"，点击前一节添加了幕墙网格的幕墙，则可一次性为全部网格线都添加竖梃。幕墙的边界线也属于幕墙网格线，所以可以观察到幕墙的外边缘线也添加了竖梃，完成后如图 4-107 所示。

单击选择任一竖梃，两端出现"切换竖梃连接"符号（图 4-108），且功能选项卡"修改/幕墙竖梃"处出现两个功能按钮"结合"和"打断"（图 4-109）。

图 4-106 选择"全部网格线"

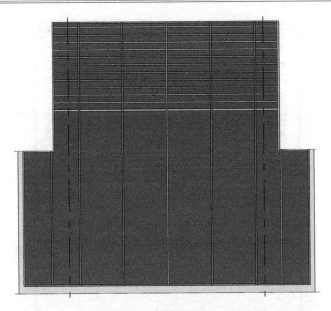

图 4-107　幕墙竖梃添加完成

图 4-108　"切换竖梃连接"符号

点击视图里的符号或单击"结合"或"打断"
按钮，均可以切换水平竖梃与垂直竖梃的连接方式
如图 4-110 所示。

在属性栏的类型选择下拉列表中有多种预设的
竖梃类型可以选择，如果没有需要的类型，则可以
复制新建。注意在 Revit 中角竖梃不能定制轮廓，而

图 4-109　"结合"和"打断"命令

"矩形竖梃"或"圆形竖梃"就可以选择其他轮廓，比如新建一个"槽钢"的矩形竖梃，
如图 4-111 所示，在其"类型属性"中，点击"轮廓"一项的下拉按钮，选择"槽钢"，
则可将竖梃设成槽钢样式（图 4-112）。

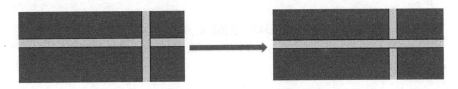

图 4-110　竖梃连接切换

若需要定制竖梃的轮廓，则需要用族样板文件"公制轮廓-竖梃.rft"创建一个竖梃轮
廓族，载入到项目。所有载入的竖梃轮廓族都会自动出现在"轮廓"的下拉列表中以供
选择。

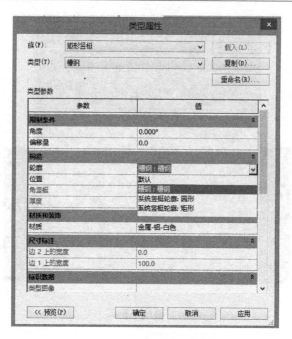

图 4-111　选择竖梃轮廓

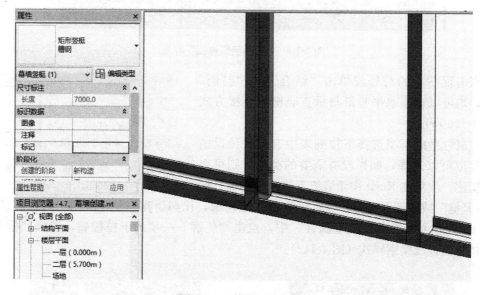

图 4-112　替换后的竖梃

4.7.4　幕墙嵌板

当添加幕墙网格后，幕墙自动就划分成多块嵌板。要编辑某块嵌板，可以选中后进行修改。

在进行幕墙相关构件的选择时，可以用 tab 键帮助选择。当鼠标移到幕墙旁，会高亮预显要选择的部分，此时不断点击 tab 键，预显会在竖梃、幕墙、网格、嵌板之间切换，屏幕提示栏也会出现当前预显部分的名称（图 4-113）。当预显到要选择的部分时，点击鼠

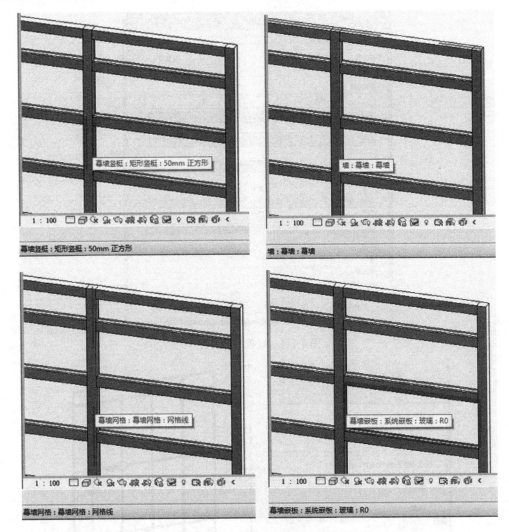

图 4-113　幕墙 tab 键预显切换

标左键即可选中。

　　选中某块幕墙嵌板，在其类型属性栏（图 4-114），可以修改其偏移量，以及嵌板的厚度和材质。

　　幕墙嵌板默认都是玻璃样式的，可以选中某块嵌板后，在其属性类型下拉栏中挑选任一种类型的墙体替换成新的嵌板。如图 4-115 所示，用这种方法我们可以在幕墙上开门或开窗。

　　比如之前绘制的一层平面入口处的幕墙，我们在其上开两扇双开玻璃门。首先载入需要的门嵌板族，选择功能区"插入＞载入族"，在软件自带的族库"建筑＼幕墙＼门窗嵌板"下选择"门嵌板 双扇门"族文件，载入到项目中来。

　　光标移动至要替换的嵌板处，应用 Tab 健，选中需要替换为门的玻璃嵌板，在键盘上按住"Ctrl"可加选，选中后，在类型下拉菜单中选择刚刚载入的门嵌板，即可替换完成。如图 4-116 所示。

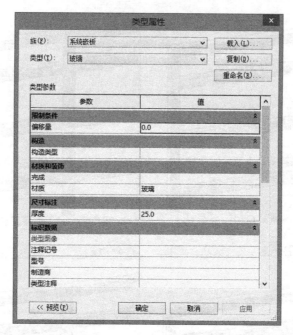

图 4-114　嵌板类型属性

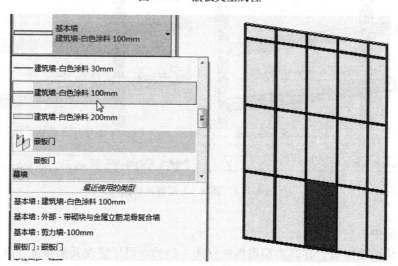

图 4-115　替换后的嵌板

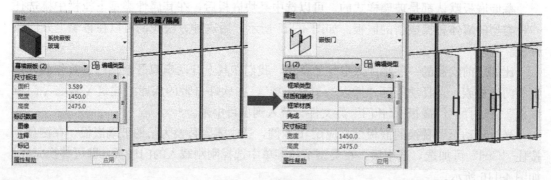

图 4-116　替换门嵌板

根据上述方法，完成案例项目中所有幕墙的创建，完成后转到三维视图下查看，如图 4-117 所示。

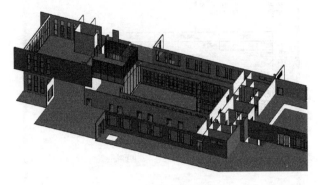

图 4-117　幕墙完成效果

4.8　屋顶

对于平屋顶，Revit 的建模方法可以与楼板一样。本书为了讲解 Revit 的"屋顶"建模方法，在案例项目中不再划分屋顶的建筑部分和结构部分，将屋顶统一放在建筑专业模型里。

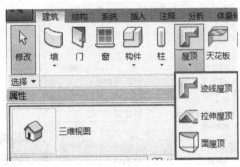

在 Revit 中有三种方式创建屋顶：迹线屋顶、拉伸屋顶和面屋顶（图 4-118）。

其中拉伸屋顶是通过绘制一个屋顶界面轮廓拉伸而成的屋顶，面屋顶主要用于体量中，创建一些异形屋顶会用到，迹线屋顶是通过拾取屋顶的边界线，定义坡度来创建屋顶。本案例中我们采用"迹线屋顶"工具来创建屋顶。

图 4-118　屋顶命令

4.8.1　新建屋顶类型

此处以位于标高一层的种植屋面为例，在一层平面视图，选择功能区"建筑＞屋顶＞迹线屋顶"命令（图 4-118），功能选项卡跳转到"修改/创建屋顶迹线"，在"绘制"面板提供多种绘制工具，如图 4-119 所示。

在属性栏，选择任一屋顶类型，复制命名新的类型"种植屋面"，并设置其构造层如图 4-120 所示。

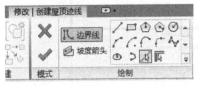

图 4-119　迹线屋顶绘制工具

4.8.2　创建屋顶

迹线屋顶的创建方法和楼板类似，执行"迹线屋顶"命令后，会自动进入到边界绘制模式。

可先在属性栏，设置所要绘制的屋顶的高度，如图 4-121 所示，设置位于一层的种植屋面的高度。

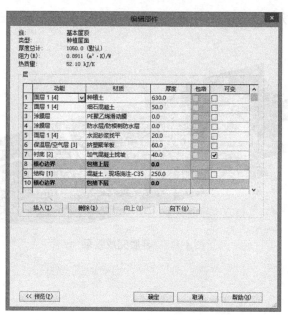

图 4-120　种植屋面构造层设置

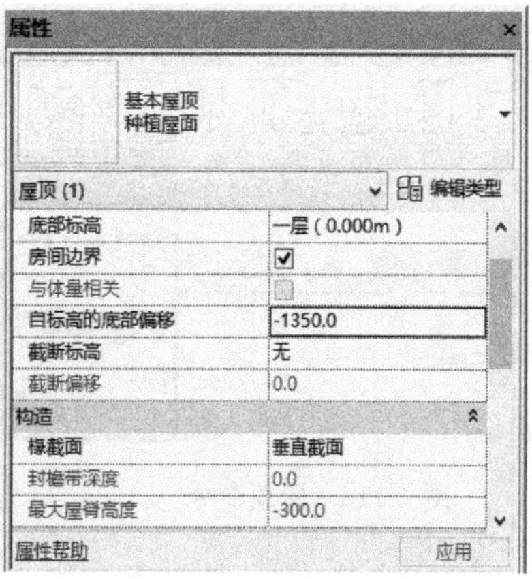

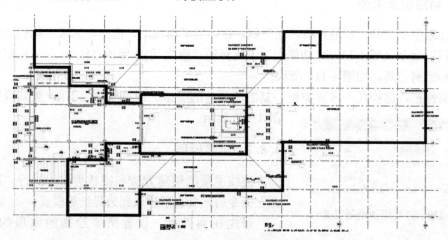

图 4-121　屋顶高度设置

在一层平面视图，可根据链接的 cad 底图，拾取屋顶的边界轮廓，拾取完后运用 "⊓" 修剪工具使轮廓形成一个封闭的图形，如图 4-122 所示。

轮廓绘制完成后，单击 "✔" 即可得到如图 4-123 所示屋面。

要注意，绘制的屋顶无坡度时，要在绘制前，将其选项栏上的 "定义坡度" 取消勾选。反之，若创建的是坡屋顶，就要勾选 "定义坡度"，并选中边界线（也可以单独选择一条边界线），在其属性栏，输入所需要的坡度（图 4-124），即可以生成如图 4-125 所示的坡屋顶。

图 4-122　绘制屋顶边界

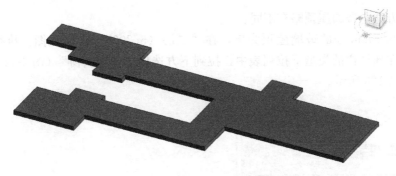

图 4-123 生成的屋顶

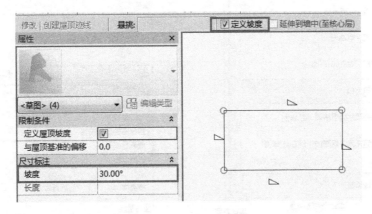

图 4-124 定义屋顶坡度

注：**本案例项目中并没有图 4-125 所示屋顶，此处仅举例说明勾选"定义坡度"选项后所生成的带坡度的屋顶情况。**

本案例项目的屋面部分边界处设有女儿墙，可以用墙体命令来创建。根据上述方法，完成其他屋顶的创建，转到三维视图如图 4-126 所示。

4.8.3 玻璃屋顶

本案例项目在标高 5.100m 与 2.700m 处设有玻璃幕墙屋顶，由于其材质和构造的特

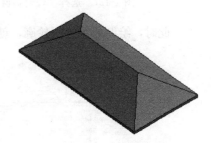

图 4-125 生成的坡屋顶

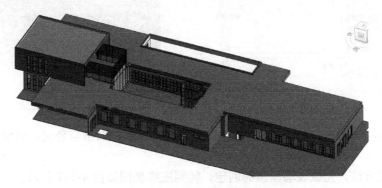

图 4-126 屋顶完成效果

殊性，创建方法与普通屋顶略有不同。

以标高 5.100m 处的玻璃屋顶为例，在"二层（5.700）"平面视图，执行"迹线屋顶"命令，在属性栏的类型下拉列表中，拉到下方选择"玻璃斜窗"（图 4-127），并设置其高度如图 4-128 所示。

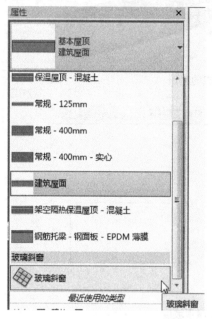

图 4-127　选择"玻璃斜窗"类型

图 4-128　玻璃屋顶高度设置

此时，绘制好该屋面轮廓，就可以得到如图 4-129 所示的玻璃屋顶。

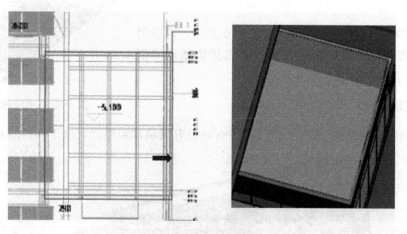

图 4-129　绘制玻璃屋顶

之后，可以用第 4.7 节所讲的方法，为该玻璃屋顶添加网格与竖梃，完成后如图 4-130 所示。

根据上述方法，完成玻璃屋顶的创建，转到三维视图如图 4-131 所示。

图 4-130　完成的玻璃屋顶

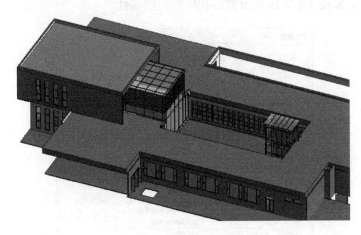

图 4-131　玻璃屋顶完成效果

4.9　楼梯坡道

通常情况下我们将楼梯坡道放在建筑模型中。在 Revit 中楼梯和坡道都属于系统族，可以通过系统提供的"楼梯"、"坡道"命令定制得到。楼梯有两种创建方式："按构件"和"按草图"，区别在于创建楼梯的方式不同：

"按构件"方式是通过编辑"梯段"、"平台"和"支座"（也就是梯边梁或是斜梁）来创建楼梯的，该方式预设了几种梯段样式可以选择。

"按草图"方式是通过编辑"梯段"、"边界"和"踢面"的线条来创建楼梯的，在编辑状态下，可以通过修改绿色边界线和黑色梯面线来编辑楼梯样式，形式比较灵活，可以创建很多形状各异的楼梯。

4.9.1　按构件创建楼梯

我们以 1 号楼梯为例，先创建负二层的部分，再创建负一层的部分。

1) 负二层楼梯创建

从该层的楼梯 CAD 图中可以知道，标高在"－9.300～－8.810m"区间的楼梯的梯面高度与"－8.810～－7.500m"区间的不一样，所以需要分开创建。

进入到"负二层（－9.300m）"平面视图，选择功能区"建筑＞楼梯＞楼梯（按构件）"命令，自动跳转到"修改/创建楼梯"，默认选项为"梯段"、"直梯"（图 4-132）。

图 4-132　"按构件"创建楼梯

在属性栏选择"现场浇筑楼梯"的"整体浇筑楼梯"类型，复制新建一个类型，命名为"楼梯-LT1"，如图 4-133 所示设置好相应的类型属性。

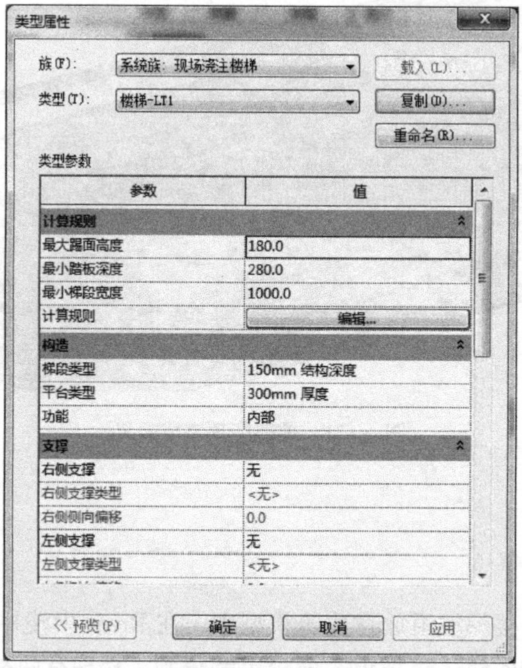

图 4-133　按构件创建楼梯的类型属性

Revit 中的楼梯构件有两个类型属性"最大踢面高度"和"最小踏板深度"，这两个参数值用于自动计算楼梯的踢面数。

当我们在项目中创建楼梯实例时，会发现在楼梯的实例属性中"所需踢面数"会自动计算得到（图 4-134），当我们修改楼梯的整体高度时（修改顶部或底部标高值），该数量会随着更新。

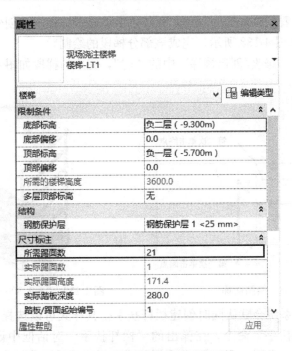

图 4-134 自动计算的所需踢面数

但如果我们不改楼梯的高度，而直接修改该值，当踢面数过少，导致踢面高度大于楼梯的类型参数"最大踢面高度"时，系统会出现如图 4-135 所示的提示框。同样，如果我们直接修改实例参数中的"实际踏步深度"，当其值小于其类型参数"最小踏板深度"时，系统也会报错。

我们先设置标高"−9.300～−8.810m"区间的梯段，其属性栏设置如图 4-136 所示。楼梯选项栏设置如图 4-137 所示。

图 4-136 按构件创建楼梯属性设置一

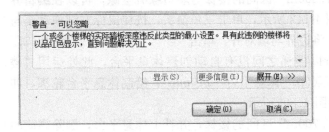

图 4-135 楼梯警告提示框

图 4-137 楼梯选项栏设置

参照链接的底图，在楼梯起点（梯段中心点）处单击一下，沿楼梯方向移动光标至该段楼梯的终点，可以看到在楼梯的左下方有灰色字体显示的提示"创建了 3 个梯面，剩余 0 个"，单击终点，如图 4-138 所示，完成该部分梯段的绘制。

单击功能选项卡"修改/创建楼梯"中的"✔"，完成的梯段如图 4-139 所示。

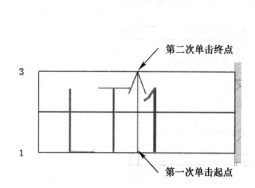

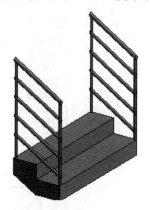

图 4-138　绘制楼梯一　　　　　　图 4-139　"−9.300～−8.810m"梯段

在创建楼梯时，系统会默认同时创建栏杆扶手，其样式可以选择功能选项卡"修改/创建楼梯"的"栏杆扶手"命令，在弹出的"栏杆扶手"对话框中设置，如图 4-140 所示，此处先使用默认的类型，在 4.10 节会详细讲解栏杆扶手的定制方法。

同样方法，创建完成标高"−8.810～−7.500m"区间的梯段。

要编辑创建完成的楼梯，可以选中该楼梯，单击功能选项卡"修改/楼梯＞编辑楼梯"命令（图 4-141），进入到楼梯编辑界面进行编辑。

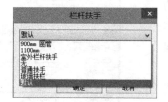

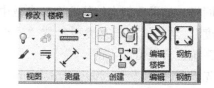

图 4-140　楼梯"栏杆扶手"对话框　　　图 4-141　"编辑楼梯"命令

比如上述创建的"−8.810～−7.500m"区间的楼梯与墙边缘有空隙，可以在编辑界面拉伸靠近墙一边的楼梯边界，如图 4-142 所示，单击三角箭头，按住鼠标左键拖动至与墙平齐的位置，或者用"对齐"命令将边界与墙对齐，单击"✔"，完成该段楼梯的编辑。

因为两段楼梯是分开创建的，所以楼梯之间没有自动创建休息平台，此处运用"楼板"工具来创建休息平台。新建楼板类型"休息平台−210mm"，绘制休息平台轮廓，如图 4-143 所示，完成后的整段楼梯如图 4-144 所示。

同样方法创建标高"−7.500～5.700m"区间的楼梯，并补上休息平台，删除靠墙的栏杆扶手，完成后如图 4-145 所示。

2）负一层楼梯创建

由于该层楼梯在标高"−5.700～−2.850m"区间和"−2.850～0.000m"区间的布局是一致的，所以可以创建"多层顶部标高"的楼梯。

首先创建一个新的标高−2.850m，命名"（−2.850m）"。在"负一层（−5.700m）"平面视图，执行"楼梯（按构件）"命令。设置楼梯属性参数，如图 4-146 所示，将顶部

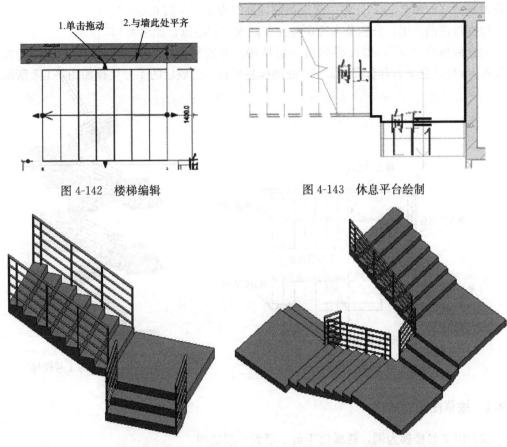

图 4-142　楼梯编辑　　　　　　　图 4-143　休息平台绘制

图 4-144　"-9.300～-7.500m"区间楼梯　　　图 4-145　完成的负二层楼梯

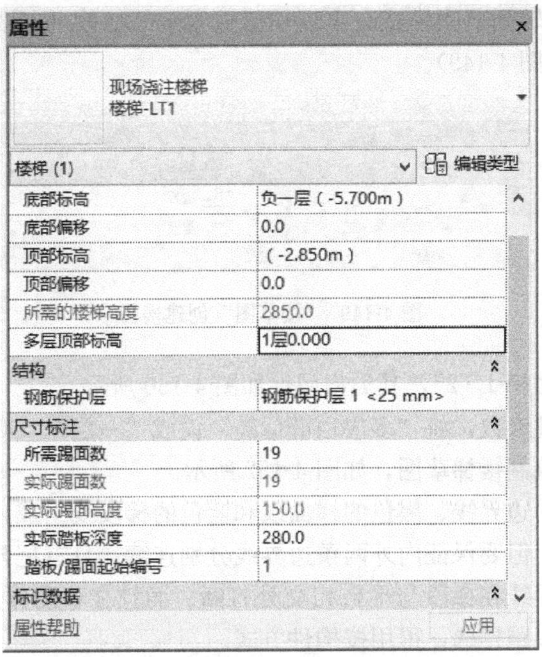

图 4-146　按构件创建楼梯属性设置二

标高设成"（一2.850m）"，将"多层顶部标高"设成"一层 0.000"。

根据链接的底图，分别单击确定各梯段的起点和终点，如图 4-147 所示。

完成后单击"✔"，即可得到负一层楼梯。分别补充完成负二层与负一层之间标高—5.700m 处休息平台和标高—2.850 处的休息平台。完成后的 1 号楼梯如图 4-148 所示。

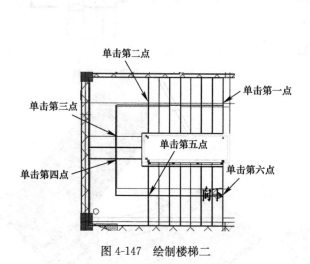

图 4-147　绘制楼梯二　　　　　　　图 4-148　完成的 1 号楼梯

4.9.2　按草图创建楼梯

我们以 2 号楼梯为例，楼梯位于负一层到一层之间。

进入到"负一层（一5.700m）"平面视图，选择功能区"建筑＞楼梯＞楼梯（按草图）"命令，自动跳转到草图模式，出现功能选项卡"修改/创建楼梯草图"，默认选项为"梯段"、"直线"（图 4-149）。

图 4-149　"按草图"创建楼梯

新建楼梯类型"楼梯-LT2"，其类型属性如图 4-150 所示。

设置楼梯实例属性参数，将"多层顶部标高"设成"一层 0.000"，如图 4-151 所示。

根据链接的底图绘制楼梯草图，如图 4-152 所示。

楼梯草图由绿色的边界线、黑色的梯面线和蓝色的梯段线组成，边界线和梯面线可以是直线也可以是弧线，但要保证内外两条边界线分别连续，且首尾与梯面线闭合。创建平台时，要注意得把边界线在梯段与平台相交处打断。而且在草图方式中边界线不能重合，所以要创建有重叠的多跑楼梯，得用按构件方式。

绘制完成后，单击"✔"，删除靠近墙一侧的栏杆扶手，完成的楼梯如图 4-153 所示。

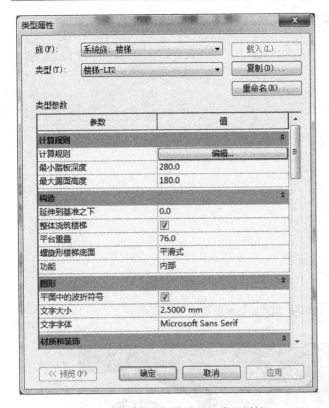

图 4-150　按草图创建楼梯的类型属性　　　　图 4-151　按草图创建楼梯属性设置

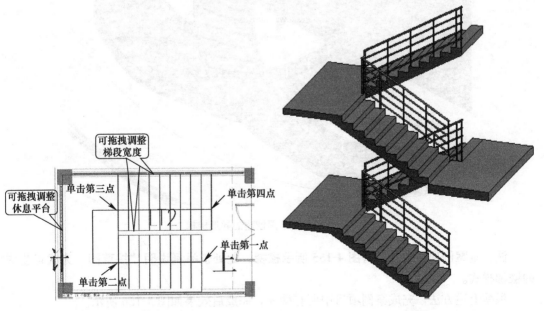

图 4-152　绘制楼梯草图　　　　　　图 4-153　完成的 2 号楼梯

若要创建一些带有弧形休息平台或是弧形边界的楼梯，可以先用"梯段"命令绘制好常规梯段，然后在草图模式，删除原来的直线边界或踢面线，再用"边界"和"踢面"命令绘制新的弧形线即可。图 4-154、图 4-155 是用按草图方式创建的异形楼梯例子。

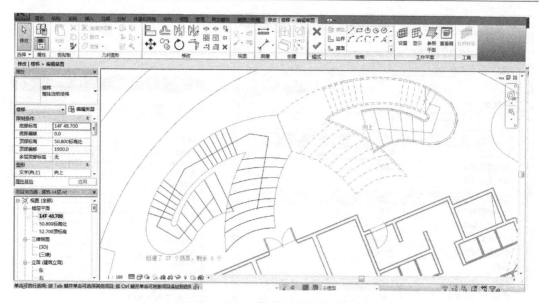

图 4-154　在草图模式绘制异形楼梯

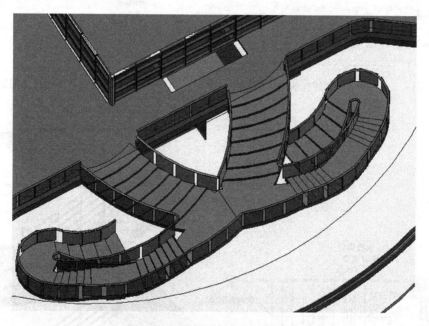

图 4-155　按草图创建的异形楼梯

注：本案例项目中并没有图 4-155 所示楼梯，此处仅举例说明"按草图"方式可生成的楼梯样式。

根据上述方法，完成案例项目中所有楼梯，完成后效果如图 4-156 所示。

4.9.3　创建坡道

创建坡道的方法与"按草图"创建楼梯类似。我们以位于一层轴③～④的坡道为例。

选择功能区"建筑＞坡道"命令，跳转到"修改/创建坡道草图"选项卡，绘制工

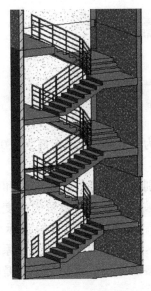
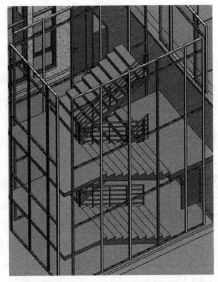

图 4-156　楼梯完成效果

具默认为"梯段"和"直线"（图 4-157）。

在属性栏，复制新建"建筑坡道-PD01"类型，并设置类型属性如图 4-158 所示，其中"坡道最大坡度"为"12"指坡道的最大坡度为 1：12，要注意该坡度值不要设置得比实际值小，否则绘制坡道时按此坡度值达不到所需的高度，系统会报错如图 4-159 所示。

图 4-157　"修改/创建坡道草图"选项卡

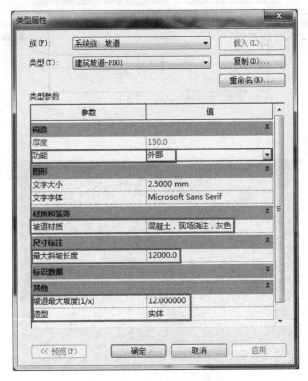

图 4-158　坡道的类型属性

图 4-159　坡道警告提示框

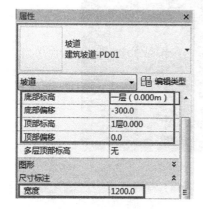

图 4-160　坡道属性设置

该坡道顶部标高为 0.000，底部标高为 -0.300。设置其属性栏如图 4-160 所示。

在平面图中，分别单击放置坡道的起点和终点。系统会根据"坡道最大坡度"和坡道设置的高度差，自动计算斜坡需要的长度。此处由于坡道的实际坡度值与"坡道最大坡度"相同，坡道的实际长度等于系统计算的斜坡长度，所以按链接的底图放置，与系统提示的长度吻合，如图 4-161 所示。

绘制完成后，单击"✔"，转到三维视图查看，如图 4-162 所示，坡道与楼梯一样，默认同时放置栏杆扶手，栏杆扶手的样式可以选用系统自带的，也可以自定义，定制方法详见 4.10 节。

项目中的室外台阶可以用楼梯命令创建，完成后的模型如图 4-163 所示。

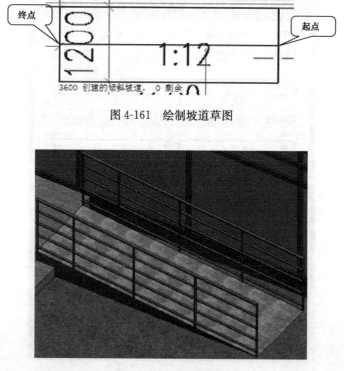

图 4-161　绘制坡道草图

图 4-162　生成的坡道

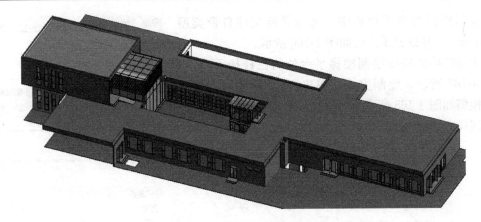

图 4-163　楼梯坡道完成效果

4.10　栏杆扶手

Revit 提供了专门的"栏杆扶手"命令用于绘制栏杆扶手。栏杆扶手由"扶手"和"栏杆"两大部分构成，可以分别指定各部分的族类型，从而组合出不同造型的栏杆扶手，图 4-164 是 Revit 对栏杆扶手各组成部分的定义。

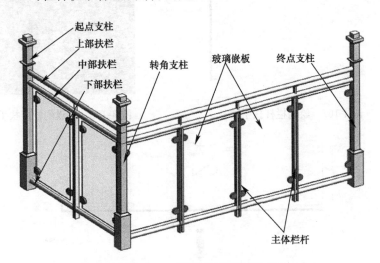

图 4-164　栏杆扶手的定义

4.10.1　绘制栏杆扶手

我们以位于负一层轴⑧～⑨处的楼梯和楼梯平台处的栏杆扶手为例。先创建楼梯平台的栏杆扶手，再创建楼梯的栏杆扶手。

1）楼梯平台的栏杆扶手

进入到"负一层（－5.700m）"平面视图，选择功能区"建筑＞栏杆扶手＞绘制路径"命令，自动跳转到路径绘制模式，出现功能选项卡"修改/创建栏杆扶手路径"，默认选择"绘制"面板的"直线"命令（图 4-165）。

在属性栏类型下拉栏中，选择样板文件自带类型"1100mm"，并设置属性栏如图 4-166 所示。

根据链接的底图绘制楼梯平台处的栏杆扶手路径，如图 4-167 所示，绘制完成后单击"✔"，转到三维视图，模型如图 4-168 所示。

同样方法绘制完成另一边的栏杆扶手，如图 4-169 所示。

图 4-165 "绘制路径"命令

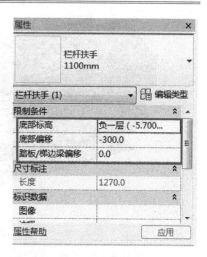

图 4-166 栏杆扶手属性设置

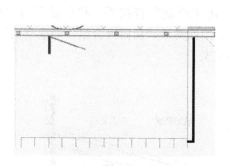

图 4-167 绘制栏杆扶手路径

图 4-168 生成的栏杆扶手

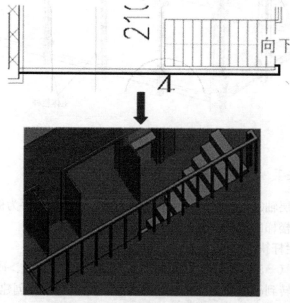

图 4-169 生成的另一侧栏杆扶手

注意，运用"绘制路径"创建栏杆扶手时，路径只能为一条连续的线段。如果是不连续的栏杆扶手，就要分成两段来绘制。

2）楼梯的栏杆扶手

由于此处楼梯的栏杆扶手并未在创建楼梯时自动添加，所以接下来创建楼梯上的栏杆扶手。同样用"绘制路径"命令，绘制如图 4-170 所示路径。

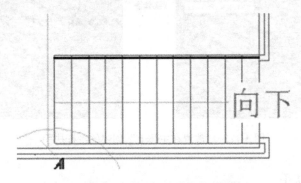

图 4-170　绘制楼梯的栏杆扶手路径

单击"✔"完成后，转到三维视图，会发现栏杆扶手并没有落到楼梯上。这时，可以选中该栏杆扶手，选择功能区"修改｜栏杆扶手>拾取新主体"命令，将光标箭头移至楼梯上，楼梯高亮显示时，单击楼梯，栏杆扶手就落到楼梯上了（图 4-171）。栏杆扶手拾取的主体可以是楼梯、楼板和坡道。

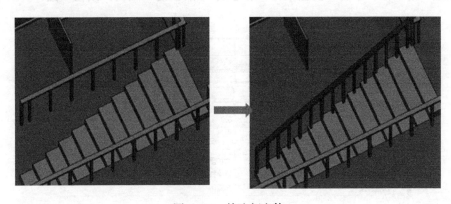

图 4-171　拾取新主体

对于楼梯或坡道，可以通过"放置在主体上"命令直接放置栏杆扶手。比如对于之前的楼梯，选择功能区"建筑>栏杆扶手>放置在主体上"命令，跳转到"修改/创建主体上的栏杆扶手位置"，并在"位置"面板，选择"踏板"（图 4-172），将鼠标移动至楼梯处，楼梯高亮显示，单击楼梯，则楼梯两边的栏杆扶手创建完成，如图 4-173 所示。

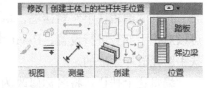

图 4-172　"放置在主体上"命令

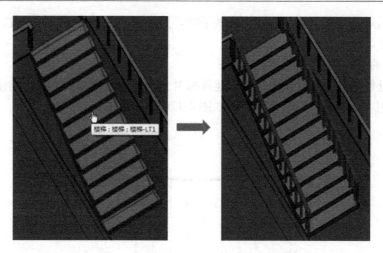

图 4-173 "放置在主体上"创建的栏杆扶手

4.10.2 定制栏杆扶手

当项目中没有我们需要的栏杆扶手样式时，就需要定制一个新的栏杆扶手类型。我们以一层平台的玻璃栏杆为例。

1）编辑扶手

在属性框选择"1100mm"类型的栏杆扶手，复制新建一个"玻璃扶栏"类型。在其"类型属性"对话框，单击"扶栏结构（非连续）"后面的"编辑"按钮（图 4-174）。

参数	值
构造	
栏杆扶手高度	1100.0
扶栏结构(非连续)	编辑...
栏杆位置	编辑...
栏杆偏移	0.0
使用平台高度调整	否
平台高度调整	0.0
斜接	添加垂直/水平线段
切线连接	延伸扶手使其相交
扶栏连接	修剪

图 4-174 扶栏结构

打开"编辑扶手"对话框，单击"插入"按钮，添加一个新的扶手（图 4-175）。在这可以对扶手部分进行设置，Revit 中的扶手是通过扶手轮廓族来定义外形，沿绘制的栏杆扶手路径放样生成的。

编辑这个扶栏，将名称修改为"扶栏 1"，"高度"输入为"1200"，"材质"设置为"不锈钢"，单击"轮廓"单元格，在下拉列表，选择"矩形 50mm×50mm"，如图 4-176 所示。

在该对话框中可以添加多个扶手，其中最高的扶手决定了栏杆扶手的高度。扶手的"偏移"是扶手轮廓对于基点偏移该中心线的左、右的距离。

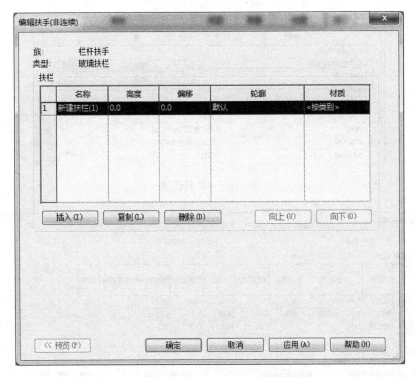

图 4-175 "编辑扶手"对话框

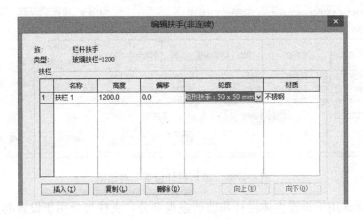

图 4-176 扶手设置

设置完成后,单击"确定"返回到"类型属性"对话框。

2)编辑栏杆

Revit 栏杆扶手中的栏杆部分是由三维栏杆族来定义的。本书案例项目中要用到的栏杆族可以到软件自带的族库"建筑 \ 栏杆扶手"中找到。在编辑栏杆前,先选择功能区"插入 > 载入族"命令,载入栏杆族"双根扁钢栏杆 2. rfa"、"栏杆嵌板-玻璃带托架 . rfa"族文件,这样,在对应的编辑栏杆的下拉框中就会出现这两个载入的栏杆族。

要编辑栏杆扶手中的栏杆部分,在"类型属性"对话框,单击"栏杆位置"后面的"编辑"按钮(图 4-177),打开"编辑栏杆位置"对话框(图 4-178)。

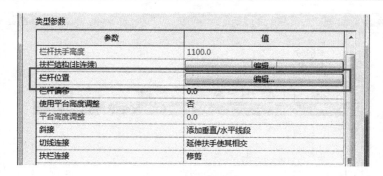

图 4-177　栏杆位置

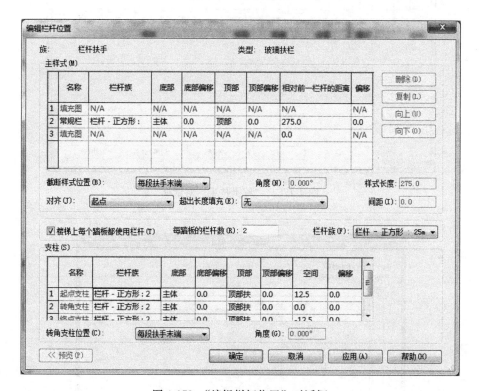

图 4-178　"编辑栏杆位置"对话框

其中，主样式用于设置主体栏杆和玻璃嵌板部分，支柱部分用于设置起点支柱样式。

选中主样式第 2 行，单击右侧的"复制"按钮，添加新的一行，在第 2 行，单击"栏杆族'单元格，在下拉列表中选择新载入的栏杆族'双根扁钢栏杆 2：直径 40mm"，如图 4-179 所示。

在第 3 行，在"栏杆族'下拉列表中选择'栏杆嵌板-玻璃带托架：600"，其他项按图 4-180 所示设置好。

在"支柱"部分，设置栏杆样式与主样式的栏杆相同，其他项设置如图 4-181 所示。

设置完成后，单击"确定"，"玻璃扶栏"类型就定制好了。我们用该类型绘制一层平台的栏杆扶手，完成的模型如图 4-182 所示。

根据上述方法，完成案例所有栏杆扶手的创建，转到三维视图查看，如图 4-183 所示。

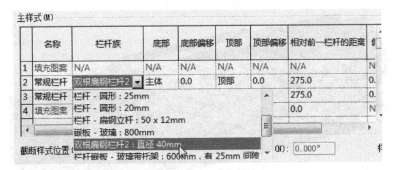

图 4-179　选择栏杆族

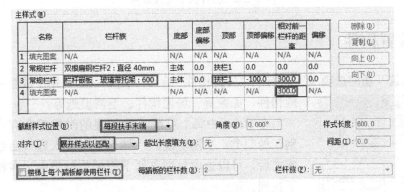

图 4-180　主样式设置

图 4-181　支柱设置

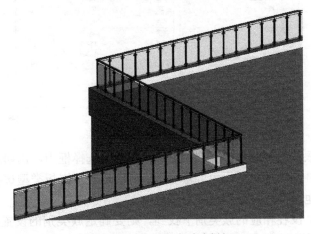

图 4-182　一层平台玻璃栏杆

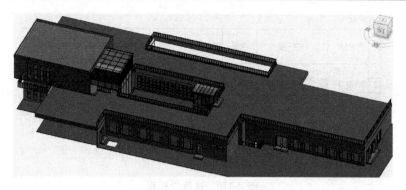

图 4-183　栏杆扶手完成效果

4.11　放置构件

在"建筑"功能选项卡下，有个"放置构件"命令（图 4-184），用于放置一些可载入族构件，如家具、场地构件、卫浴设施等。

图 4-184　放置构件命令

在 Revit 中每个可载入族创建的时候都会有一个"族类别"的归类，当用功能区"插入＞载入族"命令载入某个族之后，可以去项目浏览器下面的族分类中，在相应的类别下找到。

比如图 4-185 中，项目浏览器中族列表中的"家具"类别下有"桌"，选中其中"桌 1830mm×915mm"，属性栏会显示该族的属性。

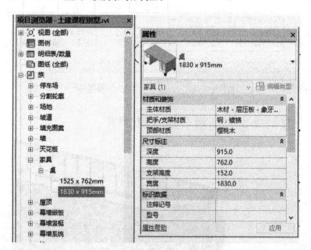

图 4-185　族列表下的家具族

可载入族还会根据自身的"族类别"出现在相应的选择框中，比如之前用到的栏杆族载入后会出现在栏杆编辑的对话框中，幕墙嵌板族会出现在嵌板类型选择下拉框中，二维的轮廓族、注释族也都会出现在相应的对话框中。

如果载入族后，没在相应的族类别下找到，则要确定族类别的设置是否正确。在 Revit 中，选用正确的族样板和设置正确的族类别非常重要。

要确认族类别，需打开族文件，选择功能区"族类别和族参数"，如图4-186所示，在对话框中即可查看到当前的族类别，点击其他族类别，确认可以修改该族的族类别。再次载入到项目中后，会发现其出现在项目浏览器中新设置的族类别下。

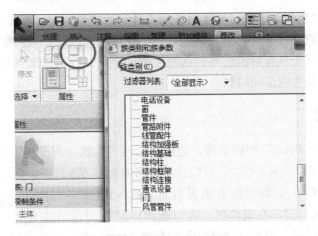

图4-186　族类别和族参数窗口

需要注意的是，这种修改族类别的方法可以让其出现在对应的族类别中，但是如果在创建之初未选择合适的族样板，即使修改族类别，该族仍然有可能不具备正确的族功能，这时只能选择合适的族样板进行重建。

要在项目中放置构件，我们新载入一个族文件为例。比如，我们从软件自带的族库中，载入一个"全自动坐便器-落地式.rfa"族文件。然后进入到"负一层（-5.700m）"视图平面，选择"放置构件"命令，在属性栏类型下拉列表中找到"全自动坐便器-落地式"这个族，选择后为其设置放置高度，如图4-187所示。

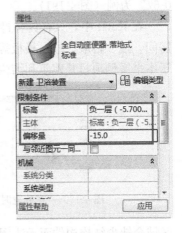

图4-187　构件属性设置

在绘图区，点击鼠标即可放置座便器（图4-188），放置时按键盘空格键可以调整放置方向。

同时，还可以直接在项目浏览器中族列表中找到，选中后，用鼠标拖曳到绘图区放置。此方法等同于"放置构件"命令。

项目中的集水坑也可以用同样的方法放置，族文件在本书附带的族库中可以找到。放置后如图4-189所示。

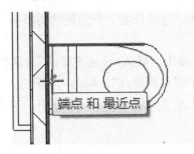

图4-188　放置座便器

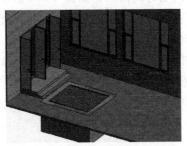

图4-189　放置集水坑

4.12 房间

Revit 提供的"房间"功能，可以用于定义和表达建筑空间，不仅可以统计各个功能区域的面积，也可以通过颜色标示直观地展示不同的功能区域。"房间"并不是一个实际的模型构件，而是基于具有封闭边界的区域生成的空间。我们以案例项目中的一层为例，讲解如何放置房间及生成房间的颜色填充。

4.12.1 放置房间

进入"一层（0.000m）"视图平面，选择功能区"建筑>房间"命令，出现"修改/放置房间"功能选项卡（图4-190），可以在放置房间前，选择"高亮显示边界"，以显示所有边界对象，默认选择"在放置时进行标记"，在属性栏，可以选择标记类型，此处以选择"标记_房间-有面积-施工-仿宋-3mm-0-67"为例（图4-191）。

在 Revit 中，只有具有封闭边界的区域才可以创建房间，墙、幕墙、柱、楼板等均可以作为房间边界。由于本书案例项目是建筑和结构分文件建模的，所以有些

图4-191 房间标记属性

图4-190 "在放置时进行标记"命令

区域会缺少结构构件而无法闭合，这时，可以将结构文件链接进来，链接文件中的构件也可以被识别为边界。如果遇到不闭合无法放置房间的区域，则需要绘制分隔线，使区域闭合，才可以放置房间。将鼠标移动至闭合区域，比如电井间处，如图4-192所示，会出现带有面积的标记符号，单击鼠标左键，放置房间及房间标记。

选中标记符号，单击"房间"名称进入可编辑状态，输入"电井间"，然后单击空白处即完成房间名称的修改，如图4-193所示。

接着，我们链接结构模型，以创建其他房间。这部分由于会用到结构模型，所以可以等完成结构模型后再来继续这部分的学习。

选择功能区"插入>链接 Revit"命令，弹出"导入/链接 RVT"对话框，找到结构的 Revit 模型文件，在"定位"栏选择"自动-原点到原点"，单击"打开"。

在视图中单击选中链接进来的结构模型，在其"类型属性"对话框中，勾选"房间边界"后的小方格，如图4-194所示。

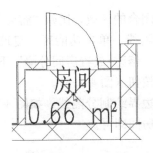

图 4-192　放置房间及房间标记

图 4-193　房间名称修改

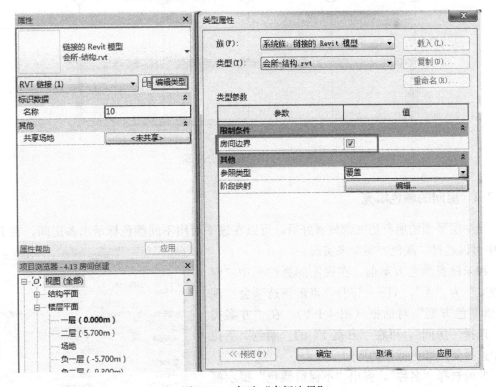

图 4-194　勾选"房间边界"

　　这时，再执行"房间"命令，即可完成商业服务用房、1 号楼梯、2 号楼梯、电梯间这几个区域的房间放置，如图 4-195 所示。

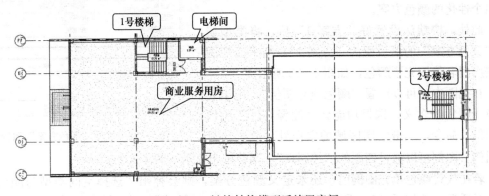

图 4-195　链接结构模型后放置房间

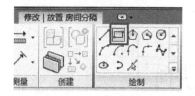

图 4-196 "房间分隔"绘制栏

对于仍然不闭合的区域，比如"露天下沉庭院 2"，就需要绘制房间分隔线。单击功能区"建筑＞⊠房间分隔"命令，在出现的"修改/放置房间分隔"下，选择"绘制"面板的"矩形"按钮（图 4-196）。

用鼠标沿其边界绘制分隔线，如图 4-197 所示，绘制完成后，再放置房间即可。

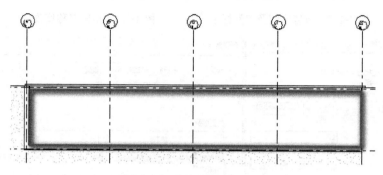

图 4-197　绘制房间分隔线

4.12.2　房间的颜色填充

当一层平面的所有房间都放置好后，可以在该平面用不同颜色标示出各房间，在 Revit 中可以通过"颜色方案"来实现。

在未设置颜色方案前，在视图的属性栏中"颜色方案"为"无"，（图 4-198），点击该选项会出现"编辑颜色方案"对话框（图 4-199），在"方案类别"选择"房间"，可在"方案 1"的"颜色"下拉栏中选择要用颜色标识的房间参数。

此处选择"名称"，弹出"不保留颜色"提示框（图 4-200），单击"确定"，系统即按标识的房间名称自动分配不同颜色（图 4-201）。其中，每一项对应的颜色、填充样式、可见性都可以修改，方便定制出个性化的颜色方案。

此处，按默认设置好"方案 1"后，将类型属性"颜色方案"的值设置为"方案 1"，则平面视图就按房间名称填充了颜色，如图 4-202 所示。

在视图中还可以放置"颜色填充图例"，用于表明填充颜色的含义。选择功能区"注释＞三颜色填充图例"命令，单击绘图区域的空白处，放置预显的图例。图例可以通过四周的"控制点"，调整排布显示（图 4-203）。

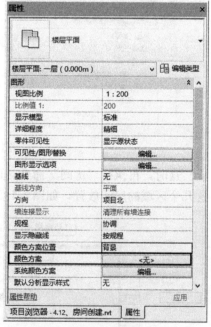

图 4-198　视图"颜色方案"属性

若在放置颜色填充图例前，还未定义颜色方案，则会弹出"选择空间类型与颜色方案"对话框，按如图 4-204 所示设置，放置图例，会显示"未定义颜色"。

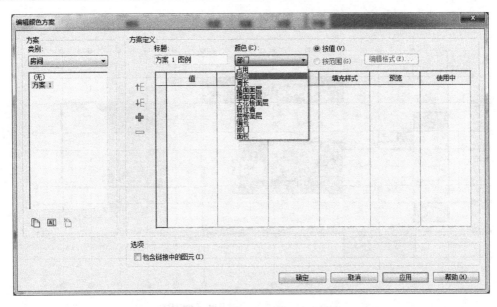

图 4-199　"编辑颜色方案"对话框

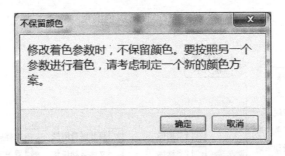

图 4-200　"不保留颜色"提示框

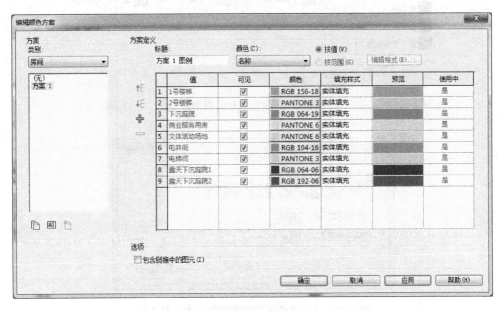

图 4-201　设置颜色方案

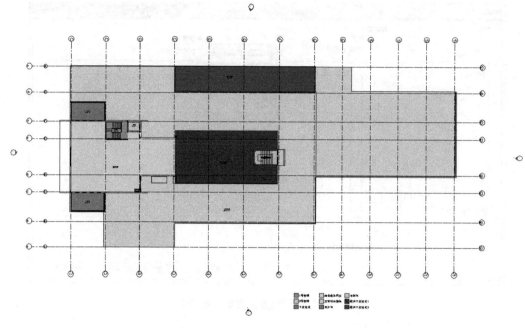

图 4-202　视图颜色填充

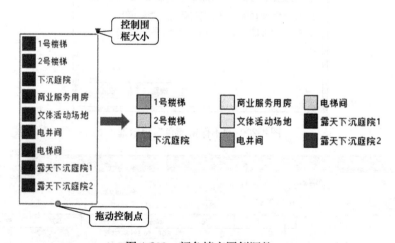

图 4-203　颜色填充图例调整

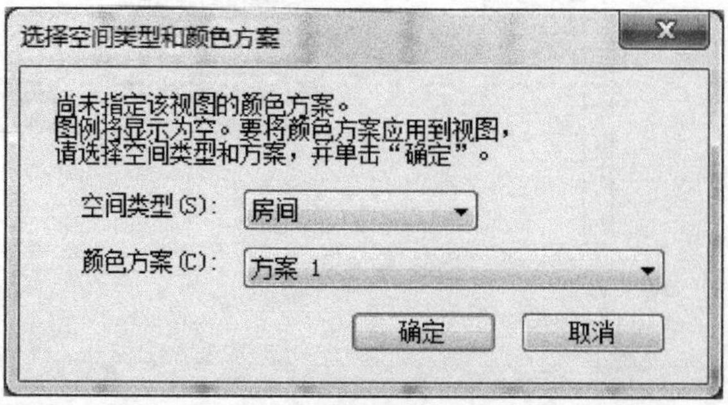

图 4-204　"选择空间类型和颜色方案"对话框

选中"未定义颜色"图例，在功能区选择" 编辑方案"命令，会弹出如图 4-199 所示的"编辑颜色方案"对话框，按之前的步骤同样设置即可。

4.13　统计明细表

Revit 可以统计各类模型对象的数量，并生成明细表，还可以导出成常用的 excel 表格。本节以窗明细表为例，讲解如何新建、编辑和导出明细表。

4.13.1　新建明细表

选择功能区"视图＞明细表"下拉框中的" 明细表/数量"，在弹出的"新建明细表"对话框中，在"类别"栏列表里选择"窗"，右边名称默认为"窗明细表"，如图 4-205 所示。

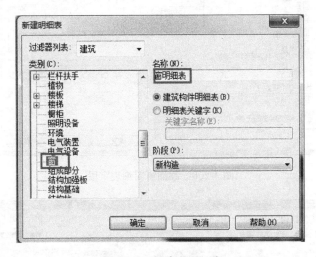

图 4-205　新建窗明细表

单击"确定"后，弹出"明细表属性"对话框，在"字段"标签栏，设置需要的明细表内容，从"可用的字段"列表中选择"族"、"类型"、"宽度"、"高度"、"标高"、"合计"（按住键盘"Ctrl"加选），然后，单击"添加"按钮，添加到"明细表字段"列表中，最后通过"上移"、"下移"按钮调整各字段顺序，如图 4-206 所示。

单击"确定"后，生成的"窗明细表"如图 4-207 所示。

在 Revit 中，明细表属于视图，都可以在"项目浏览器"的"视图"目录下找到。若需要打开关闭了的明细表，就可以类似其他视图，在"项目浏览器"里双击打开。

4.13.2　明细表编辑

由于本书案例项目是建筑和结构分文件建模的，所以之前我们统计的都只是建筑模型中的窗，并未包括结构模型中的窗。所以，我们可以将结构模型链接进来，以创建整个项目的窗明细表。

选择功能区"插入＞ 链接 Revit"命令，将结构的模型文件链接进来。点击明细表属性栏中的"字段"后"编辑"按钮，在明细表的"字段"标签栏，勾选对话框左下角"包含链接中的图元"选项，如图 4-208 所示。

这样，链接进来的结构模型中的窗也会包括在窗明细表中。

要编辑明细表的统计方式，可以选择明细表属性栏中的"排序/成组"后"编辑"按钮，在明细表的"排序/成组"标签栏，按如图 4-209 所示设置，将明细表依次按"族"、"类型"、"标高"排列，并勾选"总计"，选择"标题、合计和总数"，取消勾选"逐项列举每个实例"。

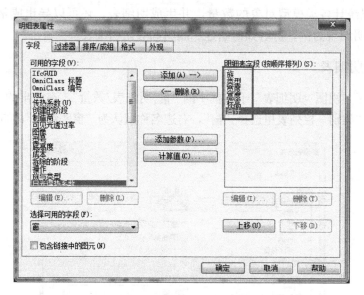

图 4-206　添加窗明细表字段

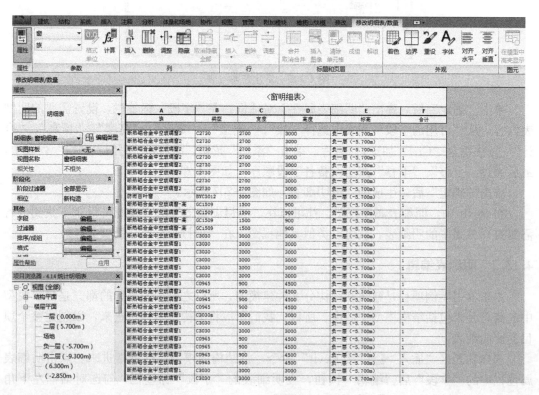

图 4-207　"窗明细表"视图

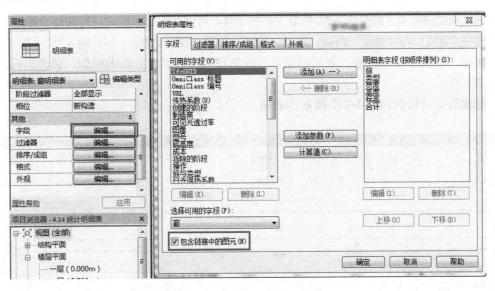

图 4-208　勾选"包含链接中的图元"

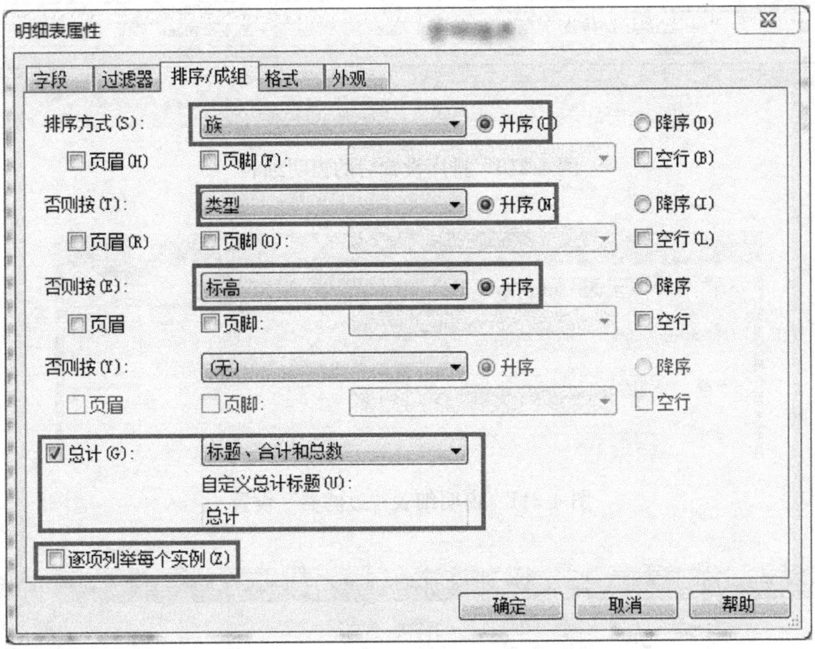

图 4-209　窗明细表"排序/成组"设置

确定后，窗明细表显示如图 4-210 所示。

要为明细表设置过滤条件，则在"过滤器"标签栏设置，如要过滤出"高度"超过 4.5m 的窗，设置如图 4-211 所示。

则窗明细表显示如图 4-212 所示。

在"格式"标签栏（图 4-213），"外观"标签栏（图 4-214）可以对明细表的标题、字体、对齐方式等进行设置。

通过功能选项卡"修改明细表/数量"中的工具，可以对明细表格式进行调整。如图 4-215 所示选中"宽度"与"高度"两格，单击"成组"命令，则可以增加一栏，输入"尺寸"。

可在"格式"标签栏输入新的标题名，或是直接在明细表上单击标题，修改名称，如图 4-216 所示。

修改后，可得到如图 4-217 所示的表格。

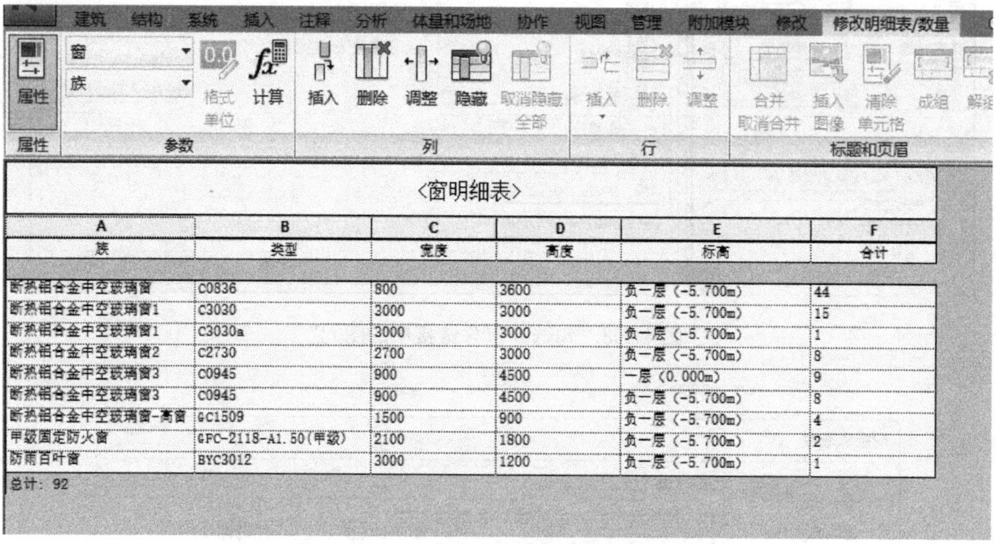

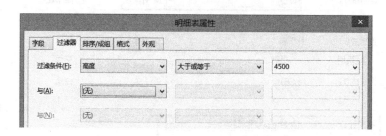

图 4-210　排序设置后的窗明细表

图 4-211　窗明细表"过滤器"设置

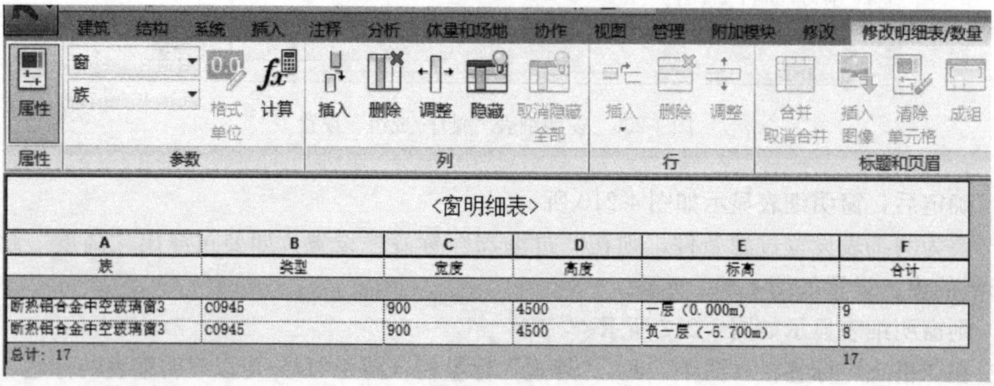

图 4-212　过滤后的明细表

110

图 4-213　明细表"格式"标签栏

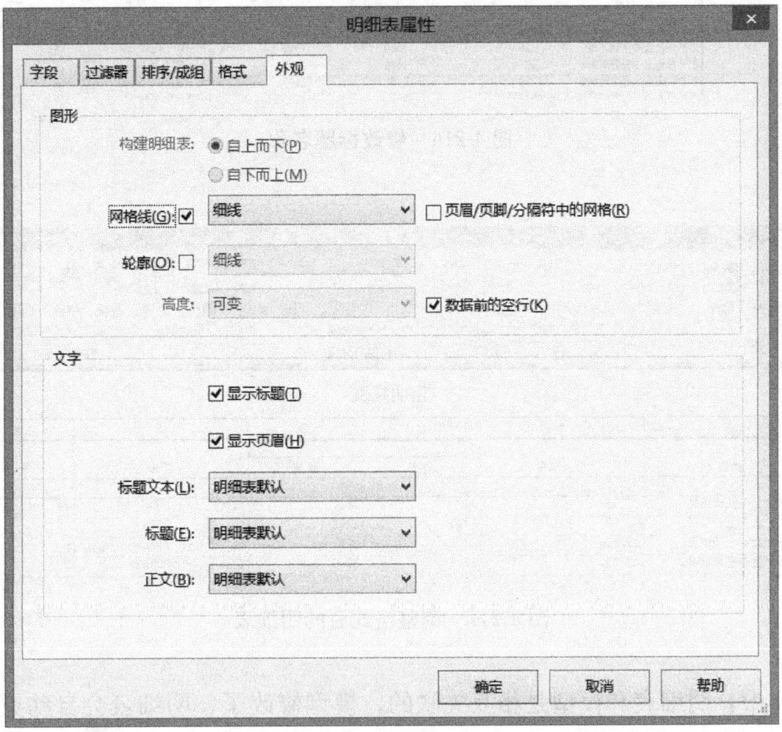

图 4-214　明细表"外观"标签栏

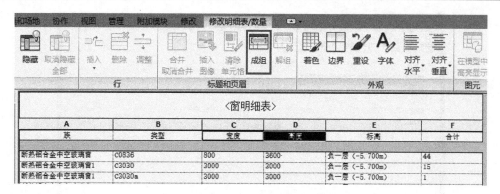

图 4-215 "成组"命令

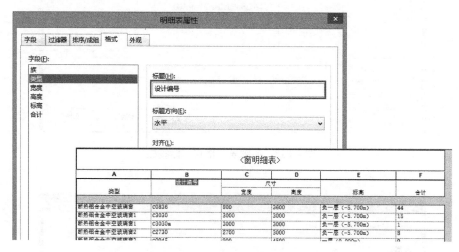

图 4-216 修改标题名称

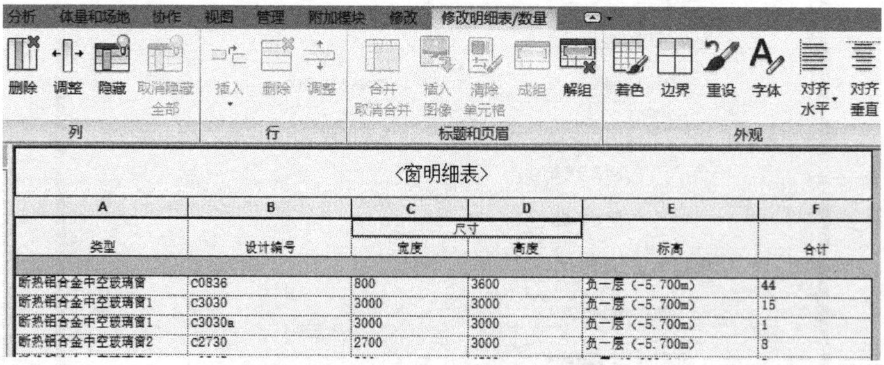

图 4-217 调整格式后的明细表

在 Revit 中，明细表和模型是相互关联的，模型修改了，明细表会自动更新，在明细表中也可以查看每项在模型中的位置。点选明细表中的任一项，比如编号 "C0945" 的窗，单击功能区 "修改明细表/数量" 的 "在模型中高亮显示图元"（图 4-218），则系统会跳转到显示 C0945 的窗的视图，点击"显示"按钮，可切换不同视图显示，如图 4-219 所示。

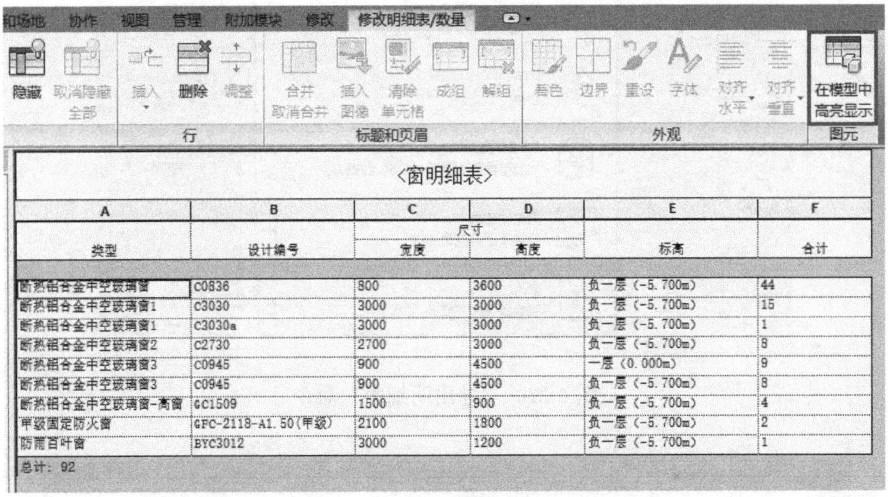

		〈窗明细表〉				
A	B	C	D	E	F
		尺寸			
类型	设计编号	宽度	高度	标高	合计
断热铝合金中空玻璃窗	C0836	800	3600	负一层 (-5.700m)	44
断热铝合金中空玻璃窗1	C3030	3000	3000	负一层 (-5.700m)	15
断热铝合金中空玻璃窗1	C3030a	3000	3000	负一层 (-5.700m)	1
断热铝合金中空玻璃窗2	C2730	2700	3000	负一层 (-5.700m)	9
断热铝合金中空玻璃窗3	C0945	900	4500	一层 (0.000m)	9
断热铝合金中空玻璃窗3	C0945	900	4500	负一层 (-5.700m)	8
断热铝合金中空玻璃窗-高窗	GC1509	1500	900	负一层 (-5.700m)	4
甲级固定防火窗	GFC-2118-A1.50(甲级)	2100	1800	负一层 (-5.700m)	2
防雨百叶窗	BYC3012	3000	1200	负一层 (-5.700m)	1
总计: 92					

图 4-218　"在模型中高亮显示图元"命令

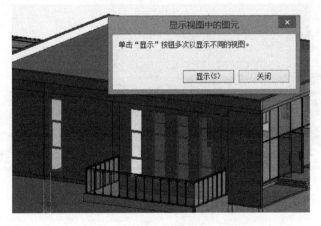

图 4-219　显示模型构件的视图

4.13.3　导出明细表

要将明细表导出成常用的 excel 表格，可打开明细表视图，比如"窗明细表"，单击"■"，在菜单栏里，选择"导出＞报告＞明细表"（图 4-220）。

在弹出的"导出明细表"对话框中（图 4-221），选择路径，按默认设置（图 4-222）即可导出格式为 txt 的"窗明细表"文件。

启动 Excel，在打开文件选择框中，选择"窗明细表.txt"文件，图 4-223 所示，点击打开。

在弹出的"文本导入向导"框中，按默认设置操作，如图 4-224～图 4-226 所示。

完成后，即可将窗明细表文件转换成 excel 表格，如图 4-227 所示。

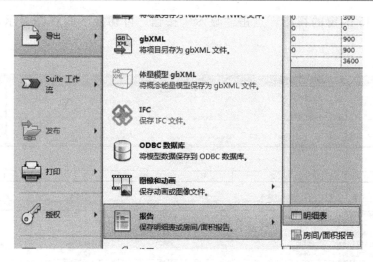

图 4-220 "导出明细表"命令

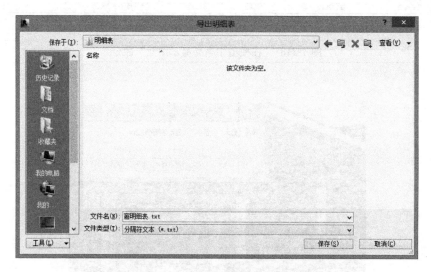

图 4-221 导出明细表对话框

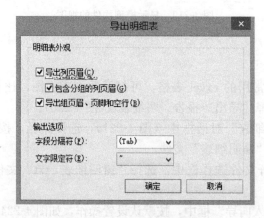

图 4-222 导出明细表设置框

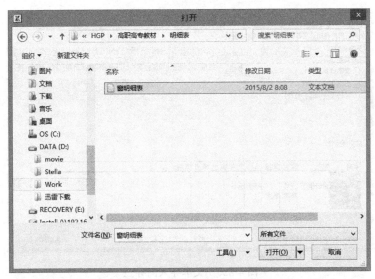

图 4-223　Excel 打开对话框

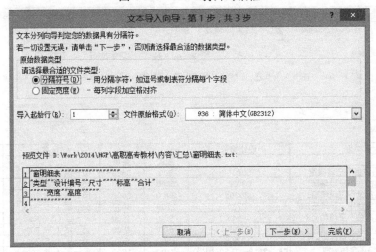

图 4-224　文本导入向导一

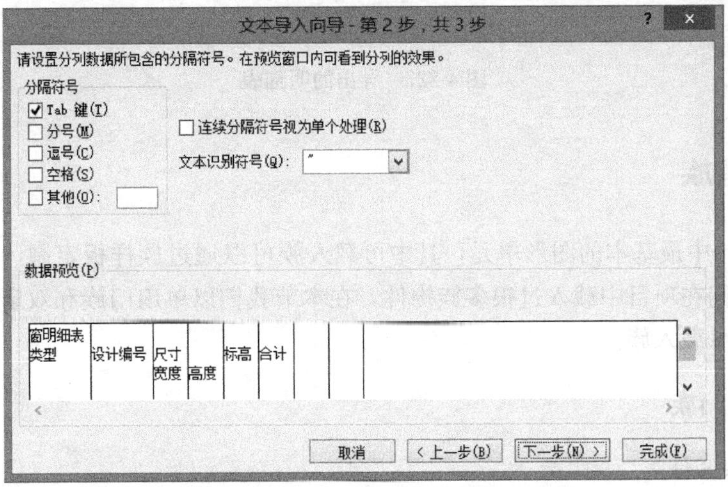

图 4-225　文本导入向导二

文本导入向导 - 第 3 步，共 3 步
使用此屏内容可选择各列，并设置其数据格式。
列数据格式
常规(G)
文本(T)
日期(D): YMD
不导入此列(跳过)(I)
“常规”数据格式将数值转换成数字，日期值会转换成日期，其余数据则转换成文本。
高级(A)...
数据预览(P)
常规 常规 常规 常规 常规 常规 常规 常规 常规
窗明细表
类型 设计编号 尺寸 宽度 高度 标高 合计
取消
< 上一步(B)
下一步(N) >
完成(F)

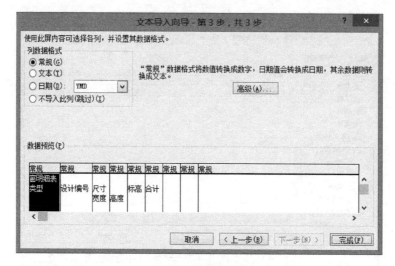

图 4-226　文本导入向导三

窗明细表 - Microsoft Excel
文件 开始 插入 页面布局 公式 数据 审阅 视图
窗明细表
类型 设计编号 尺寸 标高 合计
宽度 高度
断热铝合金中空玻璃窗 C0836 800 3600 负一层（-5.700m） 44
断热铝合金中空玻璃窗1 C3030 3000 3000 负一层（-5.700m） 15
断热铝合金中空玻璃窗1 C3030a 3000 3000 负一层（-5.700m） 1
断热铝合金中空玻璃窗2 C2730 2700 3000 负一层（-5.700m） 8
断热铝合金中空玻璃窗3 C0945 900 4500 一层（0.000m） 9
断热铝合金中空玻璃窗3 C0945 900 4500 负一层（-5.700m） 8
断热铝合金中空玻璃窗-高窗 GC1509 1500 900 负一层（-5.700m） 4
甲级固定防火窗 GFC-2118-A1.50(甲级) 2100 1800 负一层（-5.700m） 2
防雨百叶窗 BYC3012 3000 1200 负一层（-5.700m） 1
总计：92

图 4-227　导出的明细表

4.14　创建族

族是 Revit 中最基本的图形单元，其中可载入族可以通过族样板定制，载入到项目中使用。之前我们在项目中载入过很多族构件，在本节我们以单扇门族和双扇推拉窗族为例讲解如何创建可载入族。

4.14.1　创建门族

1）新建族文件

选择▶>新建>族，或者在 Revit 的启动界面中，单击族版块“新建……”，弹出如

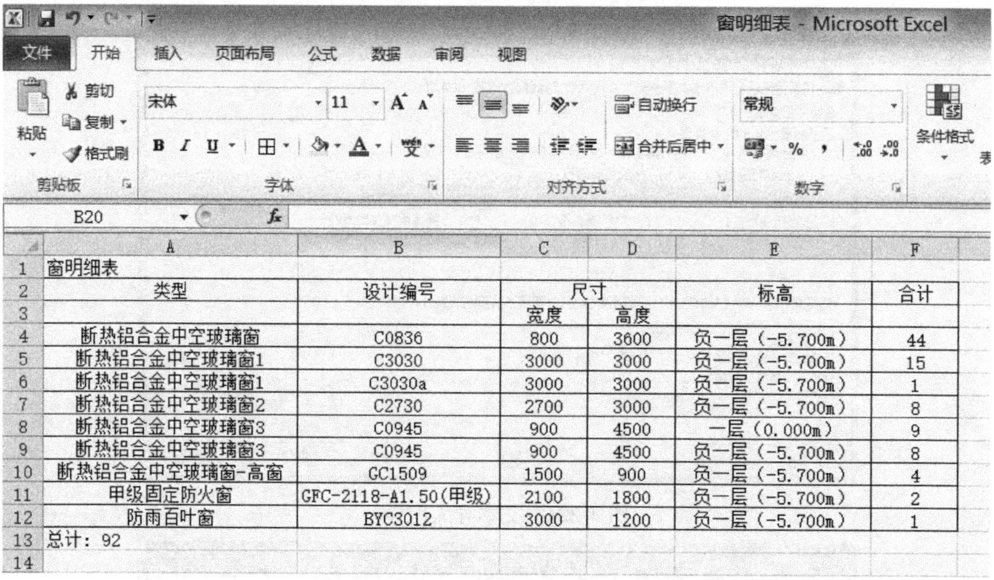

图 4-228 所示对话框，选择"公制门"，单击"打开"，则进入族文件的编辑界面，如图 4-229 所示，文件中有创建好的一面已开洞口的墙体。

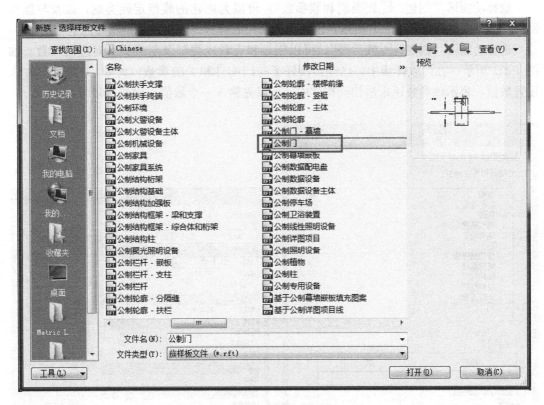

图 4-228　选择门族样板

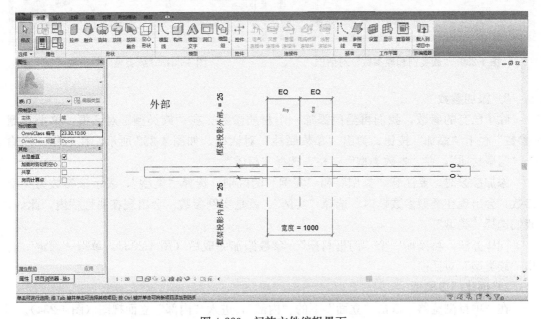

图 4-229　门族文件编辑界面

在族文件的编辑界面，可以创建族构件的模型，并添加需要的参数。这些参数可以在族载入到项目后控制族的表现形式。

选择功能区"创建>族类别和族参数"，可以为创建的族指定族类别，以及与族类别对应的族参数。如图 4-230 所示，因为用的是门族样板，所以族类别选择的是"门"。

选择功能区"创建>族类型"，可以创建和查看族类型及与族类型对应的参数。如图 4-231 所示，在门族样板中，已经预设好了与门构件相关的参数。此处，"厚度"并未设置数值，表示该参数还未添加到构件中，可以先输入一个数值，比如"60"。

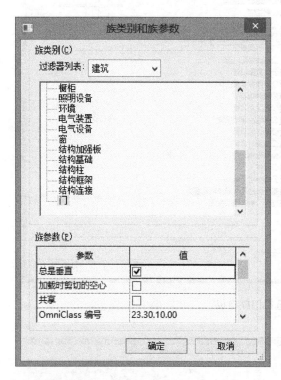

图 4-230 "族类别和族参数"对话框

图 4-231 "族类型"对话框

2）添加参数

除了已有的参数，我们再给门添加一个材质参数。在"族类型"对话框，单击右侧"参数"栏下"添加"按钮，弹出"参数属性"对话框，如图 4-232 所示，在名称一栏输入"门扇材质"，在"参数类型"一栏，选择"材质"。

添加参数时，要注意"类型"和"实例"的区别。选择"类型"，表示该参数为类型参数，会出现在类型参数框内。选择"实例"，就是实例参数，会出现在属性框内。此处，我们选择"类型"。

同样方法，再添加一个"门框材质"。参数添加完成后（图 4-233），单击"确定"退出"族类型"对话框。

3）创建门扇模型

在"项目浏览器"双击"立面"下的"内部"，进入"内部"立面视图（图 4-234）。

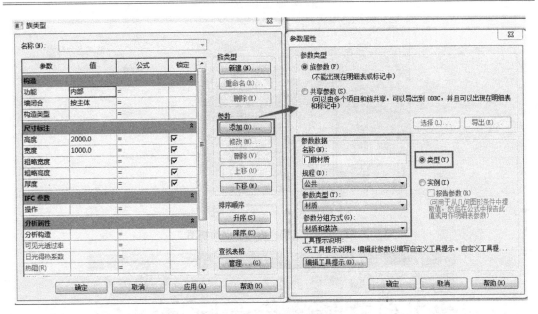

图 4-232 添加材质参数

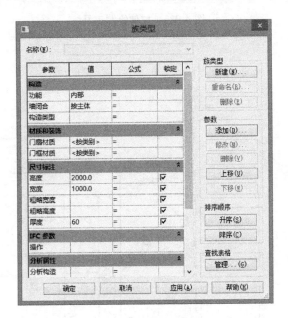

图 4-233 设置门族参数

选择功能区"创建>拉伸"命令,进入拉伸编辑界面,选项卡跳转为"修改︱创建拉伸",选择"矩形"绘制工具(图 4-235)。

在绘图区域,参照门洞内侧,绘制门扇的轮廓,如图 4-236 所示,轮廓绘制完后,单击出现的锁头将四个边框分别与墙洞口锁定,单击"✓"完成门扇模型的创建。

4)关联厚度参数

进入"楼层平面"的"参照平面"视图,选择功能区"创建>参照平面"命令,绘制一条参照平面,如图 4-237 所示。

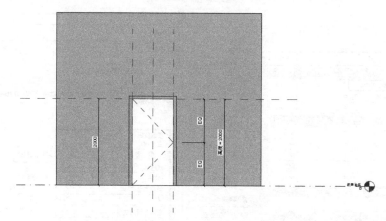

图 4-234 门族"内部"立面视图

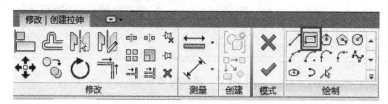

图 4-235 拉伸绘制工具

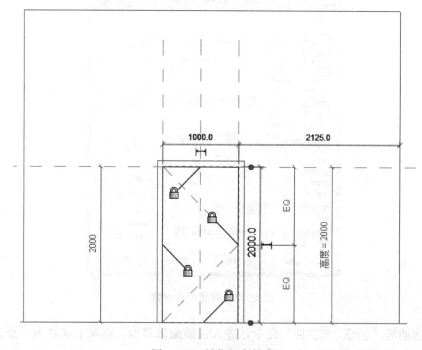

图 4-236 锁住门扇轮廓

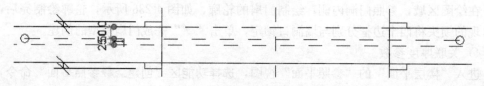

图 4-237 绘制"参照平面"

选择功能区"注释>✎对齐"尺寸标注命令，添加墙外部与该参照平面之间的尺寸，添加完成后，选择该尺寸，在"选项栏"，单击"标签"后下拉参数列表里的"厚度＝60"参数，如图 4-238 所示。

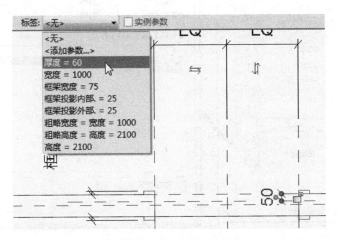

图 4-238　添加"厚度"参数

标签添加后，会发现参照平面与墙外部的间距自动调整为"厚度"的参数值"60"。选中门扇模型，拖拽上下方两个拉伸三角，使其与墙外部平面和创建的参照平面平齐，并锁定，如图 4-239 所示。

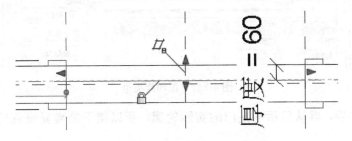

图 4-239　关联"厚度"参数

5）关联材质参数

选中门扇模型，在属性栏，单击"材质"后方的按钮，弹出"关联参数"对话框，选择之前新建的"门扇材质"参数，确定完成"门扇材质"参数关联，如图 4-240 所示。同样方法，选中样板文件已创建好的两个门框模型关联"门框材质"参数。

6）测试并添加族类型

参数设置完成后。打开"族类型"对话框，分别修改各参数的数值，测试当参数改变时，门的变化是否正确。

在"族类型"对话框中可以给门添加类型，单击右方"族类型"栏的"新建"按钮，输入新的类型名称"M1021"，即可出现在名称一栏的下拉列表中（图 4-241）。此处添加的族类型，在载入项目后可以直接使用。

7）设置门族的二维显示

在建筑设计标准中，门在平面视图与剖立面视图的显示有相应规定，而上述创建的门

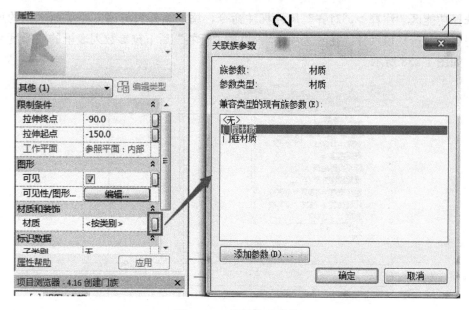

图 4-240　关联材质参数

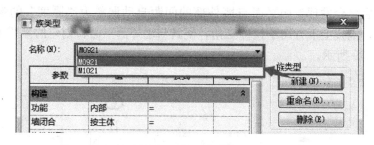

图 4-241　添加族类型

族运用到项目中后，默认显示的是门的实际轮廓，所以接下来需要设置门在二维视图的显示。

在门族样板文件中，门框的可见性已设置好，现在来设置门扇模型的可见性。选中门扇模型，单击功能区"修改/拉伸＞可见性设置"命令，弹出"族图元可见性设置"对话框，如图 4-242 所示，取消在平面和天花板视图里的显示。

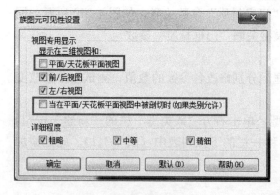

图 4-242　门族可见性设置

切换到"参照平面"视图，可以观察到门扇和门框模型在该平面视图均灰色显示，表示其在项目的平面视图中是不可见的。

8）添加门族的二维投影

门在平面视图中是以开启状态投影的，接下来创建门在平面视图的投影，选择功能区"注释＞符号线"命令，跳转到"修改｜放置符号线"选项卡，选择"矩形"绘制工具，"子类别"按默认设置选择

"门（投影）"即可，如图 4-243 所示。

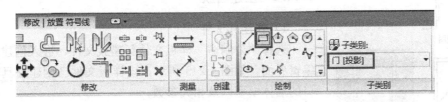

图 4-243 符号线绘制工具

在平面视图，绘制门开启状态的轮廓线，如图 4-244 所示，分别将下侧和右侧轮廓线与其重合的边界线锁定。

给绘制的门轮廓线添加尺寸，并关联"宽度"与"厚度"参数，如图 4-245 所示。

继续应用"符号线"命令，选择"起点-终点-半径弧"工具，绘制门扇的弧形开启线。如图 4-246 所示。

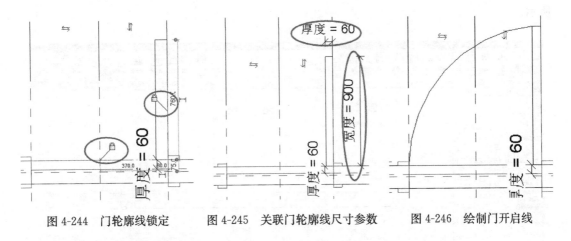

图 4-244 门轮廓线锁定　　图 4-245 关联门轮廓线尺寸参数　　图 4-246 绘制门开启线

选中上述创建的门轮廓线及开启线，打开"族图元可见性设置对话框"，如图 4-247 所示，勾选"仅当实例被剖切时显示"。

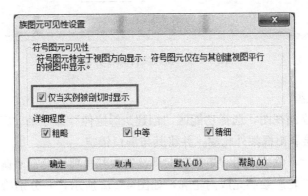

图 4-247 门族符号线的可见性设置

创建完成后，该门族载入到项目中如图 4-248 所示。

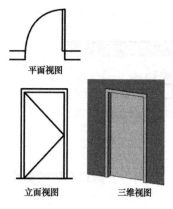

平面视图

立面视图　　　三维视图

图 4-248　门族在项目中的显示

4.14.2　创建窗族

1）新建族文件

选择"公制窗"样板文件新建族文件，进入创建窗的族编辑界面，如图 4-249 所示，该样板文件已创建好具有窗洞口的墙体模型以及相关参数。

2）添加参数

选择功能区"创建＞族类型"命令，在弹出"族类型"的对话框，添加材质参数"窗玻璃材质"、"窗扇框材质"、"框架材质"，添加尺寸参数"窗框宽度"、"窗框厚度"，且其均为"类型"参数。

参数添加完后，给各尺寸参数设置好数值，其中"粗略宽度"和"粗略高度"可以在其"公式"栏中添加"宽度"、"高度"参数名，让其数值相等。设置好后如图 4-250 所示。

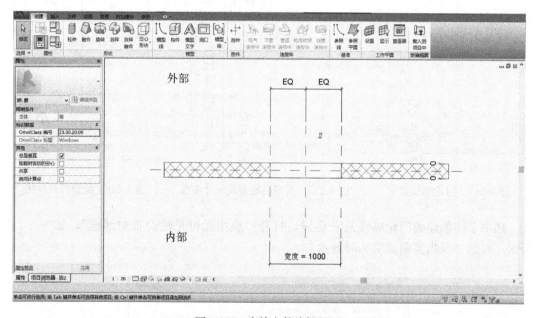

图 4-249　窗族文件编辑界面

3）创建窗框模型

进入"外部"立面视图，选择功能区"创建＞拉伸"命令的"矩形"绘制工具，按如图 4-251 所示绘制出框架外轮廓，并将其与洞口锁定。

绘制完外轮廓后，继续使用"矩形"工具，先在其选项栏设置"偏移量"为"−50"，然后沿刚才绘制的外轮廓绘制完成内轮廓，如图 4-252 所示，并分别给其添加尺寸后关联"窗框宽度"参数。单击"✓"完成窗框模型。

转到"参照标高"平面视图，分别在墙中心参照平面两边添加参照平面，并连续添加尺寸后均分约束，然后添加总尺寸并关联"窗框厚度"参数，如图 4-253 所示。

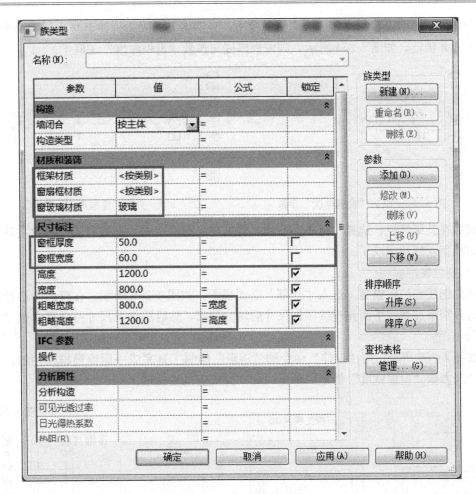

图 4-250　设置窗族参数

图 4-251　绘制窗框外轮廓

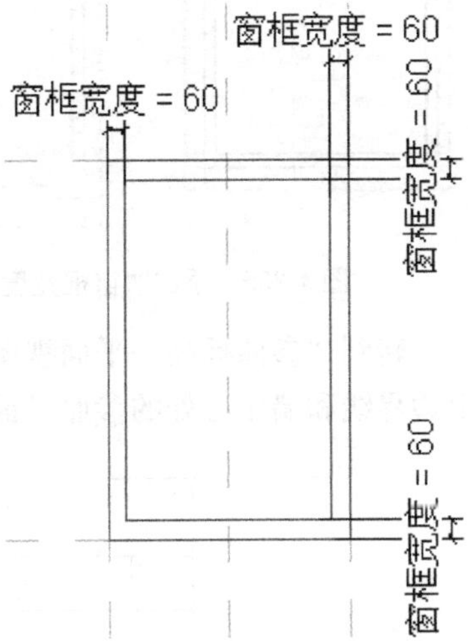

图 4-252　窗框轮廓创建完成

上述参照平面设置完成后，选中窗框模型，分别将上下两边拉伸至与添加的两个参照平面平齐并锁定，如图 4-254 所示，则窗框厚度与参数"窗框厚度"关联上。

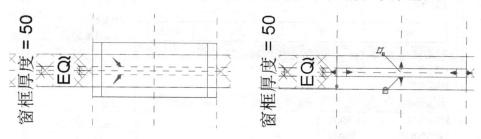

图 4-253　添加"窗框厚度"参数　　　　　图 4-254　关联"窗框厚度"参数

最后在其属性栏，选择"材质"按钮，将其与之前添加的"框架材质"参数关联。这样，窗模型就创建完成了。

4）创建窗扇模型

首先创建窗扇框模型。进入"外部"立面视图，如图 4-255 所示，在窗的中心参照平面两边分别添加参照平面并连续添加尺寸后均分约束，然后添加总尺寸并关联参数"窗框宽度"。

如图 4-256 所示，用"拉伸"命令的"矩形"绘制工具完成一面窗扇框架轮廓，并添加尺寸与参数"窗框宽度"锁定，单击"✔"完成窗扇框模型。

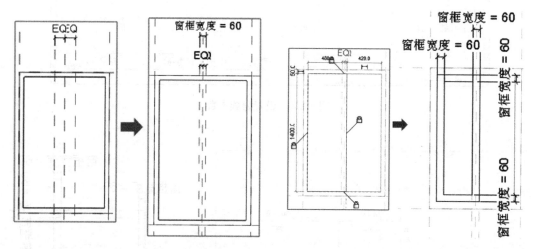

图 4-255　添加"窗框宽度"参数　　　　　图 4-256　绘制窗扇框轮廓

转到"参照标高"平面视图，分别拖动窗扇框模型上下边，使分别与前面创建的窗框上边界线和墙中心处的参照平面平齐并锁定，如图 4-257 所示。

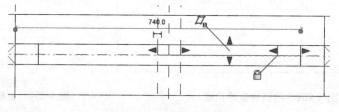

图 4-257　锁定窗扇框模型

126

将窗扇框模型的材质与"窗扇框材质"参数关联后，则窗扇框模型创建完成。

然后创建窗扇玻璃模型。进入"外部"立面，用"拉伸"命令的"矩形"绘制工具完成玻璃轮廓，并将其与窗扇框锁定，如图 4-258 所示。单击"✔"完成玻璃模型。

转到"参照标高"平面视图，在窗扇框之间添加一个参照平面，并与墙中心参照平面和窗框上边界参照平面连续添加尺寸后均分约束，如图 4-259 所示。

继续在上面创建的参照平面两边分别添加参照平面，然后给这三个参照平面添加尺寸后均分约束，最后添加总尺寸，调整使总尺寸为"10"并锁定，如图 4-260 所示，用于固定玻璃厚度。

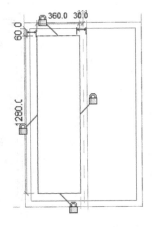

图 4-258　绘制窗玻璃轮廓

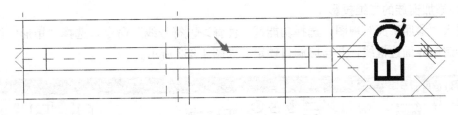

图 4-259　添加中心参照平面

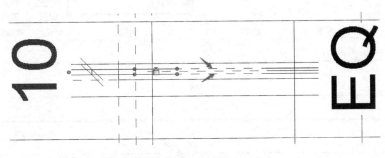

图 4-260　添加两边参照平面

选中玻璃模型，将上下两边分别与上一步创建的两个参照平面锁定，即窗扇玻璃的厚度固定为"10"。再将窗扇玻璃模型的材质与"窗玻璃材质"参数关联，则窗扇玻璃模型创建完成。

5）完成窗模型并测试族

两面窗扇模型是一样的，只是位置是交错放置的，可以运用同样方法进行创建，也可以用复制命令复制生成，但复制的模型需要修改尺寸约束。

完成窗模型后，打开"族类型"对话框，分别修改各参数的数值，测试当参数改变时，窗的变化，检验窗模型是否正确。

6）设置窗族的二维显示

在建筑设计标准中，窗在平面视图中应显示为双线，而不是实际的模型。所以接下来需要设置窗族在二维视图的显示。

首先，选中视图中所有的模型（窗框、窗扇框、窗玻璃），按如图 4-261 所示设置可见性。

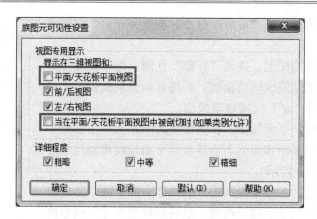

图 4-261　窗族可见性设置

7）添加窗族的二维投影

进入"参照平面"视图，选择功能区"注释＞符号线"命令，选择"矩形"绘制工具，绘制窗界面边框线，并与墙洞口锁定，如图 4-262 所示。

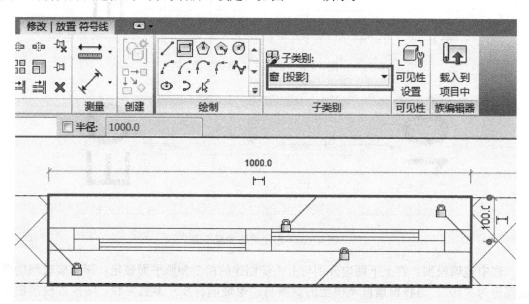

图 4-262　绘制矩形投影框

继续选择"直线"绘制工具，绘制窗框的两条投影线，并锁住出现的锁头，如图 4-263 所示。

选中所有绘制的符号线，按如图 4-264 所示设置可见性。

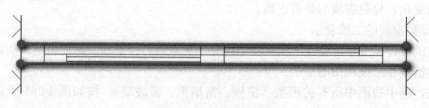

图 4-263　绘制窗框投影

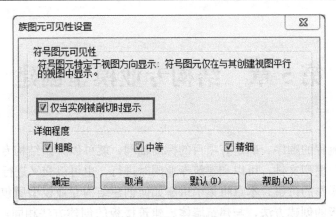

图 4-264 窗族符号线的可见性设置

创建完成后，双扇推拉窗族载入到项目中如图 4-265 所示。

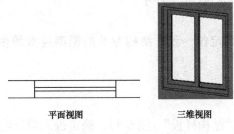

平面视图　　　　　三维视图

图 4-265 窗在项目中的显示

第5章　结构专业模型创建

按一般建模流程的顺序，确定好项目的标高轴网，就可以开始结构专业的建模。本章创建的是"结构"模型文件，可以和建筑专业同时进行，也可以交叉进行。

为便于软件操作的讲解，本章将集中讲解如何创建结构专业模型所包含的构件，其中结构墙、结构楼板的创建方法，与建筑墙体、建筑楼板的创建方法相同，具体可参考第 4 章的相关内容，本章将主要说明一下建筑结构的不同之处及需要注意的问题。

5.1　使用建筑模型标高和轴网

为确保项目各专业模型定位一致，结构专业的模型应参照使用之前建筑模型的标高轴网。

5.1.1　新建结构项目文件

新建一个项目，选择"结构样板"（图 5-1），确定进入项目绘图界面。

图 5-1　选择结构样板

5.1.2　标高轴网

要使用建筑的标高轴网，有两种方法：

方法一：链接标高轴网 RVT 文件，然后将其绑定到本结构模型中；

方法二：链接建筑模型 RVT 文件，通过"协作"的"复制/监视"功能，把标高轴网复制到当前结构模型中。如果之前没有独立的标高轴网 RVT 文件，采用方法二是比较简捷的方法。

1) 方法一

首先要将之前创建的标高轴网 RVT 文件链接到本项目文件中来。选择功能区"插入＞链接 Revit"命令，弹出"导入/链接 RVT"对话框，如图 5-2 所示，找到之前保存的标高轴网文件，将"定位"设置为"自动-原点到原点"。

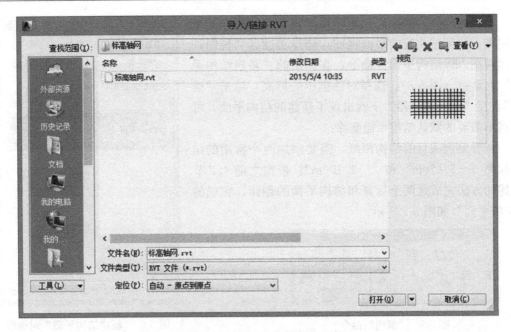

图 5-2　链接 Revit 标高轴网文件

点击"打开"，标高轴网文件就链接进来了。选中轴网，选择"修改/RVT 链接＞ 绑定链接"命令，弹出"绑定链接选项"对话框（图 5-3），勾选"标高"、"轴网"，单击"确定"，会弹出"绑定链接"和"重复类型"的提示框，"确定"后弹出如图 5-4 所示的一个警告框，单击"删除链接"。

这样，就把链接的标高轴网转换成了当前项目中的组构件。

注意，"绑定链接"不要用于项目数据比较大的链接文件，可能会导致等待时间过长，甚至电脑死机的状况。

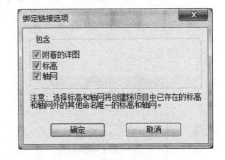

图 5-3　"绑定链接选项"对话框

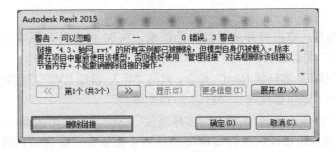

图 5-4　绑定链接警告框

这时选中轴网，轴网为一个组，单击功能区"修改 | 模型组＞解组"命令（图 5-5），完成标高轴网解组。再点击轴网，可发现轴网已全部导入，到立面视图中可看到标高也都导入进来了。

但因为是导入的标高，所以系统并未创建相应的平面视图。要创建相应的平面视图，选择功能区"视图>平面视图>▦结构平面"命令，在弹出的"新建结构平面"对话框（图5-6），选择对话框中的标高，单击"确定"，在"项目浏览器"下就出现了新建的结构平面，可以将不需要的默认结构平面删除。

查看案例项目的结构图纸，需要添加两个常用的结构标高"−5.820m"和"−1.100m"。根据之前4.2节讲述的方法完成这两个标高和结构平面的创建，完成的"结构平面"如图5-7所示。

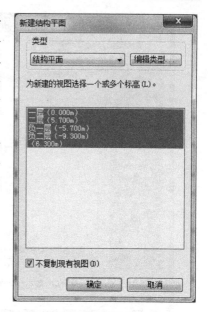

图5-6 "新建结构平面"对话框

图5-5 "解组"命令

"结构平面"是 Revit 为结构专业设置的默认视图，其默认的视图范围设置如图5-8所示。

图5-7 结构平面视图列表

图5-8 结构平面默认的视图范围

2）方法二

在项目浏览器里，双击打开南立面，除保留±0.00标高外，删除所有其他标高，并把默认的"标高1"名称改为"一层（0.000m）"。

选择功能区"插入>🔗链接Revit"命令，弹出"导入/链接RVT"对话框，如图5-9所示。选择建筑模型，定位必须选择"自动-原点到原点"。

选择功能区"协作>复制/监视>🔗选择链接"命令，在绘图区点选链接的建筑模型，如图5-10所示。要在绘图区点选链接模型的技巧是把鼠标光标移动到链接模型时，模型边界出现蓝色边框时点选。

在"复制/监视"选项卡，选择"复制"工具，勾选下方"多个"选项（图5-11）；

选择需要复制的标高，结合 Ctrl 键进行多选，可通过点击过滤器查看检查所选的标高，完成时点击"复制/监视"选项卡下方小的"完成"按钮（图5-12），注意不是绿色勾号的大完成按钮✔；

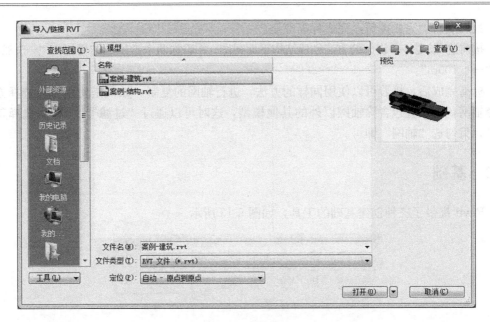

图 5-9　链接建筑模型

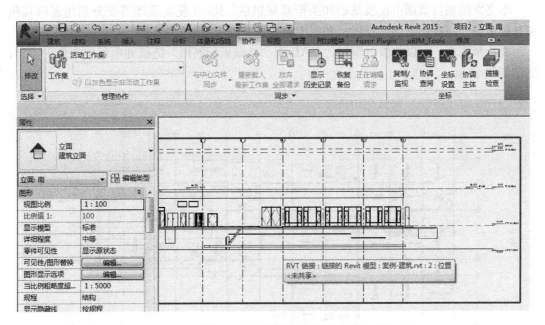

图 5-10　选择链接建筑模型

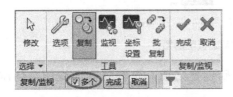

图 5-11　"复制/监视"选项卡

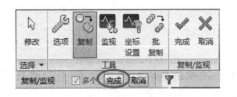

图 5-12　标高选择完成按钮

最后点击✔完成按钮，完成标高复制。

按前述"方法一"讲解的方法创建结构平面视图，并添加两个常用的结构标高"－5.820m"和"－1.100m"。

标高完成后，接着可以使用同样的方法，进行轴网的复制。如果是使用窗口选择方式选择轴网，可能会包含除轴网以外的其他模型，这时可以通过"过滤器"，排除选择其他模型，只勾选"轴网"即可。

5.2 基础

Revit 提供了三种创建基础的工具，如图 5-13 所示。

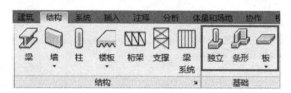

图 5-13 基础工具

本书案例项目基础由筏板基础和条形基础组成，Revit 筏板基础需要分别用基础筏板和基础梁创建，我们先创建筏板，基础梁等之后在创建梁时统一创建。

要绘制筏板，可以将教材附带的 CAD 图"基础板配筋图"链接到项目中来作为参照，如图 5-14 所示。

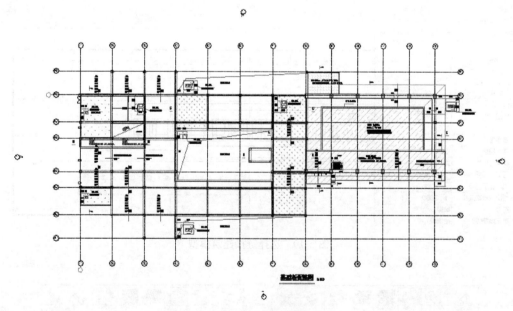

图 5-14 链接"基础板配筋图"

本案例项目基础有多个标高，为此在基础创建之前，先转到立面视图，创建如下标高：

（1）筏板板顶标高：－6.070m；

（2）轴号②～③、Ｆ～Ｇ范围的降板板顶标高：－6.300m；

（3）轴号④～⑤，⑦～⑧范围的降板板顶标高：－6.700m；

（4）轴号①～②范围的降板板顶标高：－6.900m；

（5）防水板顶标高：－7.700m；

（6）设备用房基础底板板顶标高：－9.00m。

上述标高的创建方法可参照 4.2.1 的做法，不再重复叙述。需要注意的是这些用于结构的标高，应把属性改为"结构"，如图 5-15 所示。

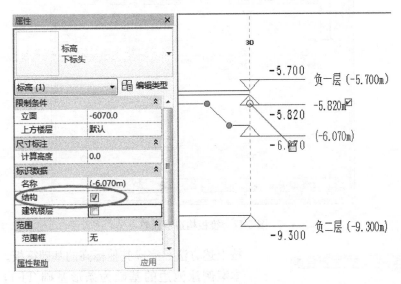

图 5-15　结构标高的属性设置

除了标高－6.070m 需要创建结构平面视图外，其他标高仅为建模方便之用，可不创建相应的结构平面视图，以减少不必要的视图。

选择功能区"结构＞基础＞⬜结构基础：楼板"命令，在"修改/创建楼层边界"选项卡，选择"边界线"的"拾取"工具（图 5-16）。

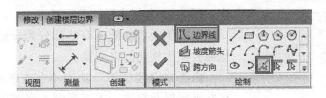

图 5-16　"拾取"工具

在属性栏，新建基础底板类型"350mm 基础底板"，并设置其构造层，如图 5-17 所示，此处我们仅设置结构层。

选择标高为"－6.070m"，如图 5-18 所示设置该筏板的高度参数。

对应链接的底图，拾取该筏板边界，并修剪为闭合图形，如图 5-19 所示，然后单击"✔"完成。

完成－6.070m 标高的筏板如图 5-20 所示。

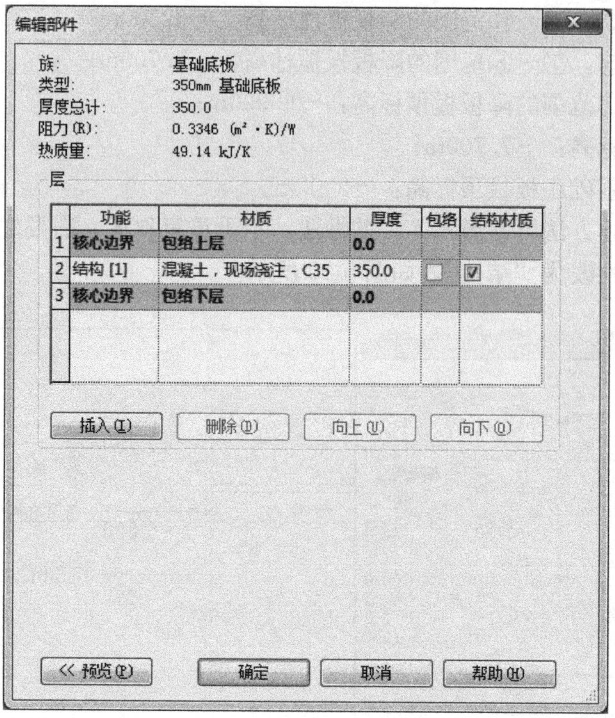

图 5-17　筏板构造层设置

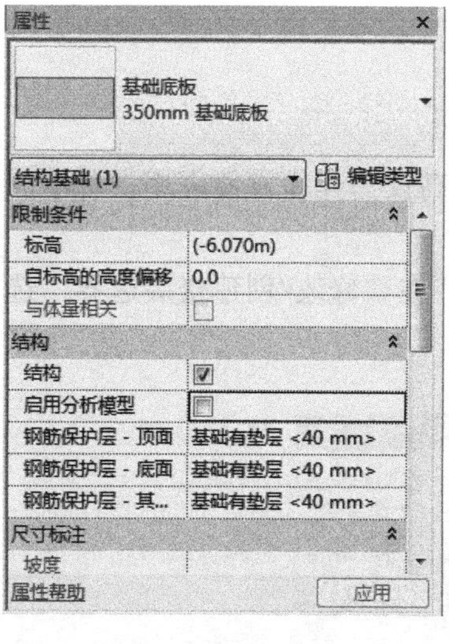

图 5-18　筏板高度设置

按上述方法，完成其他标高的基础筏板。

本案例泳池边的基础为条形基础 TJ-1，其剖面如图 5-21 所示。

由于 Revit 的"条形基础"功能只能创建矩形截面条形基础，还不能创建图 5-21 这种截面的基础，该基础可用 Revit 的族功能来创建，可以在项目中通过"内建模型"命令直接创建内建族，也可以通过"公制结构基础.rft"族样板创建可载入的基础族，然后载入到模型中。图 5-22 为创建好的条形基础。

本案例项目基础还有些部分为异形结构（图 5-23），也需要使用族功能来创建。

由于"内建模型"功能不在本教材的教学范围内，在此不再展开叙述。本书附带了案例项目用到的条形基础族文件，读者可直接插入到项目中。选择功能区"插入 > 载入族"，在弹出的"载入族"对话框中，找到本书附带的族库中的"条形基础.rfa"，将"条形基础"族文件载入到项目中，并按平面图位置放置。

Revit 没有基础梁构件，本案例项目基础梁都可使用结构的"梁"来完成，由于按照章节编排的第 5.4 节有专门的"梁"构件的叙述，"基础梁"的创建与普通结构"梁"的创建方法完全一样，所以本节先跳过基础梁的创建叙述，读者可在学习了第 5.4 节内容后，再来创建基础梁。

本案例基础部分完成后如图 5-24 所示。

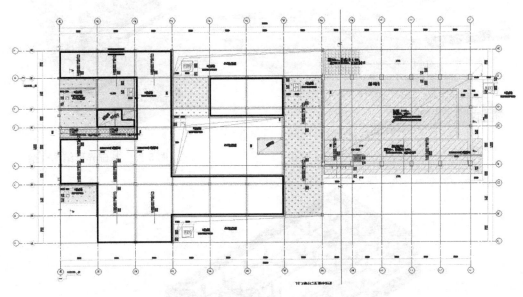

图 5-19　绘制筏板边界（图中粗线部分）

图 5-20　完成的－6.070m 标高筏板模型

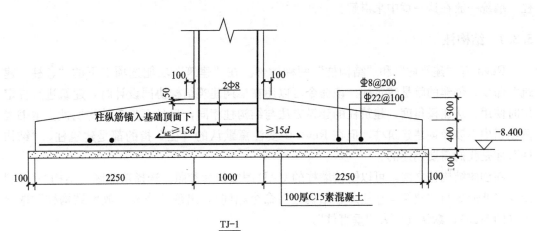

图 5-21　条形基础剖面

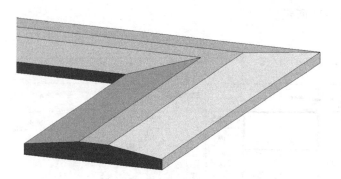

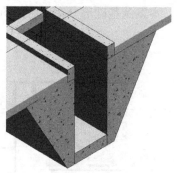

图 5-22 条形基础 TJ-1 模型　　　　　　　图 5-23 基础异形结构模型

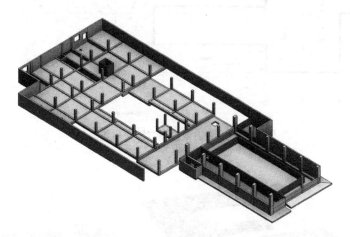

图 5-24 结构基础完成效果

5.3 柱、墙

在结构专业，作为受力构件的柱、墙一般都放在同一张图纸中表达。因此，我们也将柱、墙统一放在这一章中来讲解。

5.3.1 结构柱

Revit 有"建筑柱".和"结构柱"两种构件。在"建筑"功能选项卡下的"柱：建筑"命令，创建的就是建筑柱。该命令可以用在早期建筑结构协同设计时，建筑进行柱定位时使用。从建模角度，建筑柱的建模方法与结构柱相同，只是不具备结构属性。本书案例项目中不涉及创建建筑柱，但在 Revit 中要注意默认的"柱"指的都是建筑柱，"结构柱"才是我们需要创建的。

在创建结构柱之前，可以链接墙柱的 CAD 图纸作为参照。选择功能区"结构＞柱"命令（此命令与"建筑＞柱＞结构柱"命令相同），出现"修改│放置结构柱"选项卡（图 5-25），默认选择为"垂直柱"。

在属性栏的类型下拉列表里选择一个"混凝土-矩形-柱"类型，在其"类型属性"对话框复制一个新的类型，比如"KZ5 500×500"，并修改其尺寸，如图 5-26 所示，单击

图 5-25　"结构柱"命令

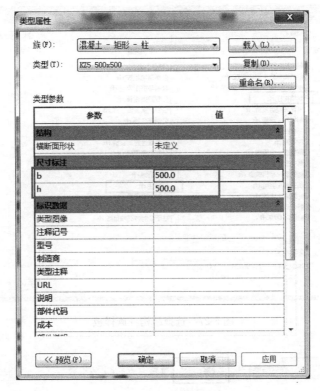

图 5-26　新建结构柱类型

"确定"完成新建柱类型。

柱在 Revit 中属于可载入族，可以用族样板"公制结构柱.rft"（图 5-27）创建新的结构柱族再载入到项目中，新的结构柱就会出现在类型下拉列表中。要注意的是，另一个族样板"公制柱"，创建的是建筑柱，不会出现在该列表中，选择样板时要注意区分。

在 Revit 中结构构件默认放置为"深度"，如图 5-28 所示，即从当前楼层为基准，向下绘制的。当将选项栏"深度"参数改为"高度"时，则表示从当前层为基准，向上绘制。我们可以在此处修改设置，也可以等柱子放置完成后，再来调整柱子位置。

图 5-29 为放置结构柱"深度"和"高度"两种选项的示意图。

根据链接的 CAD 底图，将鼠标移动至需要放置柱子的位置，单击鼠标左键放置柱子（图 5-30）。

若同类型的柱子均在轴线交点处，可以快速进行柱子的创建。单击图 5-25 上的"在轴网处"命令，框选需要在交点处放置柱子的轴线，如图 5-31 所示，完成后单击"✔"

即可。

查看本案例项目柱表，"KZ5"柱高度为"－5.820～－1.100m"，选中放置的结构柱，在属性栏设置如图 5-32 所示，将其材质设置为钢筋混凝土，单击"应用"后，该结构柱"KZ5 500×500"就创建完成了。

为便于之后添加柱编号，在属性"标记"栏输入柱编号"ZK5"。同样方法完成其他结构柱的创建，转到三维视图查看，如图 5-33 所示。

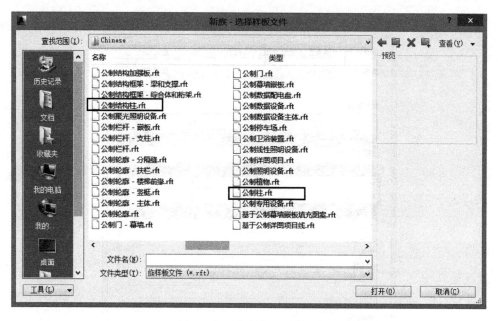

图 5-27　选择结构柱族样板

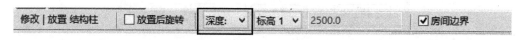

图 5-28　结构柱选项栏的默认设置

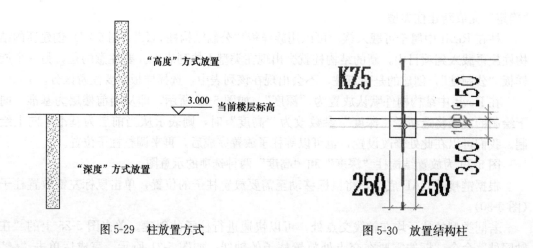

图 5-29　柱放置方式　　　　　　　图 5-30　放置结构柱

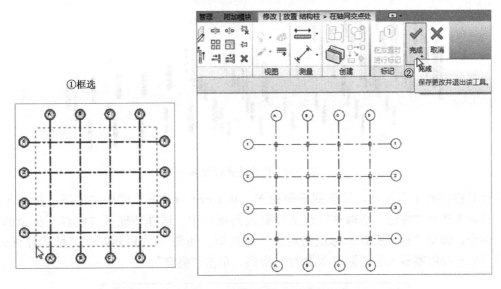

①框选

图 5-31　"在轴网处"创建结构柱

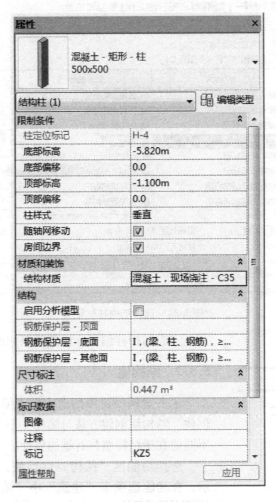

图 5-32　结构柱属性设置

图 5-33　结构柱完成效果

　　要对柱进行编号标注，转换到平面视图，从 Revit 自带的族库中"注释 \ 标记 \ 结构"目录下选择"标记_结构柱"族文件载入到项目中。选择功能区"注释＞全部标记"命令，弹出"标记所有未标记的对象"对话框，如图 5-34 所示，在"结构柱标记"下拉栏中选择刚刚载入的"标记-结构柱"类型，单击"确定"。

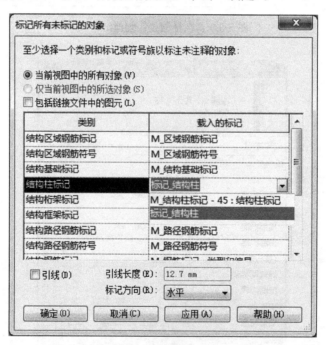

图 5-34　选择结构柱标记

　　完成结构柱编号标注的结果如图 5-35 所示。

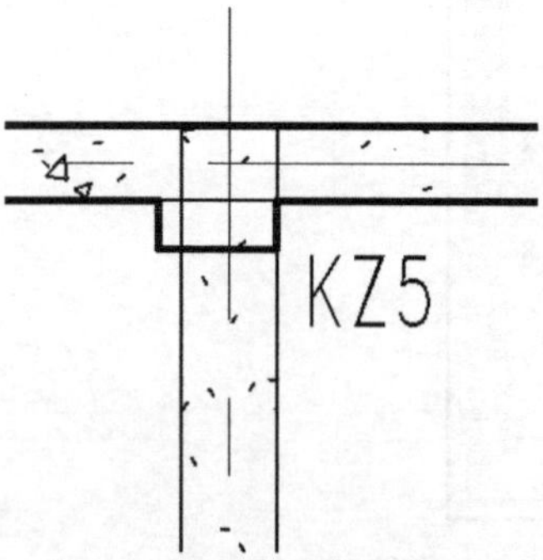

5.3.2　结构墙

　　本书案例项目中的剪力墙，使用"结构墙"命令来创建。结构墙创建方法与第 4.4 节讲到的墙体方法相同，不同的在于结构墙具有结构属性。

　　选择功能区"结构＞墙＞墙：结构"，如图 5-36 所示。在功能选项卡"建筑"中"墙"命令下的"墙：结构"与该命令相同。

图 5-35　结构柱编号标注

复制新建结构墙类型，注意命名中要显示出与建筑墙体的区别，比如"结构外墙—300mm"，便于之后选用。按之前墙体设置方法设置其构造层如图 5-37 所示。

注意结构墙的属性栏中增加了多项结构参数（图 5-38）。

绘制结构墙方法和之前墙体方法一致，要注意的是结构墙的选项栏设置默认为"深度"，是从当前层为基准，向下绘制的，这与建筑墙的默认设置不一样。

完成后的结构墙模型如图 5-39 所示。

5.3.3　墙洞口

结构墙创建完成后，要在结构墙上放置门窗及洞口。门窗可按第 4.5 节的方法放置，洞口有三种方式创建。

图 5-36　"结构墙"命令

1）编辑墙轮廓

在 Revit 中，选中需要开洞口的墙体，单击功能区"修改｜墙＞编辑轮廓"命令，该墙体轮廓以洋红色线条显示，即进入编辑墙界面。

进入立面视图，用"绘制"面板中的工具，绘制出洞口轮廓，如图 5-40 所示。绘制的墙轮廓必须为闭合图形。

如果要将已编辑的墙恢复到其原始形状，可选择该墙，单击功能区"重设轮廓"命令即可。

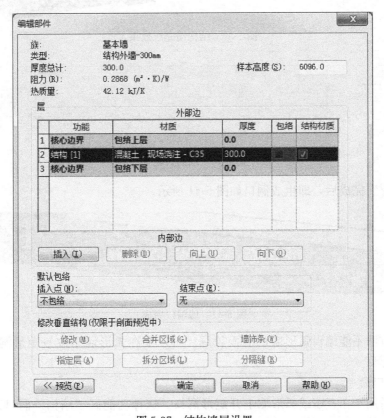

图 5-37　结构墙层设置

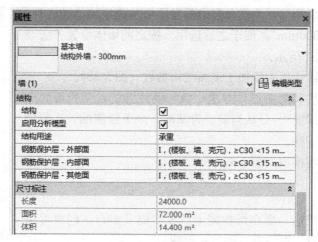

图 5-38　结构墙属性

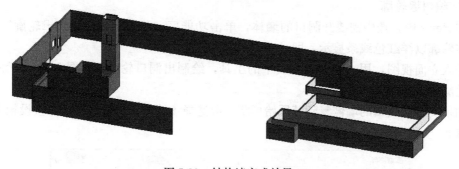

图 5-39　结构墙完成效果

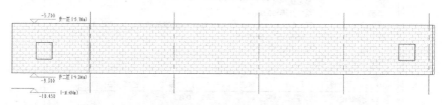

图 5-40　墙洞口轮廓

单击"✔"完成后，即生成洞口如图 5-41 所示。

图 5-41　墙洞口完成

注意该方法不能编辑弧形墙的立面轮廓。所以要在弧形墙中放置矩形洞口，可使用"墙洞口"工具。

2）墙洞口命令

该命令适用于在直墙或弧形墙上开矩形洞口。选择功能区"结构＞洞口＞墙"，点选要开洞的墙体，图标变成框形即可在墙上拉出洞口大小。

　　一般墙洞口命令在立面或是三维图中操作，可以先绘制好，再通过修改临时尺寸进行准确定位。

　　3）放置窗洞

　　该方法可以和放置窗一样，在墙上放置窗洞。选择功能区"建筑>囲窗"命令，在属性栏的类型下拉栏中，选择"M＿窗-方形洞口"类型，复制新建新的洞口，比如"1200mm×1200mm"，并修改其类型属性如图 5-42 所示。

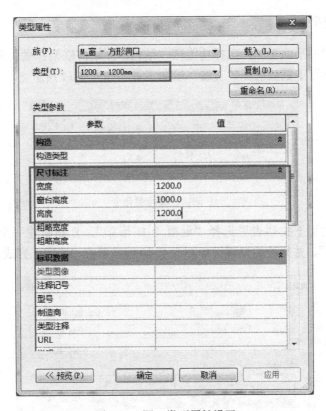

图 5-42　洞口类型属性设置

　　将鼠标移至需要开洞的墙处，单击放置，即可完成开洞。

　　根据上述方法，完成所有门窗、洞口的放置，模型三维视图如图 5-43 所示。

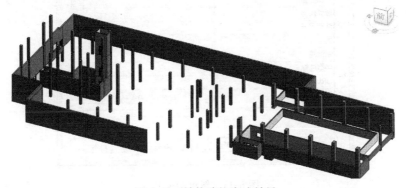

图 5-43　结构墙柱完成效果

5.4 梁

梁在 Revit 中属于可载入族，可以用族样板"公制结构框架—梁和支撑 . rft"创建新的族再载入到项目中，新族会出现在"梁"和"支撑"的类型下拉列表中。本书案例项目中梁为混凝土矩形梁，可直接用样板自带的族类型复制得到。

5.4.1 新建梁类型

进入要绘制梁的平面视图，选择功能区"结构＞结构框架：梁"命令，在功能选项卡"修改 | 放置梁"下默认选择"直线"绘制工具，如图 5-44 所示。

图 5-44　梁绘制命令

在属性栏的类型下拉列表里选择"混凝土-矩形梁"，复制新建一个新的类型，比如"JCL8　400×600"，并修改类型属性如图 5-45 所示，单击"确定"完成该新类型的创建。

图 5-45　新建梁类型

5.4.2　创建梁

创建梁时可以将 CAD 结构梁配筋图链接进来作为参照。选择需要的梁类型，在其选项栏上指定放置平面和梁的结构用途（图 5-46）。"结构用途"属性具有以下特性：

（1）明细表可根据"结构用途"进行分类统计；

（2）可通过视图详细程度控制梁的线样式。可使用"对象样式"对话框修改结构用途的默认样式。

结构用途有大梁、水平支撑、托梁、檩条和其他几个选项。

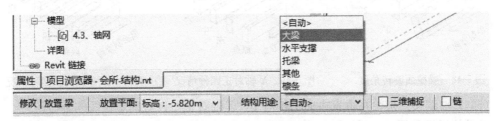

图 5-46　梁选项栏设置

在绘图区域中单击起点和终点以绘制梁。绘制时光标会捕捉到结构柱或结构墙等结构构件，以便于放置。

梁绘制好后，可在其属性栏对其位置进行修改，在"起点标高偏移"和"终点标高偏移"可以分别设置梁两端相对"参照标高"的偏移，可以输入不同的偏移值来创建斜梁。比如梁"JCL15　1000×1200"设置如图 5-47 所示。

图 5-47　梁属性设置

对于横截面有旋转角度的梁，可修改"横截面旋转"角度来实现，如图 5-48 所示。

在梁的属性中，"几何图形位置"框内的参数用于定义梁定位线的位置，其各参数含义为：

（1）YZ 轴对正：有"统一"和"独立"两个选项，"独立"可以分别调整梁的起点和终点，"统一"则是对梁整体的设置。

（2）Y 轴对正：有"原点、左、中心线、右"四个选项，表示梁沿绘制方向的定位线位置，如图 5-49 所示。

（3）Y 轴偏移：指梁水平方向上相对于"Y 轴对正"设置的定位线的偏移量。

（4）Z 轴对正：有"原点、顶、中心线、底"四个选项，表示梁垂直方向的定位线位置，如图 5-50 所示。

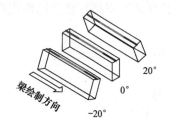 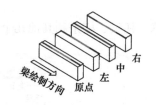 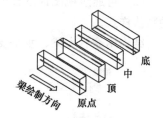

图 5-48　梁截面旋转角度　　图 5-49　Y 轴对正四种情况　　图 5-50　Z 轴对正四种情况

（5）Z 轴偏移：指梁在垂直方向上相对于"Z 轴对正"设置的定位线的偏移量。

其结构属性如图 5-51 所示。

属性		×
混凝土 - 矩形梁 JCL15 1000x1200		
结构框架 (大梁) (1)		编辑类型
结构		
剪切长度	32050.0	
结构用途	大梁	
起点附着类型	端点高程	
终点附着类型	端点高程	
启用分析模型	☑	
钢筋保护层 - 顶面	I, (梁、柱、钢筋)，≥C30 <20 mm>	
钢筋保护层 - 底面	I, (梁、柱、钢筋)，≥C30 <20 mm>	
钢筋保护层 - 其他面	I, (梁、柱、钢筋)，≥C30 <20 mm>	

图 5-51　梁的结构属性

根据上述方法，完成所有梁的创建，转到三维视图，效果如图 5-52 所示。

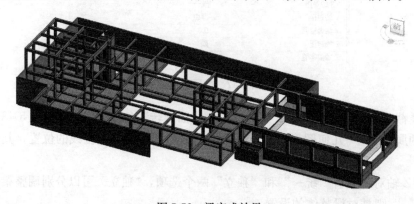

图 5-52　梁完成效果

要对梁进行编号和尺寸标注，选择功能区"注释＞全部标记"命令，弹出"标记所有未标记的对象"对话框，如图 5-53 所示，在"结构框架标记"下拉栏中选择的"M＿结构框架标记：标准"，单击"确定"按钮。

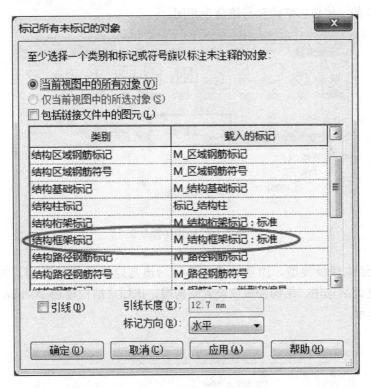

图 5-53　选择梁标记

梁的标注完成后的效果如图 5-54 所示。

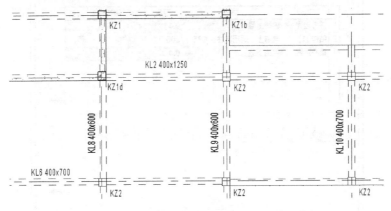

图 5-54　梁标注

5.5　结构楼板

本书案例项目中将楼板分成建筑楼板和结构楼板两部分来创建，在第 4.6 节已经讲解了建筑楼板，在此创建的是放在结构专业模型中的结构楼板。结构楼板的创建方法与建筑楼板一致，不同的在于结构楼板会具有结构属性。

选择功能区"结构>楼板>楼板：结构"命令（图 5-55）。在功能选项卡"建筑"中"楼板"命令下的"楼板：结构"与该命令相同。

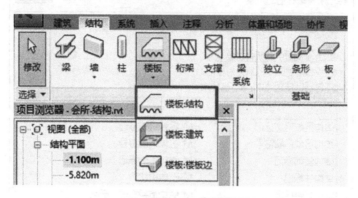

图 5-55　结构楼板命令

复制新建结构楼板类型，注意命名中要显示出与建筑楼板的区别，如"结构楼板-200mm"，便于之后选用。结构楼板仅设置结构层，比如"结构楼板-200mm"的构造层设置如图 5-56 所示。

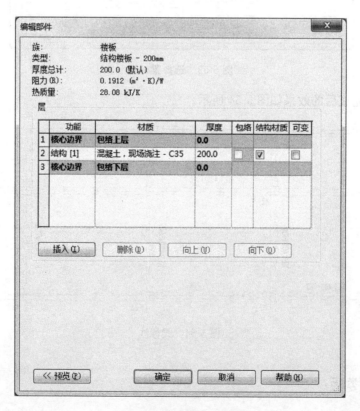

图 5-56　结构楼板层设置

我们仍然以"－1.100m 处"的楼板为例。之前创建了建筑部分，此处我们创建结构部分。在楼板属性下拉栏中选择"结构楼板-200mm"，其属性栏设置如图 5-57 所示。可以看到结构楼板的属性栏中增加了多项结构参数。

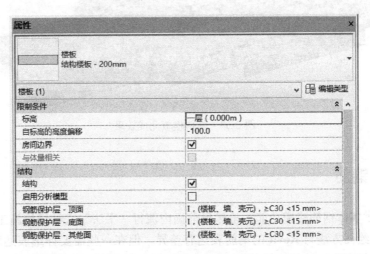

图 5-57 结构楼板属性

绘制结构楼板可以将 CAD 结构梁板图链接进来作为参照，方法和之前绘制建筑楼板方法一致，绘制如图 5-58 所示。完成后，单击功能区的"✔"按钮即可。

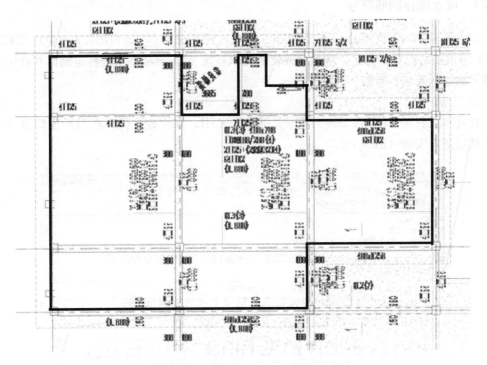

图 5-58 绘制结构楼板边界（图中粗线部分）

完成结构楼板的创建，转到三维视图，效果如图 5-59 所示。

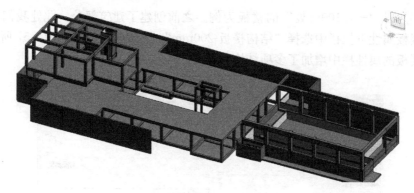

图 5-59　结构楼板完成效果

5.6　结构钢筋

Revit 提供实体钢筋建模功能，虽然目前国内流行"平法"这种结构施工图制图方法，其结构配筋的绘图方法与 Revit 的钢筋表达有差异，但在一些需要详细表达结构配筋的情况，例如钢筋较密集区域的结构节点、要进行较详细的钢筋工序模拟等情况，Revit 的实体钢筋模型就可以更详尽、更清晰地表达其真实情况。本节以梁配筋为例，讲解基本的钢筋建模方法。

5.6.1　设置国标钢筋符号

由于目前 Revit 尚不能输入 HPB300（Φ），HRB335（Φ），HRB400（Φ），RRB400（ΦR）等钢筋的符号，为此，需要对微软的操作系统 Windows 字库进行定制以支持中国钢筋符号的显示要求。有如下两种方法：

1）方法一

找到本教材附带的 Windows 字库文件 Revit.tff，双击该文件，在提示窗口点击"安装"按钮进行安装（图 5-60）。

图 5-60　字库安装窗口

2）方法二

找到本教材附带的 Windows 字库文件 Revit. tff，然后复制到 Windows 字库目录中，如下路径：

系统盘（默认为 C）:\windows \ fonts \

在 Revit. tff 字库中使用以下特殊符号将显示出国标钢筋符号：

＄——代表 HPB300，输入后显示的符号为ф；

％——代表 HRB335，输入后显示的符号为ф；

＆——代表 HRB400，输入后显示的符号为ф；

＃——代表 RRB400，输入后显示的符号为фR。

例如：在 Revit 字体下输入"％8@150"即显示为"ф8@150"。

要在模型中标注出国标的钢筋符号，可在类型标记中添加钢筋符号和直径，以便结构钢筋标记族，获取"类型标记"。

在项目浏览器的族列表，展开"结构钢筋"下的"钢筋"，Revit 默认包含了常用的钢筋规格，如图 5-61 所示。

例如修改"6HPB300"钢筋族，单击"6HPB300"，打开"类型属性"窗口，在"类型标记"栏，输入：＄6，如图 5-62 所示。

图 5-61 结构钢筋族

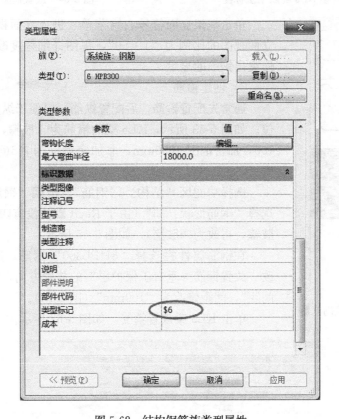

图 5-62 结构钢筋族类型属性

依次修改所有的结构钢筋族类型属性。

5.6.2 梁配筋

本案例以"-1.100m"处 KL6 梁配筋为例（图 5-63），在项目浏览器打开"-1.100m"结构平面，对Ⓑ轴上的 KL6 框架梁在③～④轴间这一跨进行配筋。

1）创建配筋视图

选择功能区"视图＞立面＞ 框架立面"命令，添加框架立面视图。注意，视图中必须有轴网，才能添加框架立面视图。

将光标移动到 KL6 梁上，出现立面符号，稍微移动光标位置可改变框架立面的视图方向，单击放置框架立面（图 5-64）。

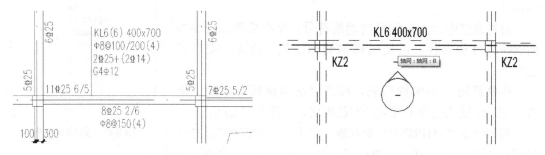

图 5-63　结构梁 KL6 配筋平法标注　　　　　图 5-64　放置框架立面

图 5-65　钢筋形状浏览器

单击框架立面符号右键菜单"进入立面视图"，调整框架立面视图的比例为"1∶50"，视图详细程度改为"精细"，以便突出钢筋的显示。

2）创建箍筋

通常先配置箍筋，后配置纵筋，以便于纵筋在箍筋内的定位。如图 5-63 所示，KL6 梁的箍筋为 4 肢箍，加密区为Φ8@100，加密范围 1050mm，非加密箍筋为Φ8@150，先配置加密区。

选择功能区"结构＞ 钢筋"，出现"钢筋形状浏览器"，选择"钢筋形状：33"（由于 Revit 默认没有四肢箍，先创建双肢箍，再改为四肢箍），如图 5-65 所示。

在钢筋属性栏选择"8HPB300"钢筋，选择功能区"修改｜放置钢筋＞垂直于保护层"的放置方向，布局改为"最大间距"，间距修改为"100mm"（图 5-66）。

单击 KL6 梁放置箍筋，如图 5-67 所示。

图 5-66　放置钢筋

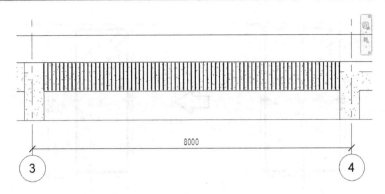

图 5-67　放置梁箍筋

调整加密箍距离，先在梁两端的加密范围分别绘制参照平面，以便定位加密箍筋，如图 5-68 所示。

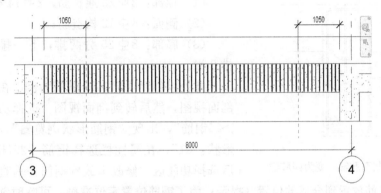

图 5-68　箍筋加密范围定位参照平面

选择箍筋，（有时不好选中箍筋，可通过 Tab 键循环选择），出现造型操纵柄，拖动至箍筋加密范围的参照平面位置，如图 5-69 所示。

要把双肢箍改为四肢箍，需要对箍筋的形状进行修改，在箍筋加密区创建剖面视图，转到剖面视图（如果箍筋弯钩位置不合适，可在选中箍筋状态下重复按空格键调整弯钩至正确位置）。当箍筋处于选中状态时，可拖拽蓝色造型控制柄（图 5-70），把箍筋宽度改窄。

复制箍筋，组成四肢箍（图 5-71）。

转到框架立面视图，使用镜像功能，把梁左端完成的加密箍筋镜像到右端，梁中部非加密区箍筋也参照上述方法进行，最后完成的结果如图 5-72所示。

3）创建纵筋

按图 5-73 结构梁 KL6 配筋平法标注所示，该跨梁纵筋如下：

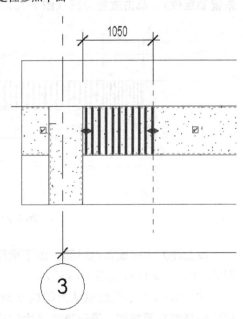

图 5-69　箍筋加密范围

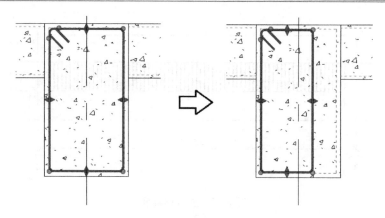

图 5-70　箍筋形状

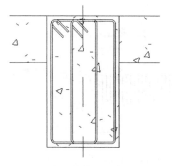

图 5-71　复制双肢箍，变为四肢箍

（1）顶部：2Φ25 通长筋，2Φ14 架立筋；

（2）侧面：4Φ12 构造筋；

（3）底部：8Φ25 分两排，下一排 6 根，上一排 2 根。

此处以创建顶部Φ25 纵筋为例，在梁中部创建剖面视图，然后转到剖面视图。选择功能区"结构＞钢筋"，出现"钢筋形状浏览器"，选择"钢筋形状：01"，在属性栏选择钢筋"25HRB400"，然后选择功能区"修改｜放置钢筋＞垂直于保护层"，这时就可把纵筋放置到合适的位置（**提示：为了钢筋位置定位准确，可临时创建参照平面来辅助定位**），单击放置完成（图 5-73）。

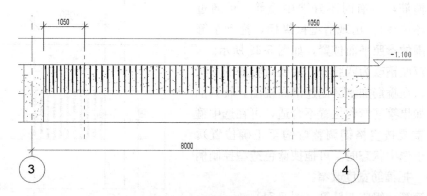

图 5-72　梁箍筋完成结果

　　按上述方法完成其他纵筋。由于梁侧还有构造筋，所以，还需按构造添加拉筋（钢筋形状：02），完成后如图 5-74 所示。

　　注：Revit 纵筋长度默认为梁的长度，所以锚固、搭接等长度，需要用户自行调整，可转到框架立面视图，通过拖动选中的钢筋后出现的造型操纵柄进行长度调整。

　　4）钢筋标注

　　由于 Revit 默认的"M_钢筋标记"族是使用钢筋的"类型名称"进行标注，现在需

156

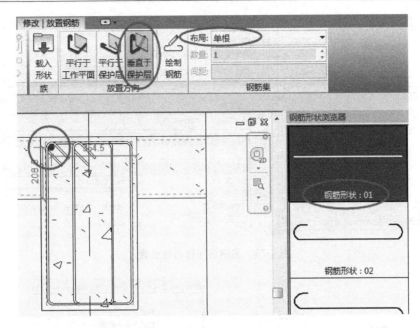

图 5-73 梁顶部纵筋创建

要修改为"类型标记"进行标注,所以不能直接使用 Revit 提供的默认的"M_钢筋标记"族,除非对该族进行修改。本教材附带了"国标钢筋标记.rfa"族文件供读者直接使用。

载入本教材附带的"国标钢筋标记.rfa"族文件,选择功能区"插入>🖼载入族",选择教材附带的族库里的"结构"文件夹,载入"国标钢筋标记.rfa"族文件,完成后在项目浏览器的族列表,展开"注释符号",可找到"国标钢筋标记"。

注:为避免 Revit 默认的"M_钢筋标记"族影响我们的钢筋标注,建议先把"M_钢筋标记"族从当前模型中删除。

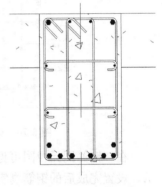

图 5-74 梁钢筋创建完成

(1) 箍筋标注:选择功能区"注释>🗝按类别标记",标记的属性类型选择"类型和间距",然后单击箍筋进行标注。

(2) 纵筋标注:纵筋通常多根直径相同,可使用"多钢筋"标记功能。选择功能区"注释>多钢筋>🖉线性多钢筋注释",在属性栏,单击"编辑类型"按钮,打开"类型属性"窗口,在"标记族"栏选择"国标钢筋标记:类型"(图 5-75)。

逐一单击钢筋,完成如图 5-76 所示。多钢筋标记功能目前还无法自动标注出实际的钢筋数量。

5) 三维视图显示实体钢筋

由于实体钢筋模型需要消耗大量的计算机资源,所以 Revit 在三维视图中默认是使用单线条来表示钢筋,如果需要显示比较真实的实体钢筋效果,需要修改当前视图钢筋的显示方式。

选择要显示的钢筋(使用过滤器可更方便地筛选钢筋),在属性栏,按视图可见性状态的"编辑"按钮(图 5-77)。

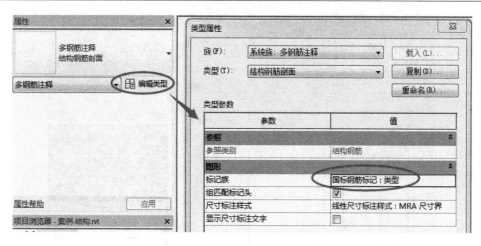

图 5-75 多钢筋注释属性设置

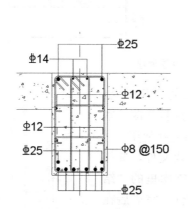

图 5-76 梁钢筋标注

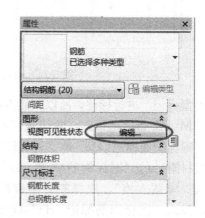

图 5-77 钢筋视图可见性属性

在"钢筋图元视图可见性状态"窗口，勾选需要显示实体钢筋的视图，如图 5-78 所示，设置完成后的钢筋真实显示效果如图 5-79 所示。

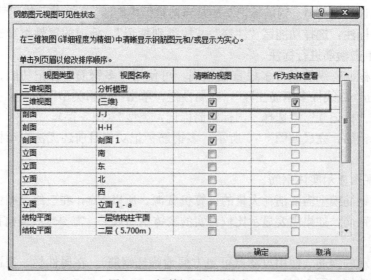

图 5-78 钢筋视图可见性窗口

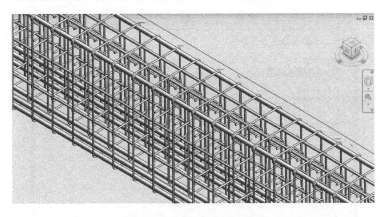

图 5-79　钢筋真实显示效果

注：不要大量使用实体钢筋的显示方式，以免计算机性能的急剧下降，建议只在需要显示实体钢筋的局部区域使用。

本节叙述了结构梁配筋的方法，对于柱、板、墙等结构构件的钢筋创建，方法相似，本教材篇幅所限，读者可参照本节结构梁的配筋方法，对其他结构构件进行钢筋的创建，此处不再叙述。

5.7　统计明细表

不同专业，虽然创建明细表的方法是一样的，但会有一些不同的统计要求。此处我们以结构柱明细表为例。

选择功能区"视图＞明细表＞▤▤明细表/数量"，在弹出的"新建明细表"对话框中，在"类别"栏列表里选择"结构柱"，如图 5-80 所示。

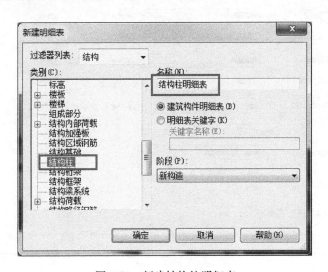

图 5-80　新建结构柱明细表

在"明细表属性"对话框"字段"标签栏，添加需要的结构柱属性如图 5-81 所示。

图 5-81　添加结构柱明细表字段

在"排序/成组"标签栏，设置排序方式如图 5-82 所示，使明细表分别按照"标记"、"底部标高"、"底部偏移"有序排列。

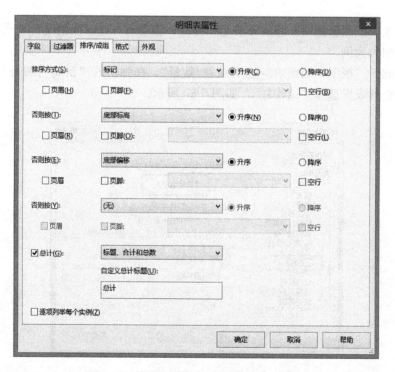

图 5-82　结构柱明细表"排序/成组"设置

要统计某单项的总数，比如统计所有柱子的总体积数，可以在"格式"标签栏，选中"体积"字段，勾选"计算总数"，如图 5-83 所示。

图 5-83　结构柱明细表"计算总数"

要修改明细表中"长度"数值单位为"m"且保留小数点三位数，则在"格式"标签栏，选中"长度"字段，单击对话框里的"字段格式"按钮，如图 5-84 所示，在"格式"对话框中设置按如图 5-85 所示。

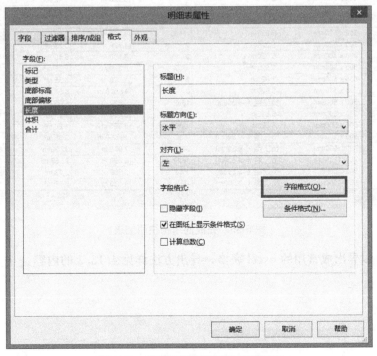

图 5-84　结构柱明细表"字段格式"

图 5-85　字段格式设置

设置完成后，创建的"结构柱明细表"如图 5-86 所示，可看到项目中所有结构柱的长度和体积都分门别类地统计出来了。

<结构柱明细表>

A	B	C	D	E	F	G
编号	尺寸	底部标高	底部偏移	长度	体积	合计
KZ1	550 x 550mm	负二层（-9.300m）	-650	9.850 m	2.91 m³	1
KZ1	500 x 500mm	-5.820m	0	11.520 m	8.56 m³	3
KZ1	500 x 500mm	一层（0.000m）	-100	5.800 m	1.45 m³	1
KZ1a	500 x 500mm	负二层（-9.300m）	-650	15.650 m	11.57 m³	3
KZ1b	500 x 500mm	-5.820m	0	10.620 m	5.25 m³	2
KZ1d	500 x 500mm	-5.820m	0	5.720 m	1.42 m³	1
KZ1d	500 x 500mm	一层（0.000m）	-100	5.800 m	1.45 m³	1
KZ2	500 x 500mm	-5.820m	0	4.720 m	22.36 m³	20
KZ2a	500 x 500mm	-5.820m	-1130	5.850 m	2.80 m³	2
KZ3	500 x 500mm	-5.820m	0	4.720 m	3.38 m³	3
KZ4	400 x 400mm	-5.820m	0	8.430 m	5.40 m³	4
KZ5	500 x 500mm	-5.820m	-600	5.320 m	1.25 m³	1
KZ5	500 x 500mm	-5.820m	0	4.720 m	3.35 m³	3
KZ5a	500 x 500mm	-5.820m	0	11.520 m	8.57 m³	3
KZ5b	500 x 500mm	负二层（-9.300m）	1600	6.600 m	1.65 m³	1
KZ5b	500 x 500mm	-5.820m	-1880	6.600 m	1.65 m³	1
KZ5b	500 x 500mm	-5.820m	-600	5.320 m	1.28 m³	1
KZ5c	500 x 500mm	负二层（-9.300m）	-650	15.650 m	3.85 m³	1
KZ6	700x1000mm	负二层（-9.300m）	300	7.900 m	32.98 m³	6
KZ6a	700x1000mm	负二层（-9.300m）	1600	6.600 m	27.57 m³	6
车库柱	600x400mm	负二层（-9.300m）	-650	3.880 m	2.73 m³	3
车库柱a	600x400mm	负二层（-9.300m）	-650	4.130 m	0.99 m³	1
总计: 68					152.42 m³	

图 5-86　完成的结构柱明细表

明细表可以导出成常用的 excel 表格，导出方法详见 4.13.3 的内容。

第6章　水、暖、电专业模型创建

按一般建模流程的顺序，完成了建筑结构专业的模型，就可以开始水暖电专业的模型创建。本书的案例项目将水暖电专业划分为"给水排水"、"水消防"、"暖通"、"电气"四个模型文件，在本章中会按这个划分方式分别讲解各部分的建模方法。

6.1　给水排水专业模型创建

本书案例项目的给水排水专业将分成"给水排水"和"水消防"两个模型文件。6.1.1～6.1.3 创建的是给排水模型文件，包括给水、中水、热水、排水等系统。6.1.4～6.1.5 创建的是水消防模型文件，包括自动喷淋系统和消火栓系统。

6.1.1　生活给水

1）新建给水排水项目文件

启动 Revit2015，选择"Plumbing-DefaultCHSCHS. rte"新建项目（图 6-1），进入项目绘图界面。

图 6-1　选择给排水样板

在新建项目的项目浏览器中可以看到，项目视图是以机电的专业来分类的，默认存在的是"卫浴"规程（图 6-2）。

2）链接文件，设置楼层标高

机电的建模需根据建筑结构模型的位置进行建模，所以在建模前，先将建筑结构的模型文件链接进来，然后再将 DWG 图纸链接进来作为参照。

选择功能区"插入＞链接 Revit"命令，弹出"导入/链接 RVT"对话框（图 6-3），找到建筑和结构的模型文件，在"定位"栏选择"自动-原点到原点"，单击"打开"。

我们以创建负一层管道为例，链接好建筑和结构的 Revit 文件后，进入到立面视图，根据链接的建筑模型标高绘制项目的标高，得到"负一层（－5.700）"平面视图，如图 6-4 所示。

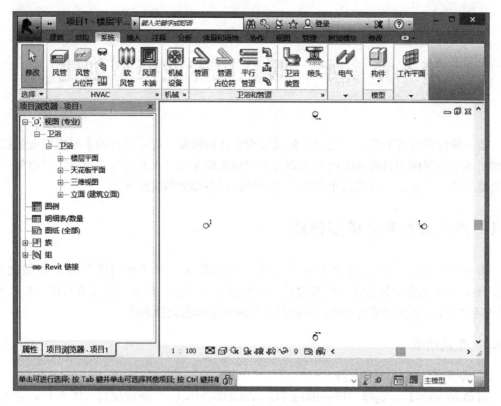

图 6-2　给水排水项目文件界面

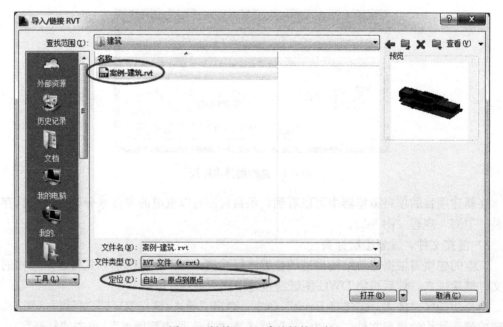

图 6-3　链接 Revit 建筑结构文件

在负一层平面视图，选择功能区"插入＞链接 CAD"，弹出"链接 CAD 格式"对话框（图 6-5），选择本书附带的负一层给排水平面布置图，将导入单位设为"毫米"。

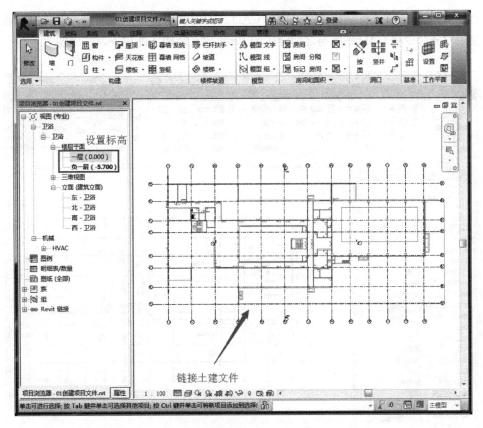

图 6-4　根据链接文件设置标高

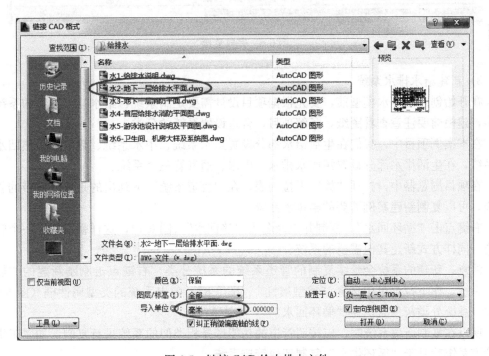

图 6-5　链接 CAD 给水排水文件

点击"打开"，将文件链接进来，此时 CAD 底图位置与模型并不一致，需要根据轴网位置，使用对齐命令将 CAD 底图与之前链接的 Revit 建筑结构文件对齐，完成如图 6-6 所示。

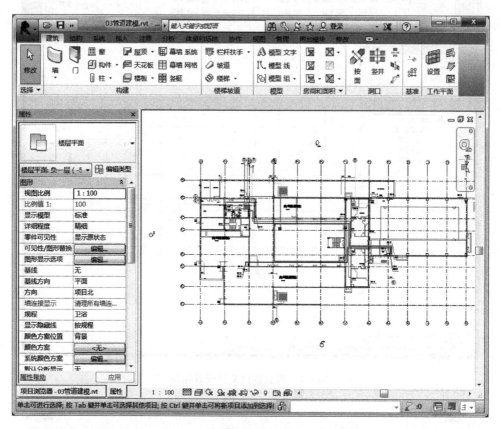

图 6-6　完成链接

3）新建给水排水系统

在开始创建给排水模型前，要先根据项目设计需要定制系统，给水排水专业的系统比较多，建模前要注意查看图纸，了解项目，合理设置系统的分类。

在本案例项目中，我们在生活给水部分设置给水系统、中水系统、热给水、热回水四个系统，在生活排水部分设置污废水排水、雨水、通气管三个系统。

在项目浏览器中，打开"族"下拉列表，在"管道系统"下列出的是软件自带的管道系统，可以复制新建案例需要的给排水系统。

右键点击"循环回水"，复制并重命名为"热回水"（图 6-7），这样就新建了一个管道系统。同样方式新建其他需要的系统。

注意，新建的系统会延续复制的管道系统的系统分类，右键点击刚刚新建的"热回水"系统，在下拉菜单中选择"类型属性"（图 6-8），弹出系统的类型属性框（图 6-9），其中，系统分类灰色默认为"循环回水"。

所以在复制新建系统时，应按照管道的功能选择相类似的系统进行复制，如属于供水的管道系统就基于"循环供水"复制新建管道系统。

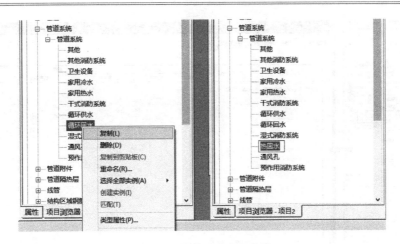

图6-7　新建给水排水系统

用上述方法依次新建完成其他系统，完成后，给水排水模型的系统设置如图6-10所示。

4）过滤器设置

为了辨别不同系统的机电管线，我们通常需要给管线赋予不同的表面颜色。本书案例项目中，我们采用过滤器的方式来定义管道系统颜色。

如图6-11所示，点击视图属性栏中的"可见性/图形替换"编辑按钮，弹出可见性设置对话框，选择"过滤器"标签栏。

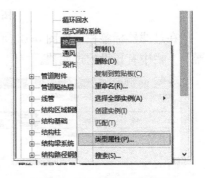

图6-8　查看系统的类型属性

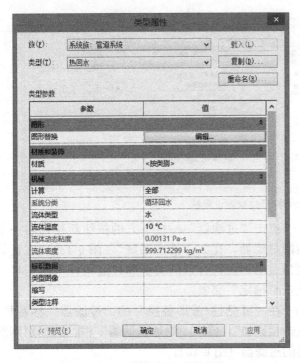

图6-9　管道系统的类型属性

图6-10　新建完成的给水排水系统

图 6-11　打开过滤器对话框

在过滤器标签栏，如图 6-12 所示，点击编辑/新建，打开过滤器设置框，左边"过滤器"一栏中有预设的过滤器。

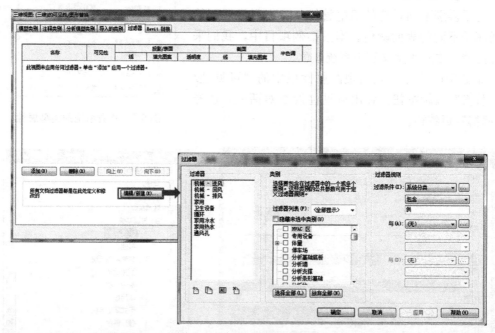

图 6-12　打开过滤器设置框

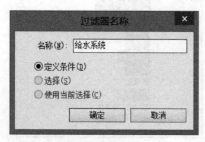

图 6-13　过滤器命名

点击"过滤器"一栏下方的按钮新建命名一个新的过滤器，比如"给水系统"（图 6-13）。在设置框为过滤器设置合适的类别和过滤条件（图 6-14），点击"确定"完成。

在"可见性/图形替换"的"过滤器"标签栏，点击"添加"，弹出"添加过滤器"框，选择刚刚新建的过滤器（图 6-15）。

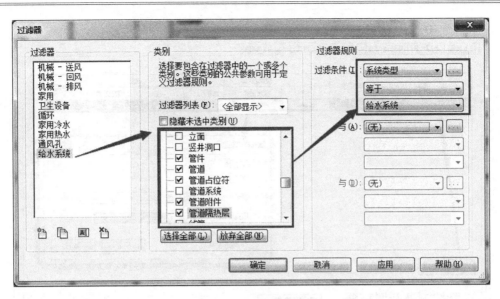

图 6-14　过滤器设置

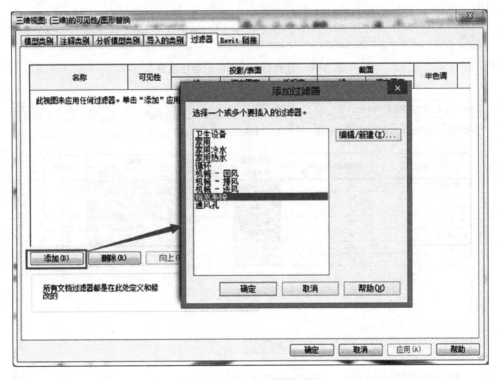

图 6-15　添加过滤器到视图

添加后，在"投影/表面"填充图案处，选择替换的颜色和填充图案如图 6-16 所示。

按照以上的步骤，添加其他所需的过滤器，完成后的设置如图 6-17 所示。

要注意的是，过滤器是基于视图的设置，如果要在其他视图中应用该过滤器，可使用"视图样板"的功能，将过滤器传递到其他视图。

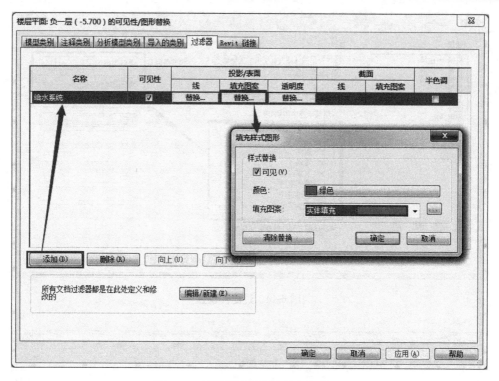

图 6-16　过滤器在视图中的颜色设置

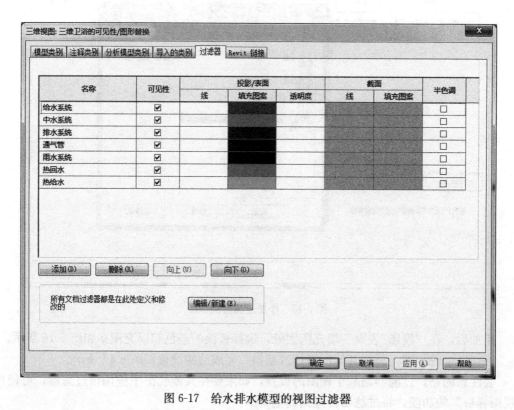

图 6-17　给水排水模型的视图过滤器

选择功能区"视图＞视图样板"下拉菜单中的"从当前视图创建样板"命令（图 6-18），或是在项目浏览器的视图列表中找到"三维"视图，在右键菜单中选择"通过视图创建视图样板"（图 6-19），在弹出的命名框中取名"给水排水过滤器"后，进入视图样板的对话框。

图 6-18　视图样板菜单

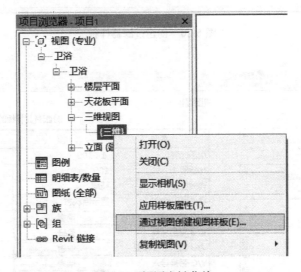

图 6-19　视图右键菜单

在视图样板的对话框的右侧视图属性里，仅勾选"V/G 替代过滤器"一项（图 6-20），这样就新建了一个专用的过滤器样板。

要在其他视图中应用该视图样板，则在要用的视图中，点击图 6-18 中下拉菜单的"将样板属性应用于当前视图"，或是在项目浏览器的视图列表中找到要用的视图，在右键菜单中选择"应用样板属性"，在弹出的"应用视图样板"对话框中，如图 6-21 所示选择该视图样板即可。

5）新建给水管道类型

由于给水排水专业各系统管道材质和特性不同，所以要新建不同类型的管道。本案例项目中，我们新建"给水管"和"热水管"两种给水管道类型。

选择功能区"系统＞管道"命令，在默认的"标准"管道类型的属性栏中，点击

171

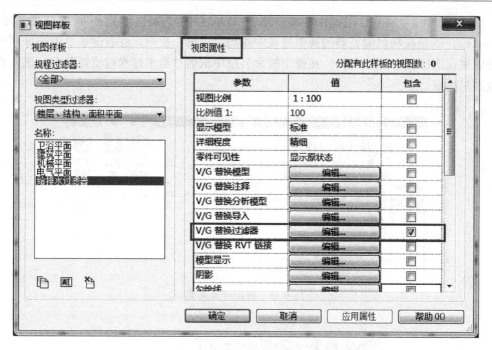

图 6-20　创建过滤器样板

图 6-21　应用过滤器样板

"编辑类型",在弹出的类型属性框中,复制新建"给水管"类型。如图 6-22、图 6-23 所示。

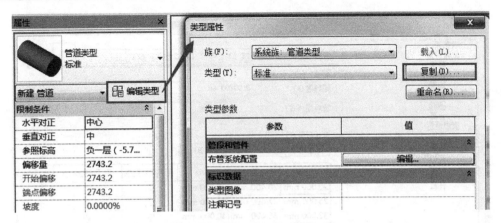

图 6-22　编辑管道类型

在新建的"给水管"类型属性框中，点击"布线系统配置"，打开"布线系统配置"对话框（如图 6-24）。

在本案例项目中，给水管道的材质是衬塑热镀锌钢管，但在管段下拉栏中没有该材质，所以此处需要新建。

图 6-23　新建管道类型

点击"布管系统配置"对话框中的"管段和尺寸"按钮，打开"机械设置"对话框，在"管段"处，点击"新建"按钮新建管段和添加尺寸。如图 6-25 所示。

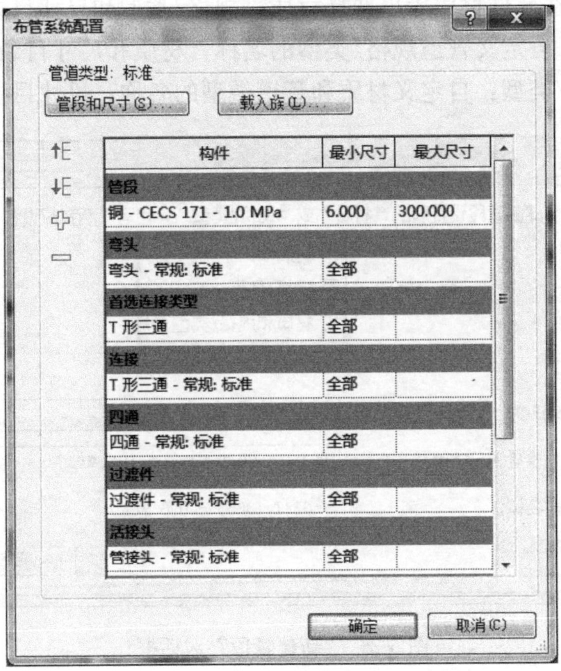

图 6-24　默认的管道配置

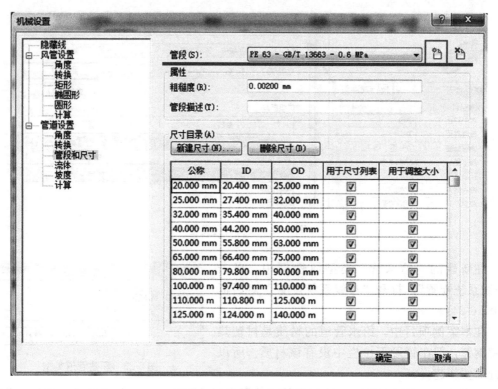

图 6-25　新建给水管管段

在"新建管段"对话框中（图 6-26），有 3 种新建方式。

（1）材质：自行在软件材质库里选择材质，规格/类型和尺寸目录都使用软件自带的。

（2）规格/类型：自定义管道规格/类型的名称，材质和尺寸目录都使用软件默认的。

（3）材质和规格/类型：自定义材质和管道类型的名称，尺寸目录选择软件默认。

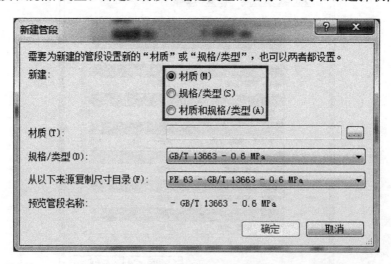

图 6-26　"新建管段"对话框

此处我们选择"材质"新建方式。点击材质栏的 ▭ 按钮，在弹出的材质库里找到"钢，镀锌"的材质，将其重命名为"衬塑镀锌钢"，确定将其添加，如图 6-27 所示。

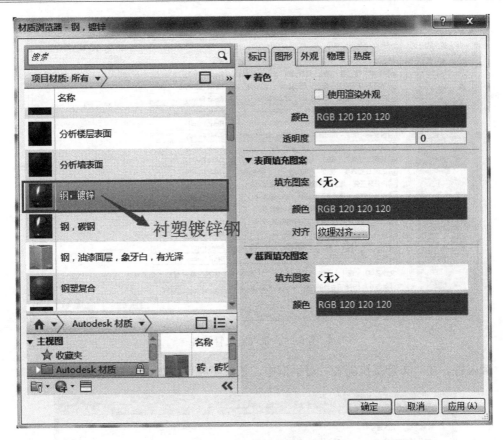

图 6-27　设置给水管管段材质

返回到"新建管段"对话框，新建管段设置如图 6-28 所示。

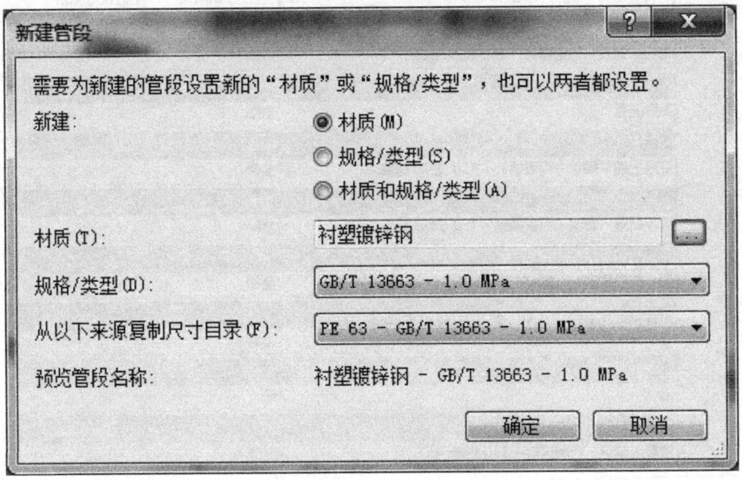

图 6-28　新建给水管管段

确定后返回到"布管系统配置"对话框，接着设置管件。点击"布管系统配置"对话框中的"载入族"按钮，在系统自带族库目录"机电 \ 水管管件 \ 可锻铸铁 \ 150 磅（300 磅）\螺纹"下，选择如图 6-29 所示的管件，点击"打开"按钮。

图 6-29　载入给水管管件

载入后，在"布管系统配置"对话框中，依次更换管件如图 6-30 所示。

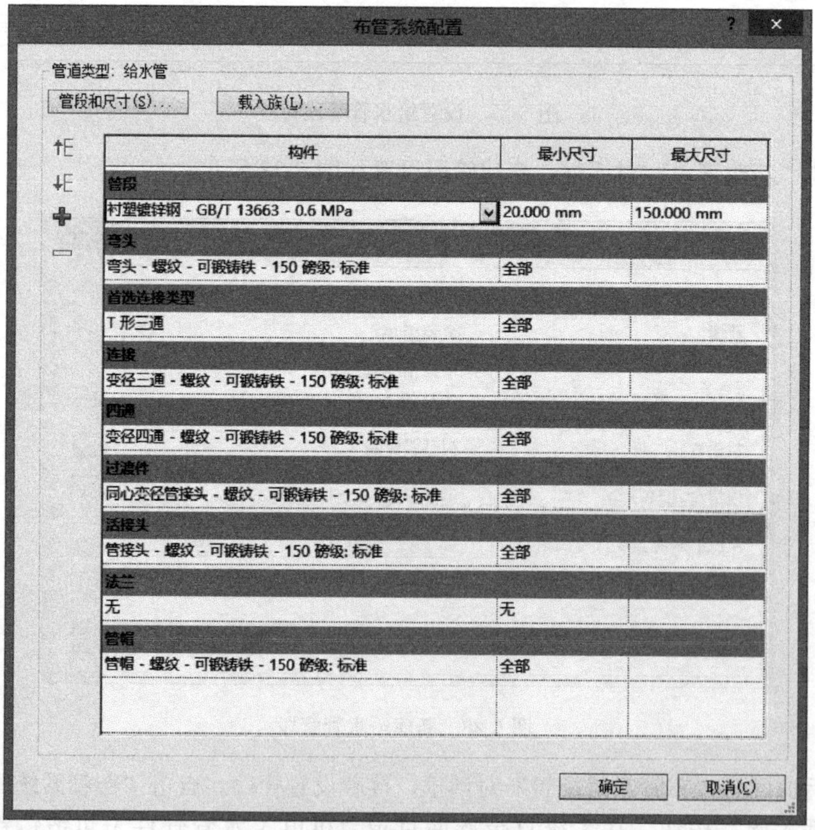

图 6-30　给水管布管系统配置

确定后即可完成新建给水管道类型的设置。之后的给水系统和中水系统管道建模都采用"给水管"类型。

基于"给水管"管道类型复制新建"热水管"类型（图6-31），用于之后热给水和热回水系统的管道建模。

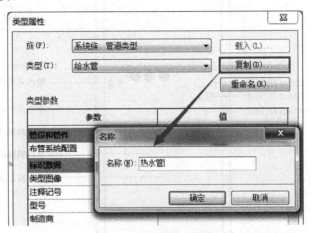

图6-31　新建热水管道类型

新建完成热水管的管道类型后，打开布管系统配置，在管段选择下拉菜单中，更换热水管道的管段为"不锈钢-GB/T 19228"（图6-32）。

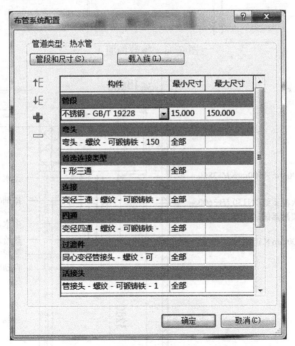

图6-32　修改热水管类型的管段

6）创建给水系统管道

此处以创建负一层给水系统管道为例，根据之前链接的CAD图"负一层给排水"图纸，标识为"---J---"的管线为给水系统管道，从JL-1立管位置开始绘制，走道的给水管道标高可参照本书附带的CAD图"管综布置-整合剖面1.dwg"（图6-33）、"管综布置-整合剖面

2. dwg"（图 6-34）图纸。由图纸可知，此处的给水系统管道高度为 $H+3800$。

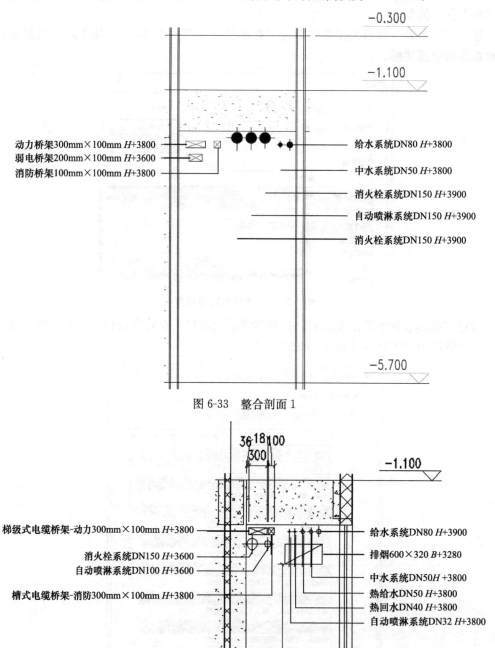

图 6-33　整合剖面 1

图 6-34　整合剖面 2

进入"负一层（－5.700m）"平面视图，选择功能区"系统＞管道"命令，在属性框内选择"给水管"管道类型，在系统类型处选择"给水系统"，设置要绘制的管道参数如图 6-35 所示。

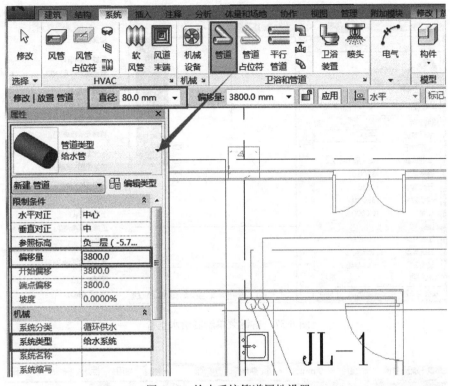

图 6-35　给水系统管道属性设置

在绘图区根据 CAD 底图所示的给水管道走向，点击绘制给水系统管道的横管。然后我们以 JL-4 立管为例（图 6-36），创建给水系统的立管。

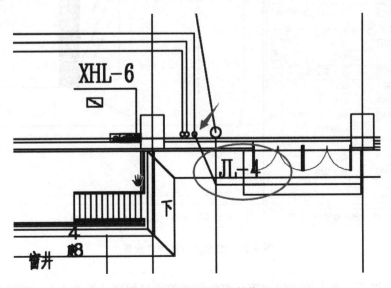

图 6-36　CAD 图中立管位置

首先选择横管，在需要连接立管的端口点击鼠标右键，在菜单中选择"绘制管道"（图 6-37），表示以该端点作为立管的起点。在绘制管道的状态下，在选项栏上输入偏移量为 0，确定立管的终点位置（图 6-38）。

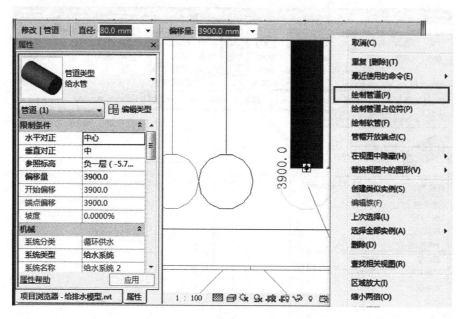

图 6-37　右键菜单绘制给水立管

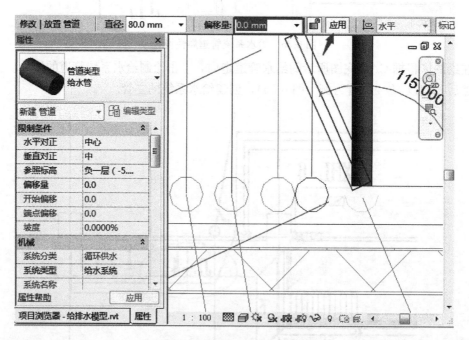

图 6-38　给水立管选项栏设置

在三维视图下，点击生成的立管，将立管底部端口偏移量修改为 0，如图 6-39 所示。

卫生间部位的给水系统管道，可以参考本书附带的"卫生间详图及系统图"的图纸来进行绘制。如绘制图 6-40 所示的给水管道，可根据附带的卫生间详图和系统图，得知管径为 DN32，管道标高为－0.02m。

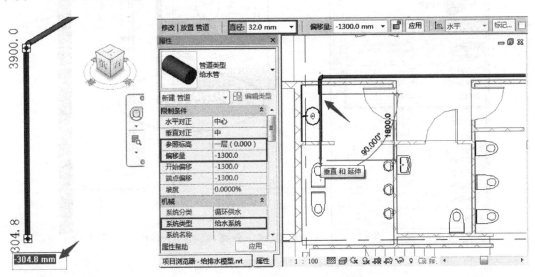

图 6-39　修改给水立管底
　　　　　部偏移量

图 6-40　卫生间横管属性设置

完成的卫生间横管如图 6-41 所示。

根据卫生间系统图的标识，了解连接卫生间设备的支管的高度。如图 6-42 所示的支管位置的高度为 $H+450\text{mm}$，相对于负一层（－5.7m），则在绘制管道时输入对应标高，注意参照标高设置为负一层（－5.7m）（图 6-43），绘制完成后，两标高的管道自动生成立管连接。

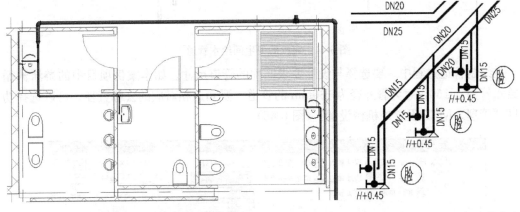

图 6-41　卫生间横管绘制

图 6-42　CAD 图中卫生间支管高度

完成的卫生间给水系统管道如图 6-44 所示。

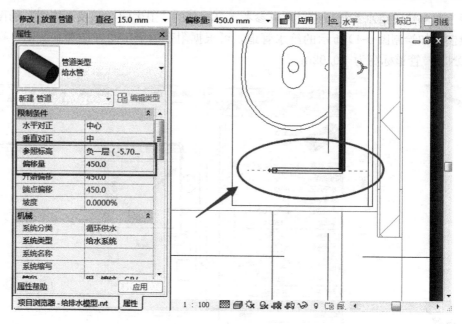

图 6-43　卫生间支管属性设置

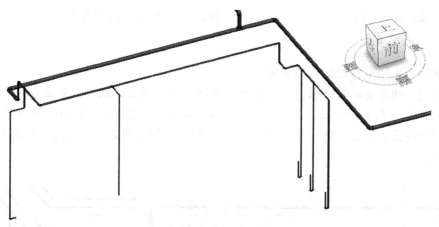

图 6-44　完成的卫生间给水管道

在绘制管道过程中，要选择与设计要求匹配的管道尺寸。如本案例项目中的游泳池循环给水管为 de160，意为管外径为 160mm 的管道。要知道相对应的公称直径，可以选择功能区"管理＞MEP 设置＞机械设置"（图 6-45）。

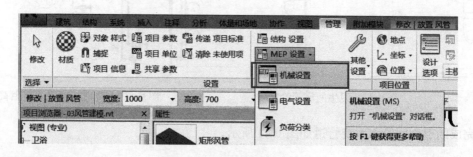

图 6-45　"机械设置"命令

在"机械设置"对话框，查看相对应的外径的公称直径管道（图6-46）。

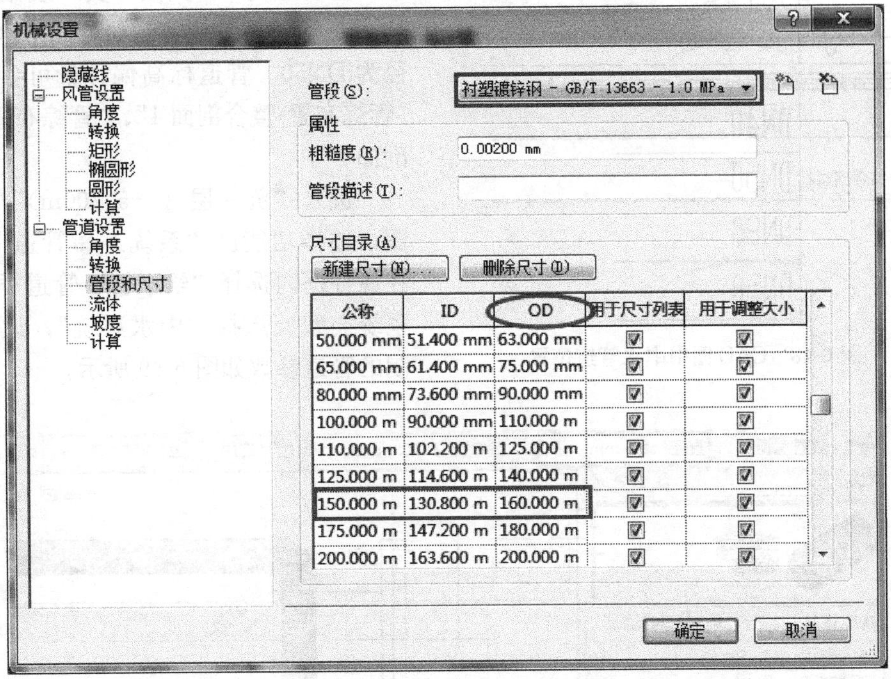

公称	ID	OD	用于尺寸列表	用于调整大小
50.000 mm	51.400 mm	63.000 mm	☑	☑
65.000 mm	61.400 mm	75.000 mm	☑	☑
80.000 mm	73.600 mm	90.000 mm	☑	☑
100.000 m	90.000 mm	110.000 m	☑	☑
110.000 m	102.200 m	125.000 m	☑	☑
125.000 m	114.600 m	140.000 m	☑	☑
150.000 m	130.800 m	160.000 m	☑	☑
175.000 m	147.200 m	180.000 m	☑	☑
200.000 m	163.600 m	200.000 m	☑	☑

图6-46　查看公称直径

在给水管的类型属性栏，打开"布管系统配置"对话框，点击其中的"管段和尺寸"按钮，也可打开"机械设置"对话框。

用同样的方法完成其他楼层的给水系统管道，最后三维模型如图6-47所示。

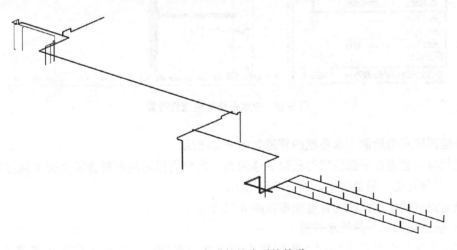

图6-47　完成的给水系统管道

7）创建中水系统管道

中水系统管道在图纸上以"---Z---"表示。中水系统主要收集生活污水为原水处理后，

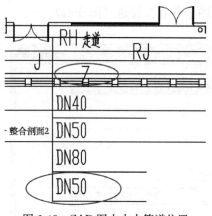

图 6-48　CAD 图中中水管道位置

用于卫生间冲厕及绿化景观用水。管道水平位置可参考 CAD 图"负一层给排水"，从图 6-48 中可知道走道位置的中水管道管径为 DN50。管道标高偏移量可参考图纸"管综布置-整合剖面 1"、"管综布置- 整合剖面 2"。

进入"负一层（−5.700m）"平面视图，选择功能区"系统＞管道"命令，在属性框内选择"给水管"管道类型，在系统类型处选择"中水系统"，设置要绘制的管道参数如图 6-49 所示。

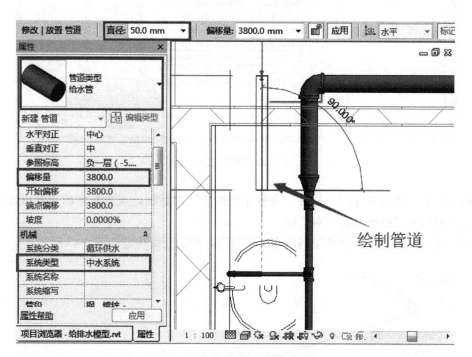

图 6-49　中水系统管道属性设置

在绘图区点击绘制中水系统的管道如图 6-50 所示。

绘制时，管道在平面位置可稍微平移调整。当相同标高的两根管需要交叉通过时，需要往上/下翻管道，避免碰撞，如图 6-51 所示。

最后完成的中水系统的管道模型如图 6-52 所示。

8）创建热回水与热给水管道

本案例项目中设有循环式太阳能集中热水供应系统，管道水平位置可参考 CAD 图"负一层给排水"，如图 6-53 所示，RH 为热回水管道，RJ 为热给水管道。管道标高偏移量可参考图纸"管综布置-整合剖面 1"、"管综布置-整合剖面 2"。

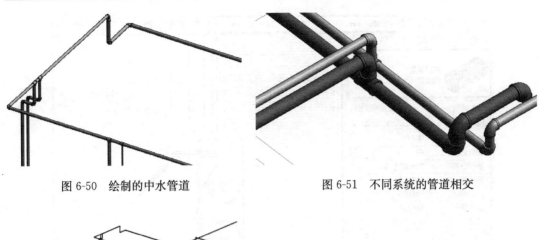

图 6-50　绘制的中水管道　　　　　　　图 6-51　不同系统的管道相交

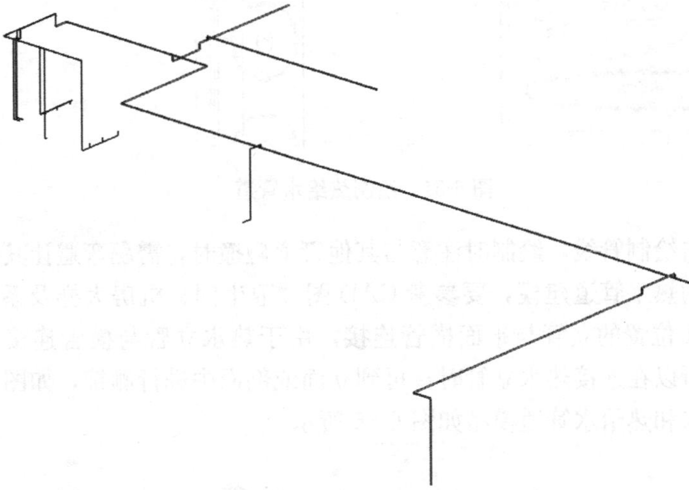

图 6-52　完成的中水系统管道

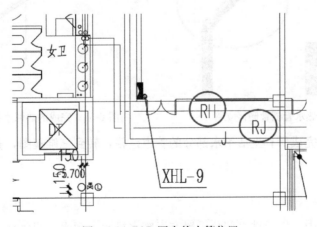

图 6-53　CAD 图中热水管位置

在负一层平面视图，选择功能区"系统＞管道"命令，在属性框内选择"热水管"管道类型，注意在系统类型处，选择"热回水"或"热给水"，设置要绘制的热水管参数如图 6-54 所示。

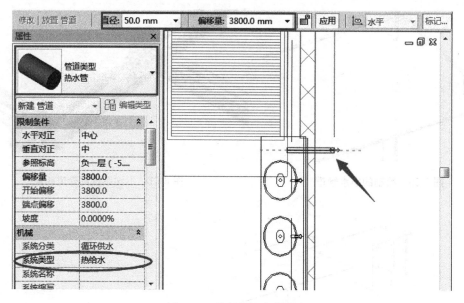

图 6-54 绘制热给水管道

在绘图区点击绘制管线，绘制时注意与其他管道碰撞时，需翻弯避让其他管道。

卫生间部分的热水管道建模，要参考 CAD 图"卫生间、机房大样及系统图"图纸的要求。注意 RJL-1 位置的立管与平面横管连接，由于热水立管与横管连接应设弯头侧接管，不得顶接，所以在连接热水立管时，可到立面或剖面中进行侧接，如图 6-55 所示。

完成的热回水和热给水管道模型如图 6-56 所示。

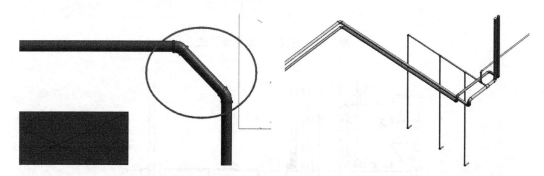

图 6-55 热水管横管侧接立管   图 6-56 完成的热回水和热给水管道

运用上述方法完成所有生活给水部分的管道建模，转到三维视图，查看效果如图 6-57 所示。

6.1.2 生活排水

在本案例项目中，生活排水部分设置有污废水排水、雨水、通气管三个系统。由于各系统管道材质和特性不同，所以要新建不同类型的管道。本案例我们新建"动力排水管"、"污废水管"、"雨水管"、"通气管"、"溢流管"、"放空管"等多种排水管道类型。

1）新建排水管道类型

首先新建"动力排水管"类型，由图纸可知，动力排水管采用镀锌钢管。选择功能区

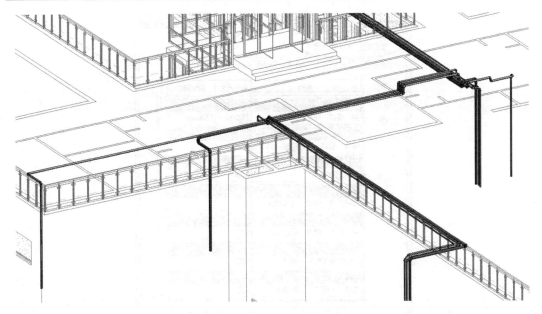

图 6-57　生活给水管道完成效果

"系统＞ 管道"命令，在默认的"标准"管道类型的属性栏中，点击"编辑类型"，在弹出的类型属性框中，复制新建"动力排水管"类型。

在其类型属性框中，点击打开"布管系统配置"对话框，用与 6.1.1 设置给水管管道一样的方法，设置管段为"钢，镀锌"，管件从软件自带的族库目录"机电＼水管管件＼可锻铸铁＼150 磅（300 磅）＼螺纹"下载入（图 6-58）。

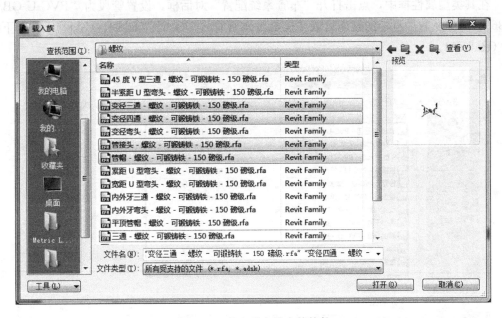

图 6-58　载入动力排水管管件

设置完成后动力排水管的布管系统配置如图 6-59 所示。

图 6-59 动力排水管布管系统配置

案例的污废水管、雨水管和专用通气管均采用 PVC 塑料排水管。我们可以先新建"污废水管"管道类型，再基于"污废水管"复制新建"雨水管"和"通气管"类型。

选择功能区"系统＞管道"命令，在默认的"标准"管道类型的属性栏中，点击"编辑类型"，在弹出的类型属性框中，复制新建"排水管"类型。

在其类型属性框中，点击打开"布管系统配置"对话框，设置管段为"PVC-U-GB/T 5836"，管件从软件自带的族库目录"机电＼水管管件＼GB/T 5836 PVC-U＼承插"下载入（图 6-60）。

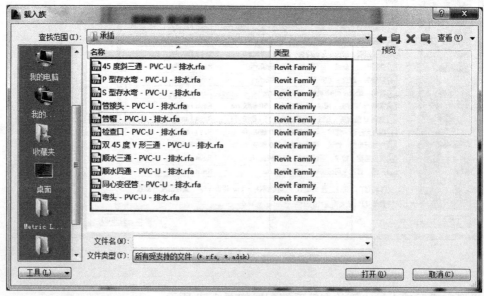

图 6-60 载入排水管管件

设置完成后污废水管的布管系统配置如图 6-61 所示。

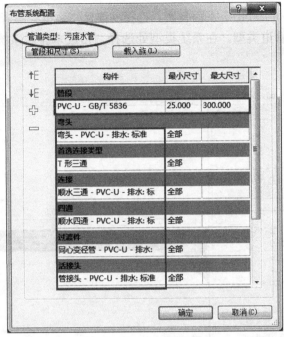

图 6-61　排水管布管系统配置

由图纸可知，溢流管和放空管采用镀锌钢材质，所以可以复制"给水管"的管道类型，修改管道类型名字为溢流管和放空管。如图 6-62 所示。

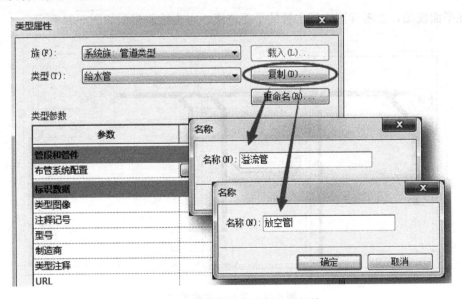

图 6-62　复制新建溢流管和放空管

2）创建排水系统管道

此处以创建负一层排水系统管道为例，根据之前链接的 CAD 图"负一层给排水"图纸，标识为"---W---"的管线为排水管，卫生间的排水管道详见 CAD 图纸"卫生间、机房大样及系统图"。

进入"负一层（-5.700m）"平面视图，选择功能区"系统＞管道"命令，在属性框内选择"污废水管"管道类型，在系统类型处选择"污废水排水系统"，并设置管道参数如图 6-63 所示。

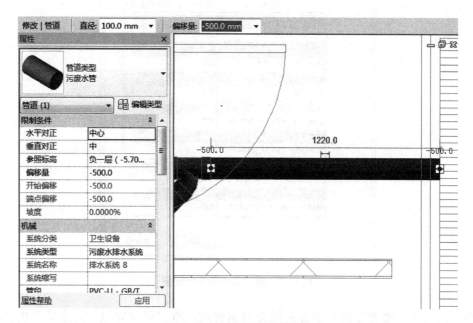

图 6-63　污废水管属性设置

在平面视图，参考详图中排水管的平面位置，点击绘制模型如图 6-64 所示。

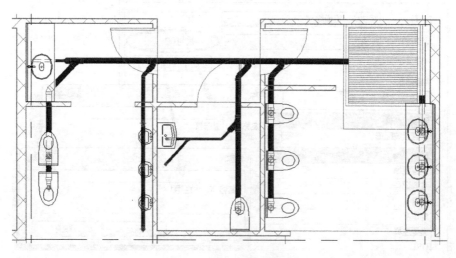

图 6-64　卫生间排水管道

绘制管道时，要注意坡度的设置。如在负一层居中位置的商业服务用房中的排水管，标识有坡度值，如图 6-65 所示。

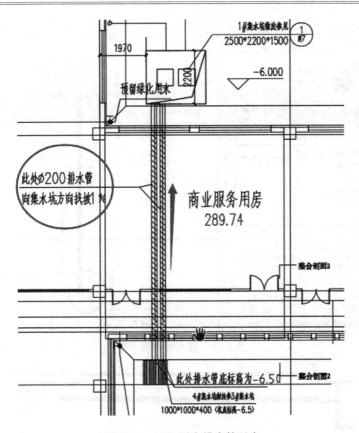

图 6-65　CAD 图中排水管示意

在执行"管道"命令建模时，设置管道坡度值。在"修改/放置管道"选项卡中，点击选择"向下坡度"，坡度值设为"1.00％"。如图 6-66 所示。

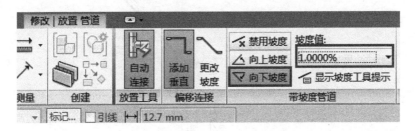

图 6-66　设置排水管坡度

在平面图所示的位置绘制管道，需注意绘制时的方向，因为是设置为"向下坡度"，所以绘制方向应该是往图纸上方的集水坑方向（图 6-67）。

创建剖面视图（图 6-68），检查污废排水管坡度是否正确。

3）创建动力排水管道

根据图纸"卫生间、机房大样及系统图"中的 2♯给水坑排水系统图（图 6-69），在卫生间中的 2♯集水坑，有两台排污泵，通过排水管将污水排至室外。

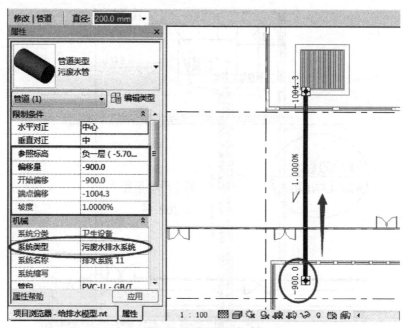

图 6-67　排水管建模方向

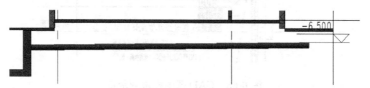

图 6-68　检查污废排水管坡度

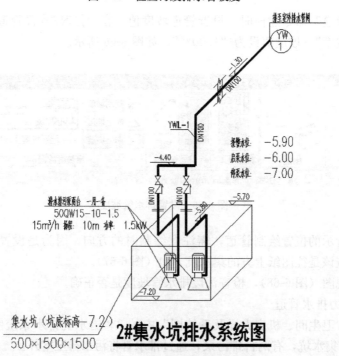

图 6-69　CAD 图中 2#集水坑系统图

首先从族库中载入排污泵,选择功能区"插入>📥载入族"命令,在软件自带的族库目录"机电\泵"下,选择"污水泵-JYWQ 型-固定自耦式.rfa"族文件(图 6-70),载入到项目中。

图 6-70 载入污水泵族

选择功能区"系统>🗖机械设备"命令,在类型下拉栏中选择刚载入的污水泵,在绘图区点击放置到合适的位置(图 6-71)。

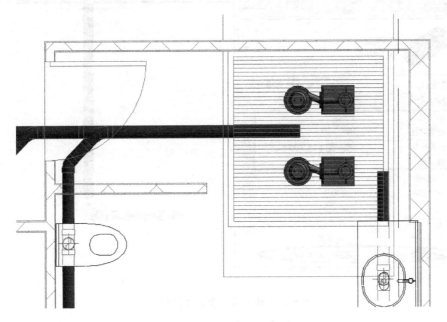

图 6-71 放置污水泵

在立面或剖面,将污水泵放置在集水坑底部位置,偏移量设置为−1500(图 6-72)。

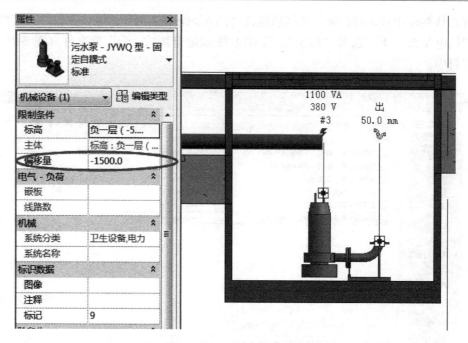

图 6-72　污水泵属性设置

污水泵放置完成后，选择功能区"系统＞管道"命令，按照集水坑系统图和给水排水平面图，使用"动力排水管"的管道类型，在属性框和选项栏内设置管道参数如图 6-73 所示。

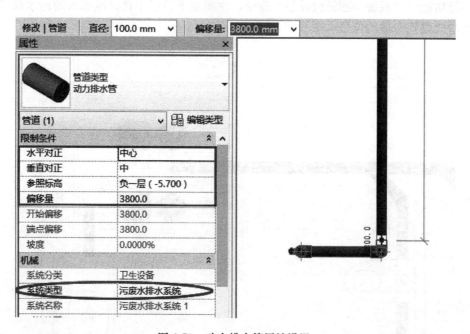

图 6-73　动力排水管属性设置

在平面视图，根据图纸绘制位于负一层的横管。立管可通过创建剖面进行绘制（图 6-74）。

绘制完成连接污水泵的立管，再将立管与横管相连，连接好的管道如图 6-75 所示。

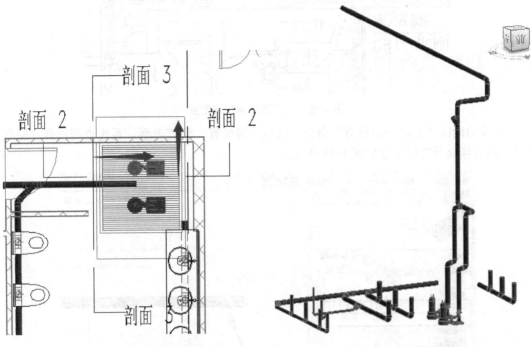

图 6-74　剖面辅助管道建模

图 6-75　完成管道连接

最后，根据 2♯集水坑排水系统图所示，放置阀门。选择功能区"系统＞管路附件"命令（图 6-76），放置所需的阀门，如止回阀、截止阀。

图 6-76　"管路附件"命令

在属性框类型下拉栏中选择所需要的阀门族，阀门尺寸需与管道尺寸相同，在绘图区点击放置在立管上。放置阀门后模型如图 6-77 所示。

4）创建通气管

通气管作用是为了使排水系统内空气流通，排出异味气体。在图纸"地下一层给排水平面"卫生间位置，标识有侧墙通气管，管径为 DN50，标高为－1.45，并且直接伸出屋面伸顶通气（图 6-78）。

图 6-77　放置排水管道阀门

195

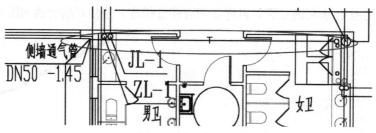

图 6-78　CAD 图中通气管位置

选择功能区"系统＞管道"命令，选择"通气管"管道类型，系统类型选择"通气管"，输入标高及管径信息如图 6-79 所示。

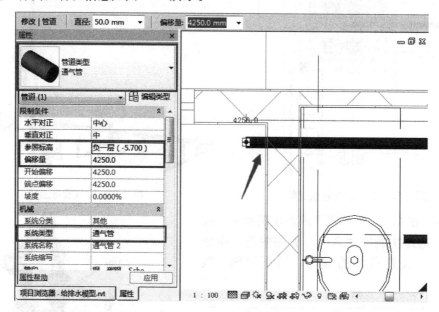

图 6-79　通气管属性设置

注意，通气管道需连接到集水坑上，如图 6-80 所示。

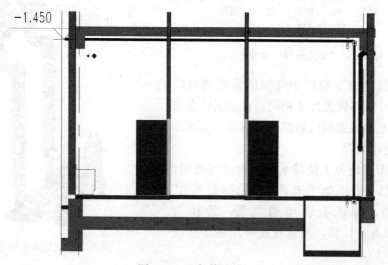

图 6-80　通气管连接

5）创建溢流管及放空管

溢流管及放空管位于泳池及机房位置，溢流管用于泳池溢流回水，放空管用于泳池泄空。具体标识可参考图纸"游泳池设计说明及平面图"（图 6-81）。

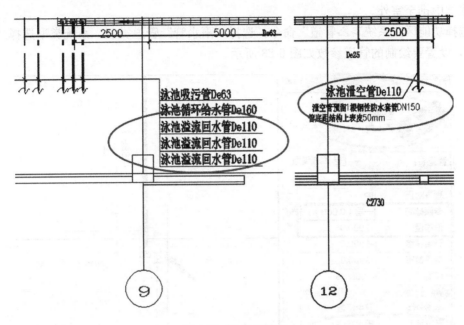

图 6-81　泳池平面图

在负二层楼层平面，选择功能区"系统＞管道"命令，选择"溢流管"或"放空管"管道类型，系统类型选择"污废水排水系统"，输入标高及管径信息如图 6-82 所示。

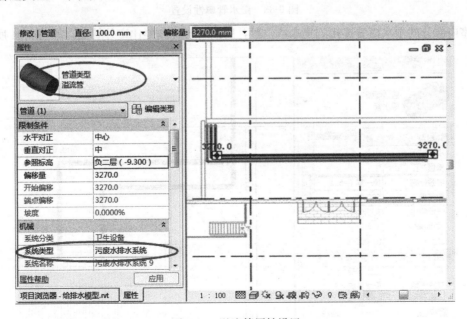

图 6-82　溢流管属性设置

注意，图纸标识为"de"的管径，意为管道外径大小，所以此处的直径要选择与

de110 对应的公称直径 100mm。

6）创建雨水系统管道

根据之前链接的 CAD 图"负一层给排水"图纸标识，"---YY---"为雨水管道，从 1 ♯集水坑中排至室外。

选择功能区"系统＞📐管道"命令，选择"雨水管"管道类型，系统类型选择"雨水系统"，设置要绘制的管道参数如图 6-83 所示。

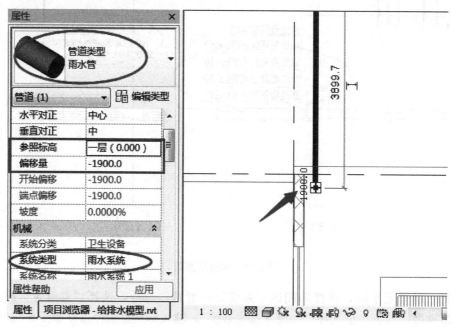

图 6-83　雨水管属性设置

室内部分的雨水横管连接到集水坑位置，所以管道标高要比室外管低。如图 6-84 所示。

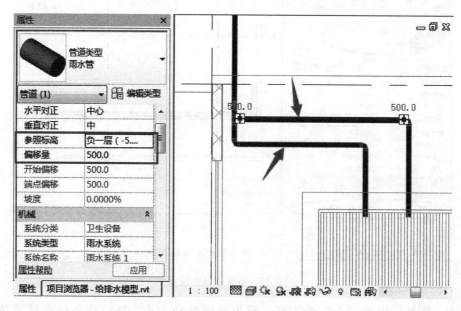

图 6-84　雨水管绘制

198

运用上述方法完成所有生活排水部分的管道建模，转到三维视图，查看效果如图 6-85 所示。

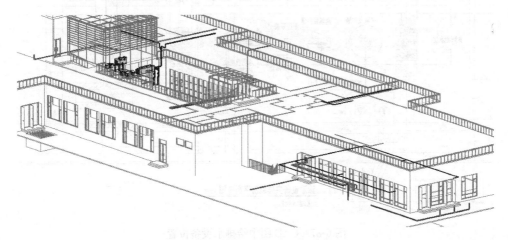

图 6-85　生活排水管道完成效果

6.1.3　给水排水设备

在本案例项目中，大部分的给水排水设备都放置在泳池设备夹层机房内。之前我们根据 CAD 图"游泳池设计说明及平面图"图纸，已绘制好游泳池部分的管道模型（图 6-86）。

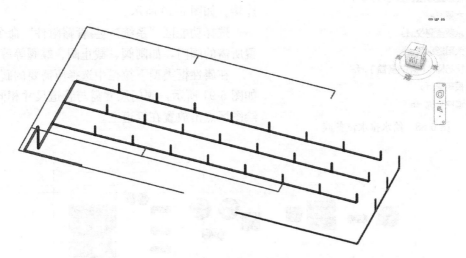

图 6-86　泳池给水排水管道模型

此处，我们根据泳池设备夹层机房平面详图（图 6-87），将设备放置在机房中，并绘制管道将设备与给排水整个系统连接起来。注意机房的标高为负二层（－9.300m）。

本案例项目中要用到的给排水设备都是可载入族，族文件可在本书附带的族库中找到（图 6-88），再用功能区"插入＞📁载入族"命令载入到项目中。

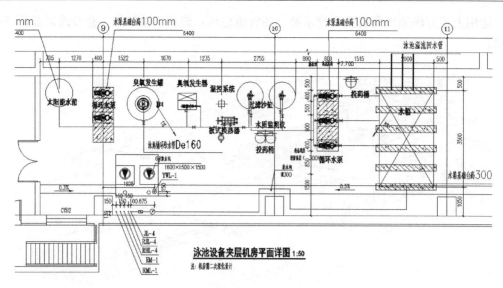

图 6-87　CAD 图中给排水设备位置

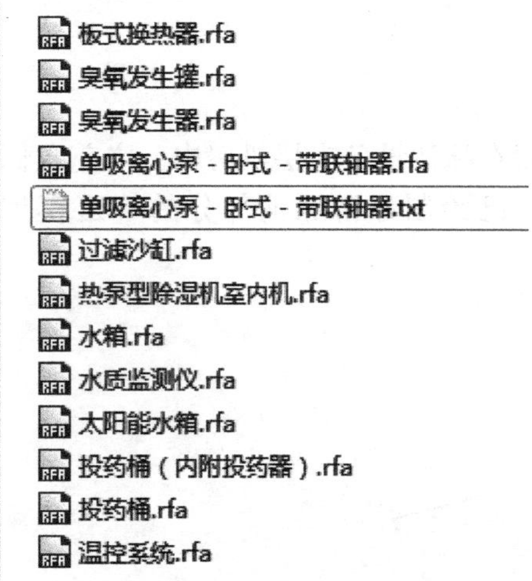

🗂 板式换热器.rfa
🗂 臭氧发生罐.rfa
🗂 臭氧发生器.rfa
📄 单吸离心泵 - 卧式 - 带联轴器.rfa
📄 单吸离心泵 - 卧式 - 带联轴器.txt
🗂 过滤沙缸.rfa
🗂 热泵型除湿机室内机.rfa
🗂 水箱.rfa
🗂 水质监测仪.rfa
🗂 太阳能水箱.rfa
🗂 投药桶（内附投药器）.rfa
🗂 投药桶.rfa
🗂 温控系统.rfa

图 6-88　给水排水设备族

载入后，选择功能区"系统＞🔲机械设备"命令，在类型下拉栏中依次选择所需的设备，在绘图区点击放置在合适的位置（图 6-89）。

打开逆流工艺流程图，按照图纸所示的原理流程，将设备与设备之间、设备与给排水系统之间连接起来，注意选择不同系统类型的管道进行连接。如图 6-90 所示。

选择功能区"系统＞🔲管路附件"命令，放置所需的阀门，如闸阀、截止阀、蝶阀等等。

在属性框类型下拉栏中选择所需要的阀门族，如图 6-91 所示，阀门尺寸需与管道尺寸相同，在绘图区点击放置在管道上。

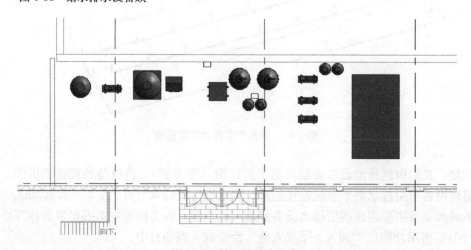

图 6-89　放置给排水设备

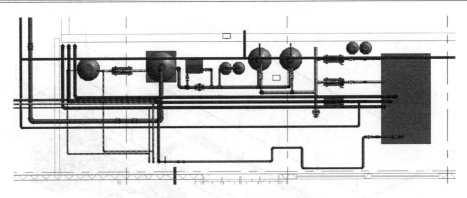

图 6-90 连接给排水设备

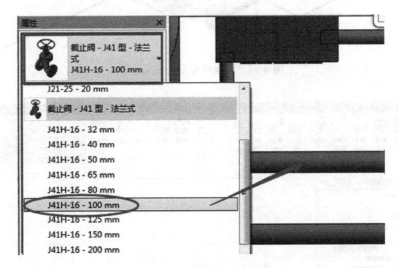

图 6-91 选择阀门类型

放置阀门后模型如图 6-92 所示。

完成给水排水设备和阀门的放置后，转到三维视图，查看效果如图 6-93 所示。

6.1.4 消防喷淋

1）新建消防项目文件

新建项目文件作为水消防模型文件，链接 Revit 建筑结构模型，操作同 6.1.1。我们以创建负一层管道为例，设置"负一层"项目标高和平面视图（图 6-94）。

2）新建消防系统

本案例项目的水消防模型文件设置自动喷淋和消火栓两个系统。

图 6-92 完成阀门的放置

在项目浏览器中，打开"族"下拉列表，在"管道系统"下列出的是软件自带的管道

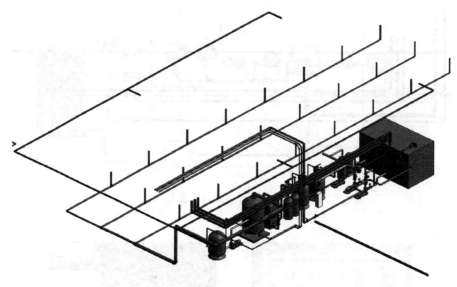

图 6-93　给水排水设备完成效果

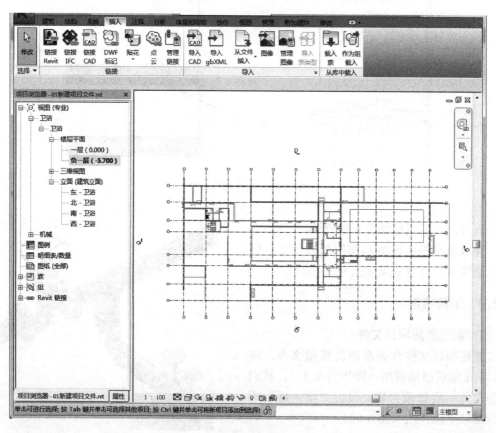

图 6-94　水消防项目文件界面

系统，此处基于"湿式消防系统"，复制新建"消火栓系统"和"自动喷淋系统"
（图 6-95）。

3）过滤器设置

和给排水文件一样，为消防专业的各系统管线设置过滤器，通过颜色予以区分。

在视图"可见性/图形替换"的"过滤器"标签栏，打开过滤器设置框，如图 6-96 所示设置过滤器"消火栓系统"。再同样设置"自动喷淋系统"过滤器。

在"可见性/图形替换"的"过滤器"标签栏，点击"添加"，弹出"添加过滤器"框，选择刚刚新建的过滤器（图 6-97）。

添加后，在"投影/表面"填充图案处，设置过滤器的视图颜色如图 6-98 所示。

如果要在其他视图中应用过滤器，可参考 6.1.1 中所讲的"视图样板"的功能，将过滤器传递到其他视图。

4）新建消防管道类型

本案例项目中，我们为消防专业新建"消防管"管道类型。

选择功能区"系统＞管道"命令，在默认的"标准"管道类型的属性栏中，点击"编辑类型"，在弹出的类型属性框中，复制新建"消防管"类型。

在其类型属性框中，点击打开"布管系统配置"对话框，用与 6.1.1 中设置给水管管道一样的方法，修改管段和管件设置如图 6-99 所示。

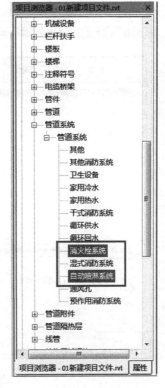

图 6-95　新建完成的消防系统

图 6-96　设置"消火栓系统"过滤器

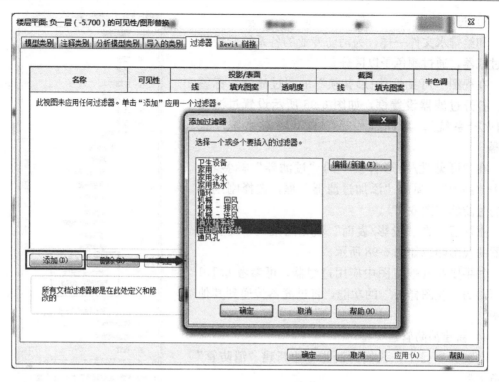

图 6-97　添加消防过滤器到视图

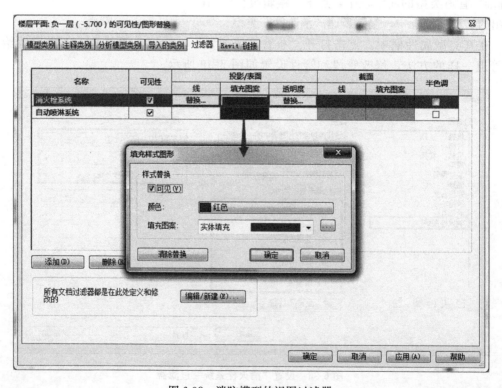

图 6-98　消防模型的视图过滤器

图 6-99　消防管布管系统配置

确定后即可完成新建消防管道类型的设置。之后的自动喷淋系统和消火栓系统管道建模都采用"消防管"类型。

5）创建自动喷淋管道

本案例项目中，自动喷淋系统模型包括自动喷淋管道、阀门和喷头。此处以创建负一层自动喷淋系统模型为例，可将本书附带的 CAD 图"负一层消防"图纸链接到项目中来，标识为"---ZP---"的管线为自动喷淋管道，走道位置的主管标高可参照本书附带的"管综布置-整合剖面"图纸。

进入"负一层（-5.700m）"平面视图，选择功能区"系统＞ 管道"命令，在属性框内选择"消防管"管道类型，在系统类型处选择"自动喷淋系统"，并设置要绘制的管道参数如图 6-100 所示。

参照 CAD 底图，在绘图区依次点击绘制自动喷淋管道的主管和支管，未标明标高的管线贴梁底放置，支管避让其他专业的管道模型。

要放置所需的阀门，选择功能区"系统＞ 管路附件"命令，在属性框类型下拉栏中选择所需要的阀门族，如信号闸阀，湿式报警器，水流指示器等，阀门尺寸需与管道尺寸相同，在绘图区点击放置在管道上。

自动喷淋管道的立管位置如图 6-101 所示，可根据自动喷淋系统图（图 6-102）确定喷淋立管方向。

绘制自动喷淋管道的立管时，可绘制剖面辅助建模（图 6-103），转到剖面视图，绘制一根通高的立管，如图 6-104 所示。

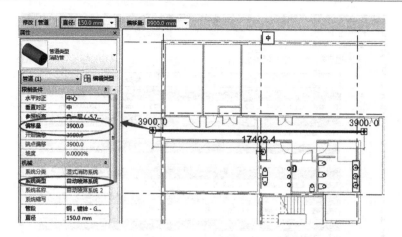

图 6-100　自动喷淋管道属性设置

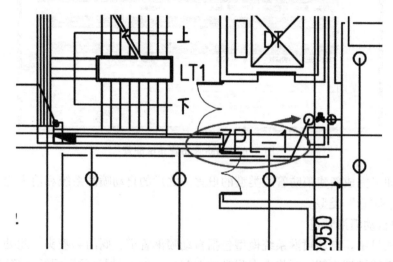

图 6-101　CAD 图中喷淋立管位置

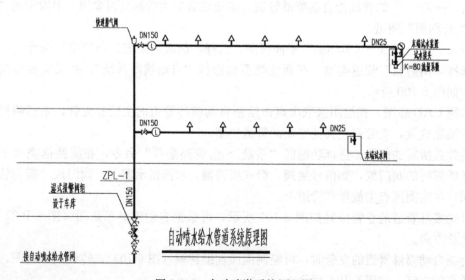

图 6-102　自动喷淋系统原理图

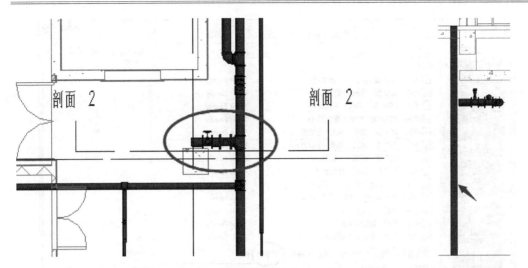

图 6-103　创建剖面辅助立管建模　　　　图 6-104　在剖面绘制立管

在平面视图里，如图 6-105 所示将立管的平面位置移动到横管中心，并且连接起来。完成后可得到自动喷淋管道模型如图 6-106 所示。

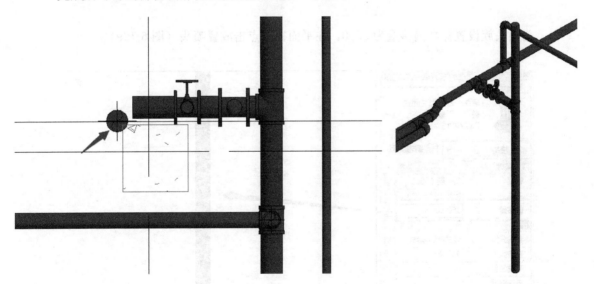

图 6-105　在平面调整立管位置　　　　　图 6-106　完成的自动喷淋管道

6）放置喷头

喷头在 Revit 中是可载入族，可用专门的喷头命令放置。

选择功能区在"系统＞喷头"命令，提示载入喷头族，点击"是"（图 6-107），在软件自带的族库目录"消防＼给水和灭火＼喷头"下，找到如图 6-108 所示的喷头族，点击"打开"即可将喷头族载入到项目中。

图 6-107　载入喷头族

207

图 6-108　选择喷头族

为喷头族设置标高偏移量为 3500，在平面视图点击放置喷头（图 6-109）。

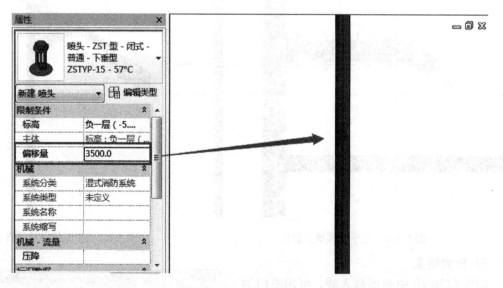

图 6-109　放置喷头

转到三维视图，可见平面放置的喷头未与自动喷淋支管连接，如图 6-110 所示。

选中喷头，选择功能区"修改/喷头"选项卡下"连接到"命令（图 6-111），再选择自动喷淋支管，完成连接后如图 6-112 所示。

上述操作适用于管道中部的喷头连接。对于管道尾端的喷头，可在平面视图，将管道尾端拖拽至喷头的中心进行连接。如图 6-113 所示。

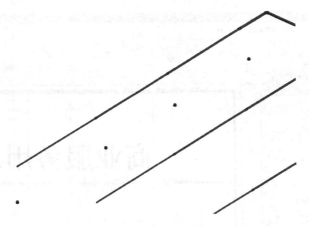

图 6-110　喷淋支管与喷头未连接

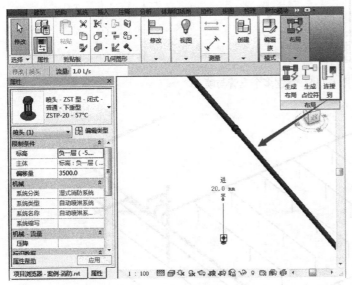

图 6-111　管道"连接到"命令

图 6-112　连接喷头和喷淋支管

完成该段喷头连接后，相似的支管部分可使用 "复制" 编辑命令并且勾选上 "多个" 进行复制，如图 6-114 所示。

根据上述方法，完成自动喷淋系统的建模，转到三维视图下查看，如图 6-115 所示。

6.1.5　消火栓

在本案例项目中，消火栓系统和自动喷淋系统共同建在消防模型文件中，模型内容包括管道、阀门和消火栓箱。

1）创建消火栓管道

同样，根据之前链接的 CAD 图 "负一层消防" 图

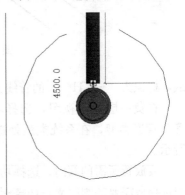

图 6-113　管道尾端的
喷头与喷淋支管连接

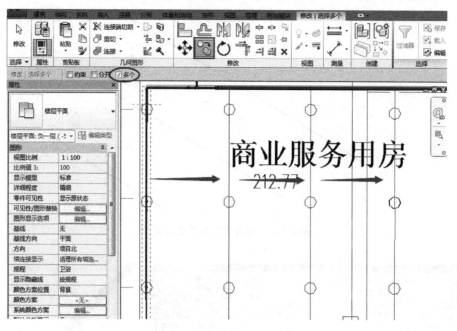

图 6-114　复制多个支管与喷头

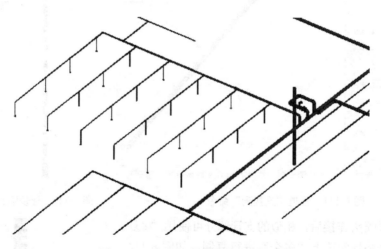

图 6-115　完成的自动喷淋系统模型

纸，标识为"---XH---"的管线为消火栓系统管道。

在负一层平面视图，选择功能区"系统＞ 管道"命令，在属性框内选择"消防管"管道类型，在系统类型处选择"消火栓系统"，并设置要绘制的管道参数如图 6-116 所示。

要放置所需的阀门，选择功能区"系统＞ 管路附件"命令，在属性框类型下拉栏中选择所需要的阀门族，如蝶阀，阀门尺寸需与管道尺寸相同，在绘图区点击放置在管道上。如图 6-117 所示。

根据图纸要求绘制消火栓管道模型如图 6-118 所示。

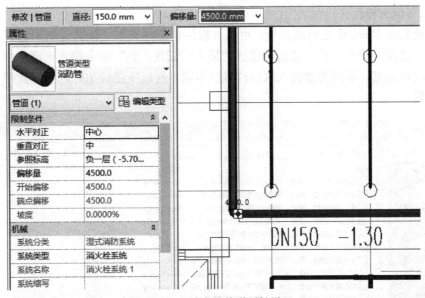

图 6-116　消火栓管道属性设置

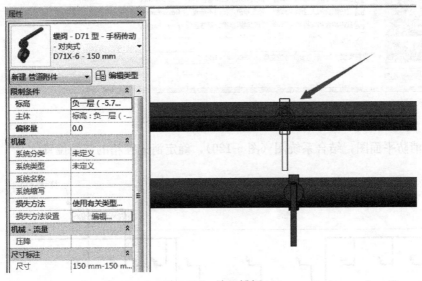

图 6-117　放置蝶阀

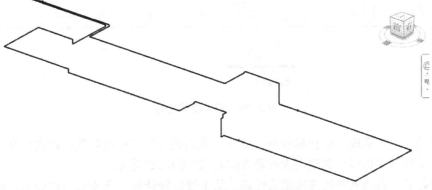

图 6-118　完成的消火栓管道

2) 放置消火栓箱

消火栓箱在 Revit 中是可载入族，可以从软件自带的族库"消防＼给水和灭火＼消火栓"目录下选择（图 6-119），通过功能区"插入＞ 载入族"命令载入到项目中。消火栓箱族包括很多类型，不同类型的入水口位置也不同，所以连接管道时，需注意消火栓箱的入水口位置。

图 6-119　消火栓箱族

根据消防平面图，结合系统图（图 6-120），确定消火栓箱的空间位置。

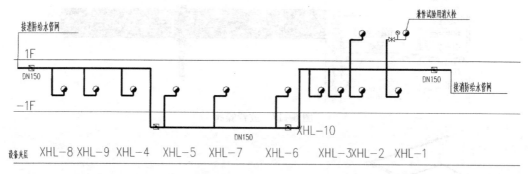

图 6-120　消火栓系统图

选择功能区"系统＞ 机械设备"命令，找到载入的消火栓箱族，设置标高，在平面图中点击放置（空格键可调整消火栓箱方向）。如图 6-121 所示。

放置好后，再绘制管线连接消火栓箱。从主管位置绘制一条支管（DN65），通向消火

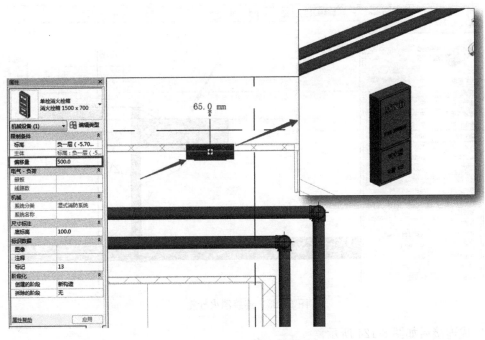

图 6-121 放置消火栓箱族

栓箱，在消火栓箱旁的立管位置处向下绘制出立管。如图 6-122 所示。

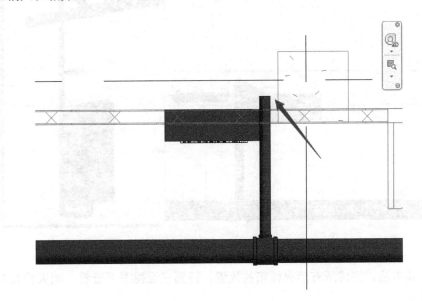

图 6-122 绘制消火栓支管

该消火栓箱的入水口在箱底部位置，所以需将立管从底部接入到消火栓箱。在立管位置右键继续绘制管道，输入偏移量为 400（消火栓箱偏移量为 500），连接到消火栓箱中心即可。如图 6-123 所示。

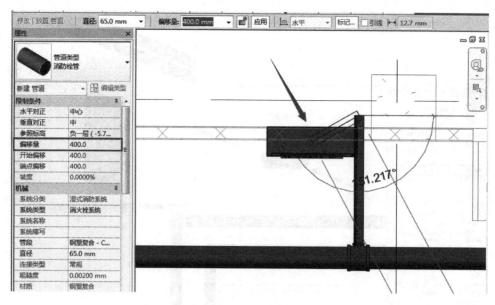

图 6-123　连接消火栓箱

完成连接后如图 6-124 所示。

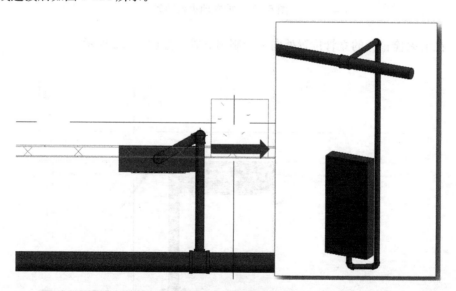

图 6-124　完成连接的消火栓箱

根据上述方法，完成所有消火栓箱的放置，转到三维视图下查看，消火栓系统模型如图 6-125 所示。

6.1.6　统计明细表

当有了给排水模型或消防模型后，可使用明细表功能统计管线或设备的数量，此处我们以统计给水排水各系统的管道和管件为例。

打开给水排水模型文件，选择功能区"视图＞明细表"下拉框中的"明细表/数量"，在弹出的"新建明细表"对话框中，在"类别"栏列表里选择"管道"，右边名称为

"管道明细表"，如图 6-126 所示。

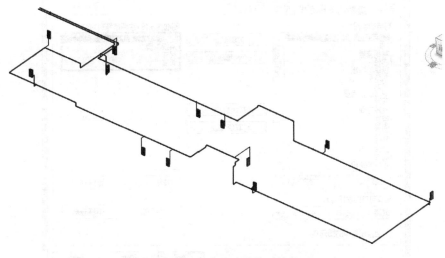

图 6-125　完成的消火栓系统模型

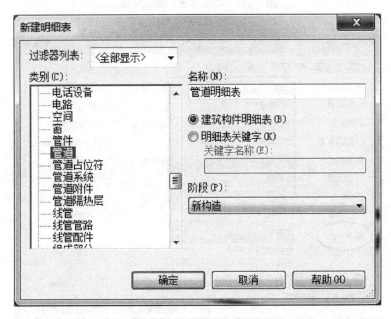

图 6-126　新建管道明细表

　　在"明细表属性"对话框，从"可用的字段"列表中选择"类型"、"系统类型"、"尺寸"、"长度"（按住键盘"Ctrl"加选），添加到"明细表字段"列表中，通过"上移"、"下移"按钮调整各字段顺序，如图 6-127 所示。

　　在"排序/成组"标签栏，设置排序方式如图 6-128 所示，使明细表分别按照"类型"、"系统类型"、"尺寸"依次排列。勾选"总计"，选择"标题、合计和总数"，取消勾选"逐项列举每个实例"。

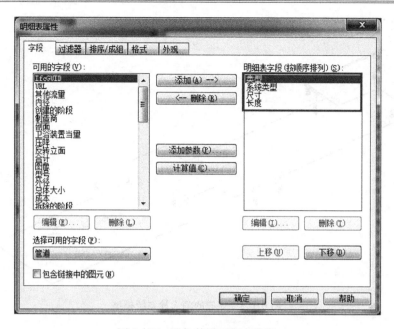

图 6-127　添加管道明细表字段

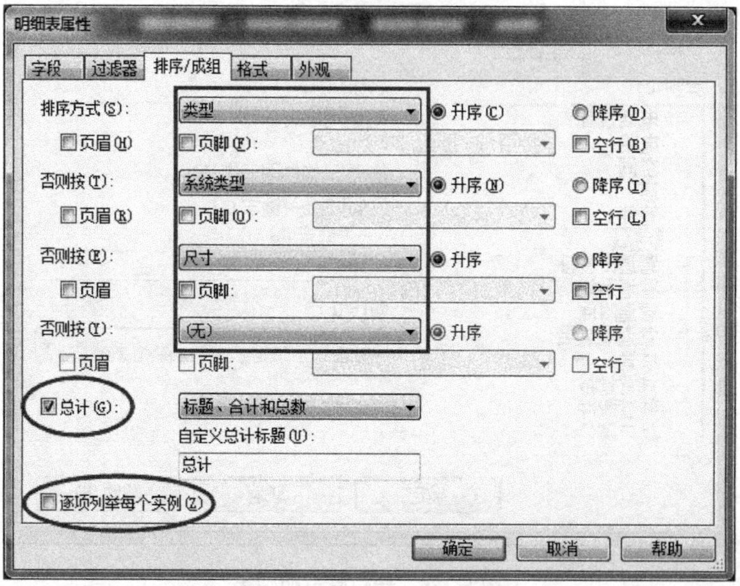

图 6-128　管道明细表"排序/成组"设置

　　在"格式"标签栏，选中"长度"字段，勾选"计算总数"，让其统计长度的总数，如图 6-129 所示。

　　确定完成后，生成的明细表如图 6-130 所示。

　　在 Revit 中，明细表和模型是相互关联的，模型修改了，明细表会自动更新，在明细表中也可以查看每个构件在模型中的位置。点选明细表中的任一项，选择功能区"修改明细表/数量"的"在模型中高亮显示图元"命令，则系统会跳转到显示该构件的视图，点击"显示"按钮，可切换不同视图显示，如图 6-131 所示。

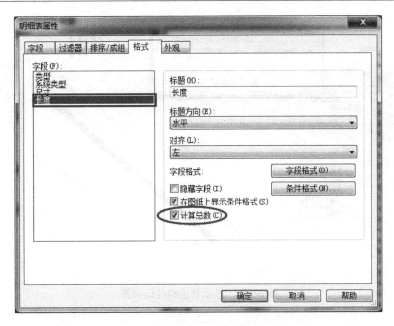

图 6-129　管道明细表"格式"设置

	\<管道明细表\>		
A	**B**	**C**	**D**
类型	**系统类型**	**尺寸**	**长度**
动力排水管	污废水排水系统	100 mm	27232
污废水管	污废水排水系统	32 mm	4140
污废水管	污废水排水系统	40 mm	12690
污废水管	污废水排水系统	65 mm	77631
污废水管	污废水排水系统	100 mm	54768
污废水管	污废水排水系统	200 mm	20464
溢流管	污废水排水系统	100 mm	47004
热水管	热回水	40 mm	80466
热水管	热给水	15 mm	16709
热水管	热给水	20 mm	10259
热水管	热给水	50 mm	78488
热水管	热给水	65 mm	500
给水管	中水系统	15 mm	4196
给水管	中水系统	25 mm	11140
给水管	中水系统	40 mm	21495
给水管	中水系统	50 mm	94492
给水管	中水系统	65 mm	10737
给水管	中水系统	100 mm	3408
给水管	给水系统	15 mm	20067
给水管	给水系统	25 mm	6889
给水管	给水系统	32 mm	3782
给水管	给水系统	50 mm	46590
给水管	给水系统	65 mm	65236
给水管	给水系统	80 mm	95871
给水管	给水系统	100 mm	7299
给水管	给水系统	150 mm	13795
通气管	通气管	50 mm	16554
雨水管	雨水系统	80 mm	15353
总计: 441			869247

图 6-130　生成的管道明细表

　　在 Revit 中，除了管道，所有的管件也可以被统计。在"字段"列表中选择需要统计的管件参数信息（图 6-132）。

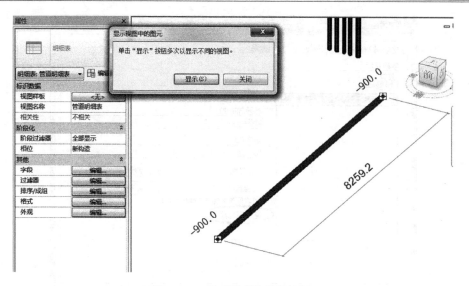

图 6-131　显示管道构件的视图

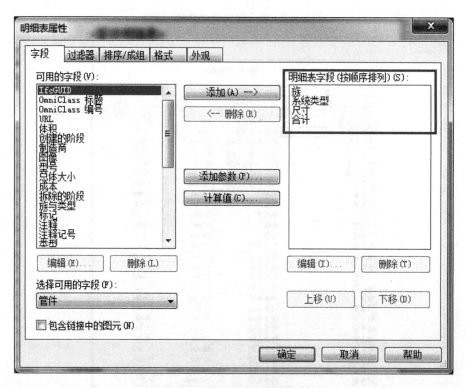

图 6-132　添加管件明细表字段

在"排序/成组"标签页设置排列方式如图 6-133 所示。

可以得到如图 6-134 所示的管件明细表。

明细表可以导出成常用的 Excel 表格，导出方法详见 4.13.3 的内容。

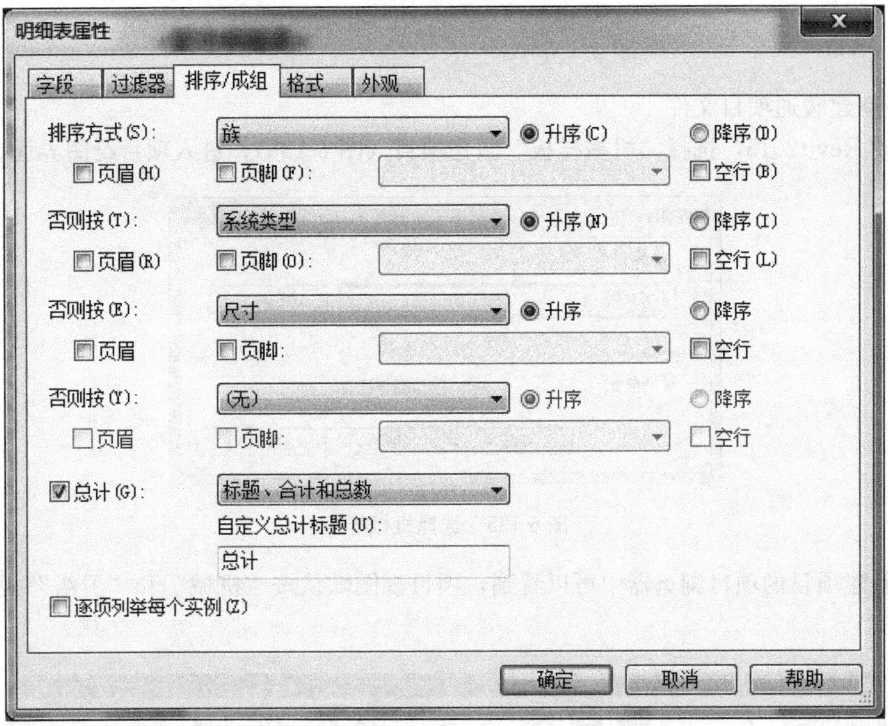

图 6-133　管件明细表“排序/成组”设置

<管件明细表>

A	B	C	D
族	系统类型	尺寸	合计
变径三通 - 螺纹 - 可锻铸铁 - 150 磅级	中水系统	25 mm-25 mm-25 mm	2
变径三通 - 螺纹 - 可锻铸铁 - 150 磅级	中水系统	40 mm-40 mm-15 mm	1
变径三通 - 螺纹 - 可锻铸铁 - 150 磅级	中水系统	40 mm-40 mm-40 mm	6
变径三通 - 螺纹 - 可锻铸铁 - 150 磅级	中水系统	50 mm-50 mm-25 mm	1
变径三通 - 螺纹 - 可锻铸铁 - 150 磅级	中水系统	50 mm-50 mm-50 mm	3
变径三通 - 螺纹 - 可锻铸铁 - 150 磅级	中水系统	100 mm-100 mm-65 mm	1
变径三通 - 螺纹 - 可锻铸铁 - 150 磅级	热回水	40 mm-40 mm-40 mm	1
变径三通 - 螺纹 - 可锻铸铁 - 150 磅级	热给水	20 mm-15 mm-15 mm	1
变径三通 - 螺纹 - 可锻铸铁 - 150 磅级	热给水	20 mm-20 mm-15 mm	1
变径三通 - 螺纹 - 可锻铸铁 - 150 磅级	热给水	20 mm-20 mm-20 mm	1
变径三通 - 螺纹 - 可锻铸铁 - 150 磅级	热给水	50 mm-50 mm-20 mm	1
变径三通 - 螺纹 - 可锻铸铁 - 150 磅级	热给水	50 mm-50 mm-50 mm	1
变径三通 - 螺纹 - 可锻铸铁 - 150 磅级	给水系统	25 mm-15 mm-15 mm	1
变径三通 - 螺纹 - 可锻铸铁 - 150 磅级	给水系统	25 mm-25 mm-15 mm	1
变径三通 - 螺纹 - 可锻铸铁 - 150 磅级	给水系统	32 mm-25 mm-15 mm	1
变径三通 - 螺纹 - 可锻铸铁 - 150 磅级	给水系统	32 mm-32 mm-15 mm	1
变径三通 - 螺纹 - 可锻铸铁 - 150 磅级	给水系统	50 mm-50 mm-50 mm	11
变径三通 - 螺纹 - 可锻铸铁 - 150 磅级	给水系统	65 mm-50 mm-50 mm	3

图 6-134　生成的管件明细表

6.2　暖通空调专业模型创建

本书案例项目中，暖通空调专业不细分文件，统一创建“暖通”模型文件，设置的系统包括有属于风管的排烟、排风、送风、回风、新风系统和属于空调水的冷凝水系统。

6.2.1 风管

1）新建暖通项目文件

启动 Revit2015，选择"机械样板"新建项目（图 6-135），进入项目绘图界面。

图 6-135 选择机械样板

在新建项目的项目浏览器中可以看到，项目视图默认按"机械"和"卫浴"规程排布（图 6-136）。

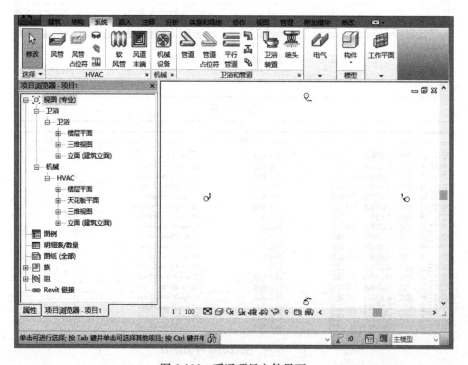

图 6-136 暖通项目文件界面

与给水排水专业一样，将 Revit 的建筑结构模型链接到项目中，设置项目标高和平面视图如图 6-137 所示。

2）新建暖通系统

在 Revit 中暖通专业要用到"风管"和"管道"两种系统的管线，风管属于"风管系统"，而空调水要归类到"管道系统"中。

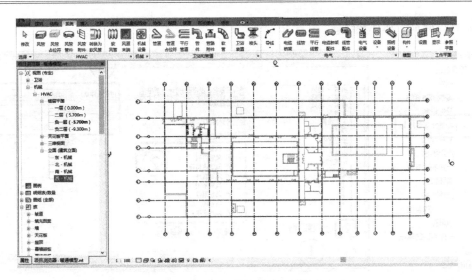

图 6-137 设置暖通项目文件标高

在项目浏览器中，打开"族"下拉列表，在"风管系统"下列出的是软件自带的系统，根据案例项目的要求，复制新建"排烟"和"新风"两个系统。如图 6-138 所示。

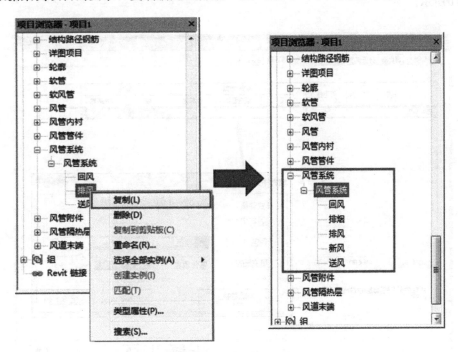

图 6-138 新建风管系统

本案例项目中，空调水不再细分系统，在"管道系统"下拉列表中，复制新建"冷凝水系统"即可。如图 6-139 所示。

3）过滤器设置

与给水排水文件一样，为暖通专业的各系统管线设置过滤器，通过颜色予以区分。

在视图"可见性/图形替换"的"过滤器"标签栏，打开过滤器设置框，如图 6-140

所示设置过滤器"送风系统"。

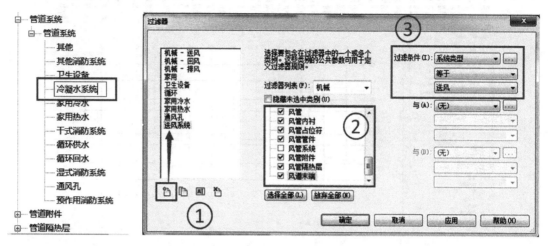

图 6-139　新建冷凝水系统　　　　　　　　图 6-140　设置"送风系统"过滤器

在"过滤器"标签栏，添加过滤器"送风系统"，并设置该过滤器的视图颜色如图 6-141 所示。

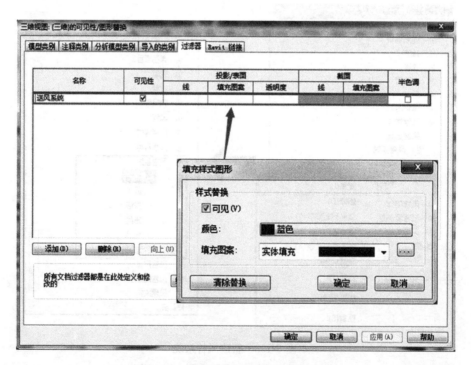

图 6-141　设置"送风系统"过滤器颜色

同样方式设置其他系统类型的过滤器，完成后如图 6-142 所示。

如果要在其他视图中应用过滤器，可参考 6.1.1 所讲的"视图样板"的功能，将过滤器传递到其他视图。

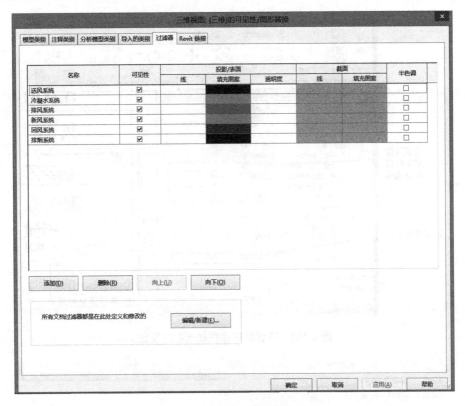

图 6-142　暖通模型的视图过滤器

4）创建风管

此处以创建负一层风管为例，可将本书附带的 CAD 图"地下一层通风防排烟平面图.dwg"链接进来，作为参照。首先，我们绘制 600×600，管顶标高为－2.200m 的新风风管。

进入"负一层（－5.700m）"平面视图，选择功能区"系统＞风管"命令（图 6-143），风管的属性框和选项框的参数设置如图 6-144 所示。

本案例项目采用默认的风管类型，在其属性框类型下拉栏中选择"矩形风管"的"半径弯头/T 形三通"类型，但在选项栏的尺寸设置框中没有"600"的尺寸，因此要另外添加。

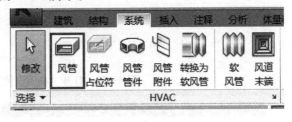

图 6-143　"风管"命令

打开风管的类型属性栏，点击"布管系统配置"后的"编辑"按钮，在其对话框中，点击"风管尺寸"（图 6-145），打开"机械设置"对话框。

或者，选择功能区"管理＞MEP 设置＞机械设置"（图 6-146），同样可以打开"机械设置"对话框。

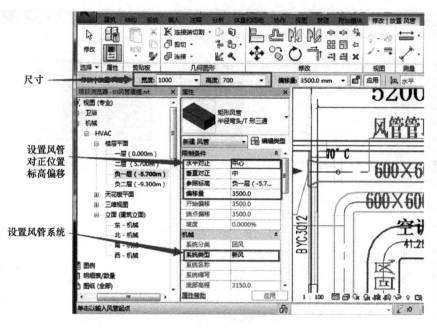

图 6-144　风管的属性栏和选项栏设置

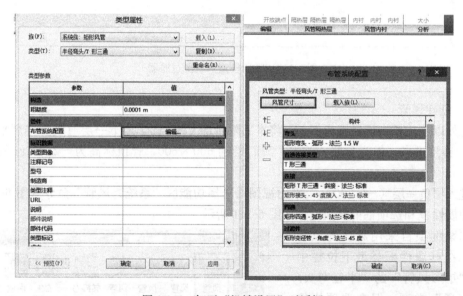

图 6-145　打开"机械设置"对话框

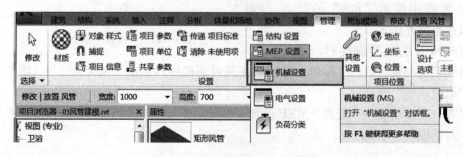

图 6-146　"机械设置"命令

在"机械设置"对话框，选择"风管设置"下的"矩形"，单击"新建尺寸"，添加"600"的尺寸。如图 6-147 所示。

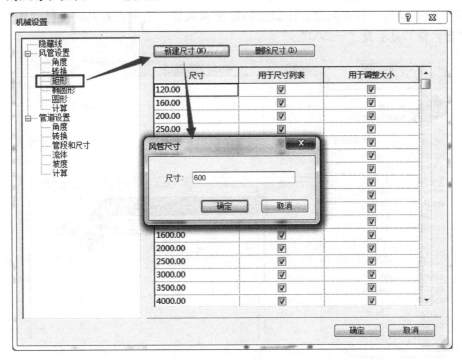

图 6-147 新建风管尺寸

完成后，风管的选项栏就会出现"600"的尺寸了。如图 6-148 所示，设置风管系统类型为"新风"，并设置风管的放置高度。

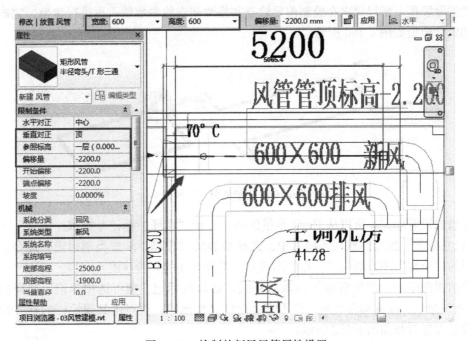

图 6-148 绘制的新风风管属性设置

一般暖通设计管线都以管顶标高为基准，所以此处将"垂直对正"设为顶对齐，"偏移量"设为相对于一层标高的顶部偏移值"－2200"。但要注意的是，管道绘制完成后，"偏移量"会自动显示管中高度。比如绘制好新风风管，选中查看其属性栏（图 6-149），其中"偏移量"显示为"－2500"。

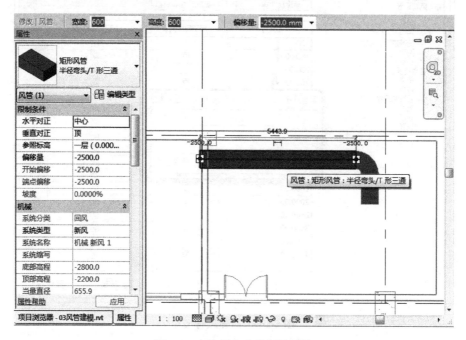

图 6-149　绘制完成的新风风管

依次用以上方法绘制其余风管，注意每次风管绘制都会延续采用上次绘制时属性栏和选项栏的设置值，所以每次在绘制前要检查并修改相应的参数值，再进行建模。完成的负一层的风管模型如图 6-150 所示。

图 6-150　完成的负一层风管

要添加风管标记，可以从 Revit 自带的族库目录"注释＼标记＼机械＼风管"下选择"风管尺寸标记"族文件载入到项目中。选择功能区"注释＞按类别标记"命令，将选项栏里的"引线"项取消勾选，在绘图区点击需要标注的风管（图 6-151）。

目前视图中添加的风管标记为默认样式，要修改标记，则可选中标记，选择功能区"编辑族"命令，在族编辑界面，将不需要的标高线删除，再点击其属性栏的标签编辑按钮，设置标签参数如图 6-152 所示。

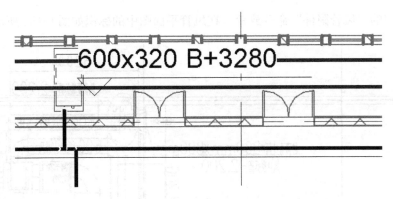

图 6-151　放置风管标记

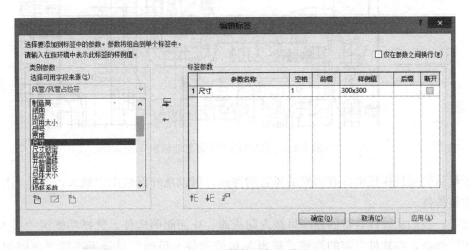

图 6-152　风管标记标签设置

然后在其类型属性中将其"文字大小"改为"2mm"，之后载入到项目中如图 6-153 所示。

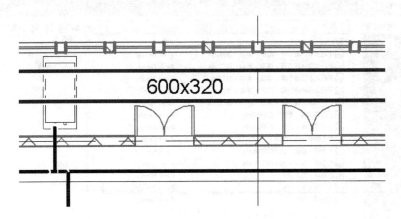

图 6-153　修改后的风管标记

5）放置风管附件

在 Revit 中，风管附件是可载入族，包括风阀、防火阀、消声器、止回阀等多种类型，可用专门的"风管附件"命令放置，在风管平面图中的标识如图 6-154 所示。

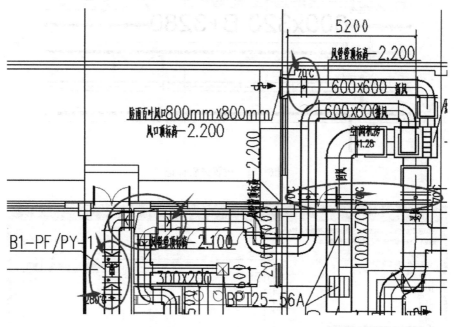

图 6-154　CAD 图中风管附件标识

　　若默认的项目样板中没有需要的风管附件族，可以从外部族库中载入，或是利用族样板新建族构件。

　　此处，我们从软件自带的族库里载入防火阀、止回阀等构件。选择功能区"插入＞<img>载入族"命令，在软件自带的族库"机电＼风管附件＼风阀"目录下选择"止回阀-矩形.rfa"族文件（图 6-155），在"消防＼防排烟＼风阀"目录下选择两个"防火阀"族文件（图 6-156），载入到项目中来。

图 6-155　选择止回阀载入

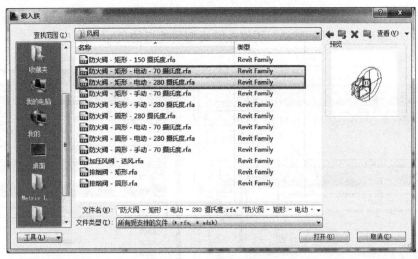

图 6-156　选择防火阀载入

选择功能区"系统＞风管附件"命令，选择载入的防火阀，再点击要放置的风管，防火阀会自动适应风管的尺寸（图 6-157），注意选择对应温度的阀门，并设置正确的放置高度。

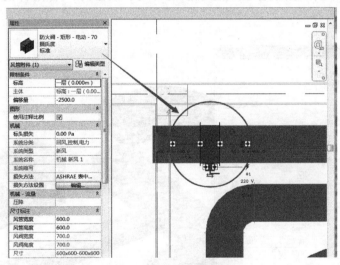

图 6-157　放置防火阀

同样，用"风管附件"命令放置止回阀。与防火阀不同的是，止回阀在放置时要选择对应风管的尺寸，如图 6-158 所示。

图 6-158　止回阀类型

如果没有对应的尺寸，可复制新建一个类型。比如在其类型属性框，点击"复制"，重命名为"600×600"（图 6-159），再修改其类型属性里的尺寸（图 6-160）。

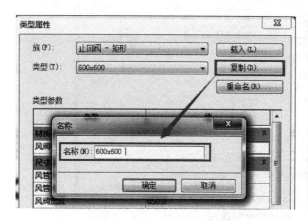
图 6-159　新建止回阀类型

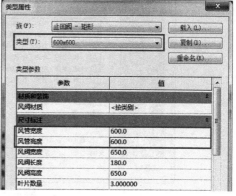
图 6-160　设置止回阀尺寸

新建完成后，按照图纸标识的位置放置即可。放置好风管附件的模型如图 6-161 所示。

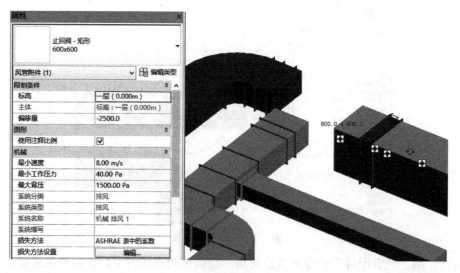
图 6-161　放置止回阀

6）放置风道末端

在 Revit 中，风道末端是可载入族，包括风口、格栅和散流器等风管末端设备，可用专门的"风道末端"命令放置。不同类型的风道末端族都有不一样的功能、形状和连接方式。若默认的项目样板中没有需要的风道末端族，可以从外部族库中载入，或是利用族样板新建族构件。

首先我们放置负一层游泳池位置的风管上侧装的双层百叶风口。选择功能区"插入＞载入族"命令，在软件自带的族库"机电＼风管附件＼风口"目录下选择合适的族文件（图 6-162）。

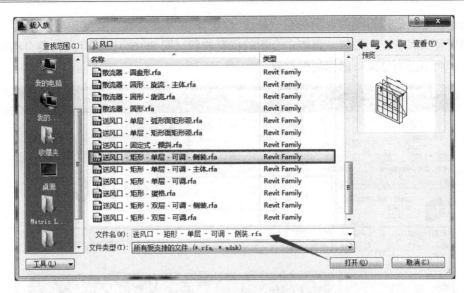

图 6-162　选择风口载入

　　选择功能区"系统＞▥风道末端"命令，找到载入的送风口族，按照图纸标识的尺寸，复制新建一个"600×300"的新类型，在其类型属性栏中设置如图 6-163 所示。

图 6-163　设置风口尺寸

选择新建的送风口类型，激活在"修改/放置风道末端装置"功能选项卡中的"风管末端安装到风管上"按钮，再点击合适的位置放置（图 6-164）。这样风口会自动附着在风管上，而不必调整风口的标高偏移量。

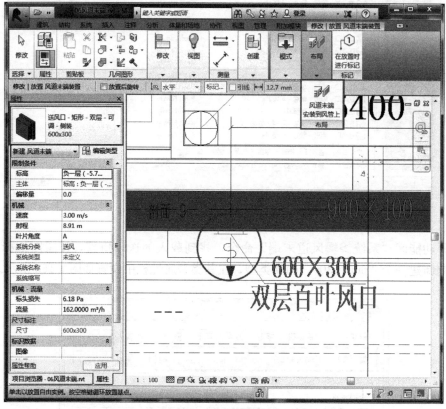

图 6-164　放置送风口

放置好后的模型如图 6-165 所示。

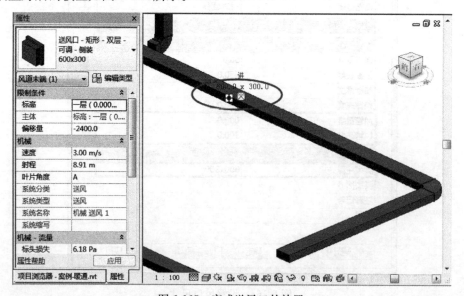

图 6-165　完成送风口的放置

接下来，我们放置内庭院走道位置的风管上的单层百叶风口。在软件自带的族库"机电\风管附件\风口"目录下找到"散流器-矩形"，载入到项目中。复制新建一个尺寸为"700×400"的散流器类型。

放置时，取消选择功能区"风道末端安装到风管上"按钮，在其属性栏输入偏移量"3000"（图 6-166），然后在绘图区点击风管中心位置放置，放置好后如图 6-167 所示。

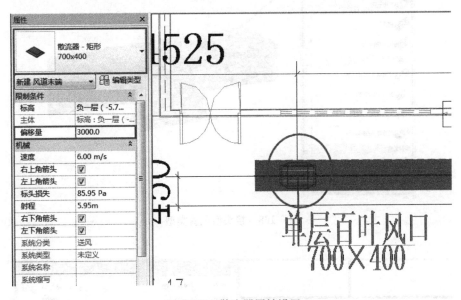

图 6-166　散流器属性设置

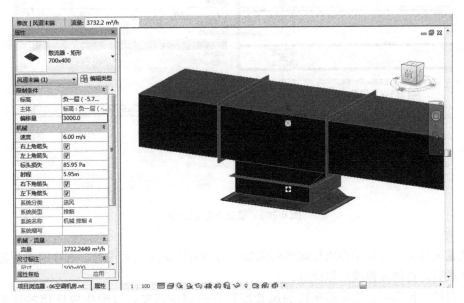

图 6-167　放置散流器

如生成的是三通连接，则将该风管修改成接头形式的类型即可（图 6-168）。

要添加散流器标记，可以选择功能区"注释>①按类别标记"命令，在绘图区点击需要标注的散流器。由于默认标注的是尺寸及其族"说明"参数中的内容，所以可以修改散流器类型属性里的"说明"项内容，如图 6-169 所示。

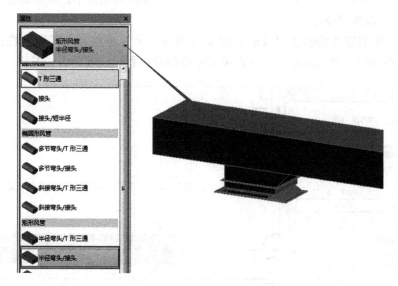

图 6-168　接头型风管类型

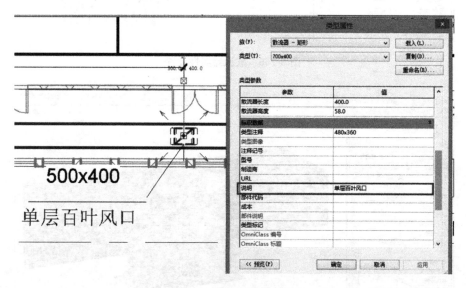

图 6-169　散流器标记设置

　　放置风口时，特别是在风管尾部的风口，切勿离风管尾端太接近，可在距离尾部一些距离生成后，再将其拖拽至原位置。

　　设置风口标高时，注意跟连接的风管底部有一定的高差，以便生成连接的接头和风管，否则会出现如图 6-170 所示的错误提示框。

　　运用上述方法完成风管附件和风道末端的放置，转到三维视图，查看效果如图 6-171 所示。

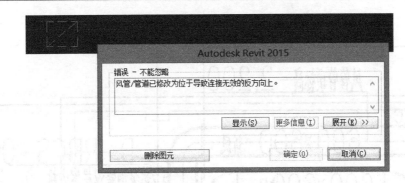

图 6-170　放置风口时的错误提示框

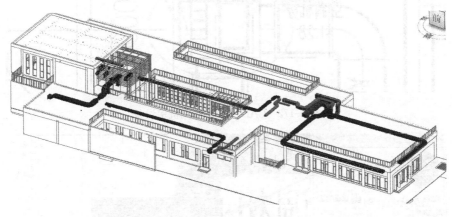

图 6-171　风管完成效果

6.2.2　暖通设备

在 Revit 中，暖通专业的各类风机、空调机组等专用设备都是可载入族，可以从外部族库中选择合适的族文件，载入到项目中使用，也可以基于"公制机械设备. rft"族样板定制。Revit 提供了专门的"机械设备"命令用于放置暖通设备。本节将讲解如何放置各种不同种类的暖通设备。

1）放置空调机房设备

一般位于空调机房的都是一些大型设备，如本案例项目空调机房中的"热泵型除湿机室内机"（图 6-172）。该设备的族文件可在本书附带的族库中找到，再用功能区"插入＞载入族"命令载入到项目中。

载入后，选择功能区"系统＞机械设备"命令，在类型下拉栏中就出现了"热泵型除湿机室内机"，选择类型"AWV4000"，在绘图区点击放置在合适的位置（图 6-173）。

接着按设计要求将各系统风管连接到设备的相应位置上，其中送风管、回风管、新风管接入到设备的侧方的底部位置，排风管则从上方接入。

此处以回风风管为例，首先将两端不同高度的回风风管绘制出来（图 6-174）。

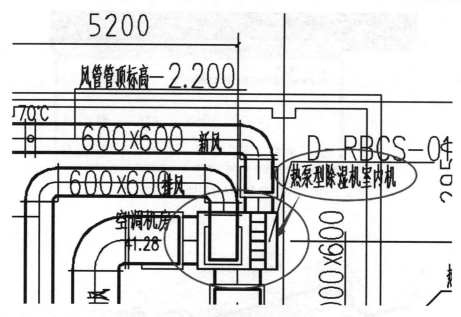

图 6-172　CAD 图中的空调机房设备

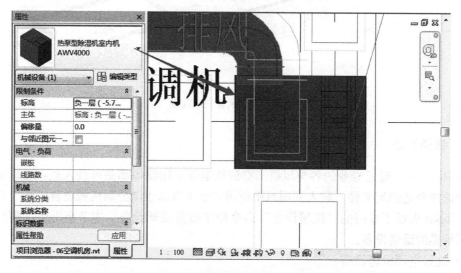

图 6-173　放置空调机房设备

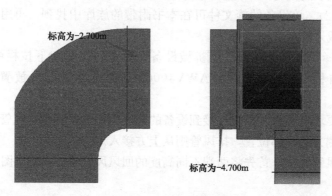

图 6-174　绘制连接横管

然后再创建一个剖面，到剖面视图中绘制立管（图 6-175），将两段横管连接起来，如图 6-176 所示。

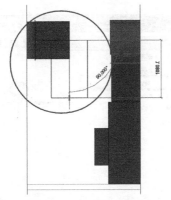

图 6-175　绘制连接立管

图 6-176　连接风管与设备

注意在生成立管时，横风管需预留位置生成弯头，或者将风管的弯头配件的弧度调小，如图 6-177 所示，否则有可能出现无法生成的错误。

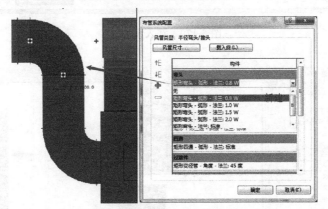

图 6-177　修改风管弯头类型

最后，完成各系统风管与设备的连接如图 6-178 所示。

2）放置风机

在本项目案例中，有排风机、送风机、排烟风机等多种类型的风机设备，此处我们以放置编号为"B1-PF/PY-1"的消防排烟风机为例。

选择功能区"插入＞载入族"命令，在软件自带的族库"消防＼防排烟＼风机"目录下，选择"排烟风机-离心式-消防．rfa"族文件（图 6-179），载入到项目中。

用功能区"系统＞机械设备"命令就可以放置载入的风机族，但在放置

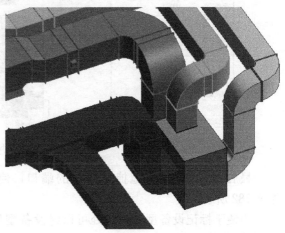

图 6-178　完成风管与设备的连接

风机之前，要将放置位置处的风管断开，然后在平面视图将风机中心对齐风管中心（图 6-180），再到立面或剖面中调整风机的中心标高与风管的标高一致（图 6-181）。

图 6-179　载入风机族

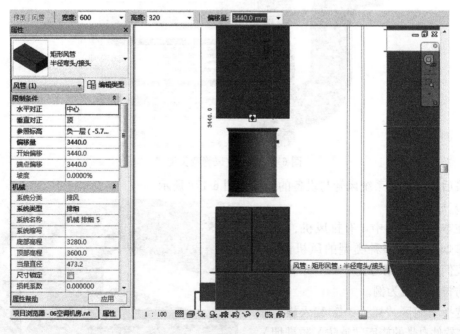

图 6-180　风机与风管平面对齐

　　最后将两端的风管拖拽至风机的端口，使其连接起来，即可完成风机的放置，如图 6-182 所示。

　　为便于标记设备型号，此处可以将设备型号，如"B1-PF/PY-1"输入到设备属性栏"型号"参数一项。

　　在添加设备标记时，选择功能区"注释>[①]按类别标记"命令，在绘图区点击需要标注的设备，标记如图 6-183 所示。

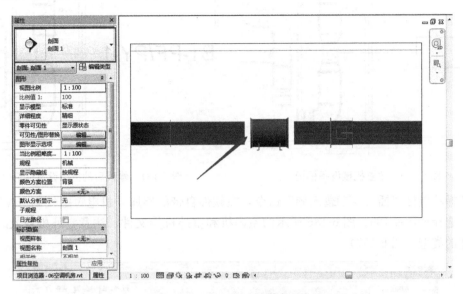

图 6-181　风机与风管标高对齐

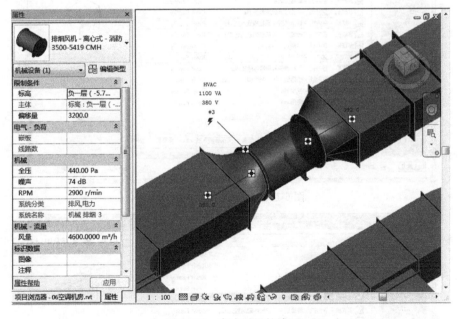

图 6-182　完成风机的放置

选中标记，在其属性栏类型下拉栏中选择"机械设备-标准"类型。然后选择功能区"编辑族"命令，在族编辑界面，将标签参数改为"型号"。修改完成后，载入到项目中即可显示如图 6-184 所示的标记。

3）放置空调机组

空调机组的位置可查看暖通图纸里的"地下一层空调平面图. dwg"，具体的机组类型可参考暖通图纸中的设备表。

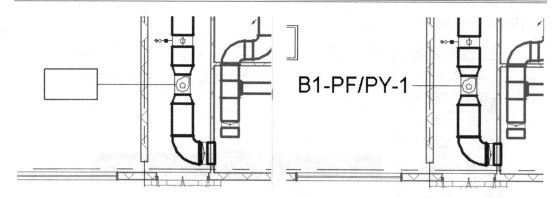

<table>
<tr><td>图 6-183　放置机械设备标记</td><td>图 6-184　修改后的机械设备标记</td></tr>
</table>

选择功能区"插入＞载入族"命令，在软件自带的族库"机电 \ 空气调节 \ VRF" 目录下选择如图 6-185、图 6-186 所示的室内机和室外机族文件，注意室外机载入时要选择合适的类型（图 6-187）。

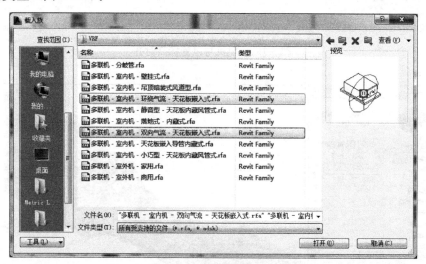

图 6-185　载入空调室内机族

图 6-186　载入空调室外机族

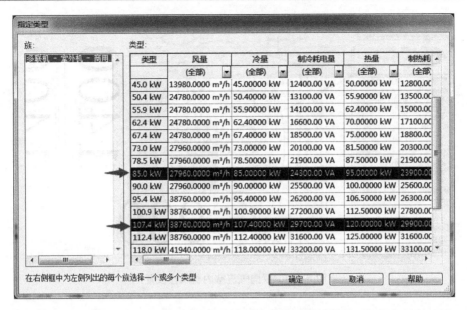

图 6-187　选择室外机族的类型

选择功能区"系统>机械设备"命令，分别放置各族构件，属性设置如图 6-188～图 6-190 所示。

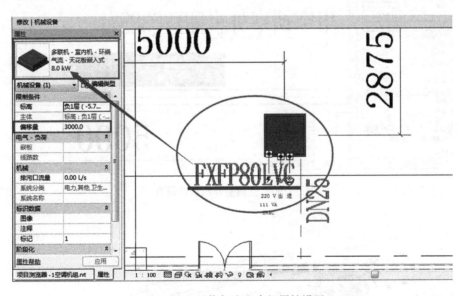

图 6-188　环绕气流室内机属性设置

运用上述方法完成空调设备的放置，转到三维视图，查看效果如图 6-191 所示。

6.2.3　空调水

在本案例项目中，空调水部分和风管、暖通设备共同建在暖通模型文件中，设置有冷凝水系统。在 Revit 中空调水管线要用"管道"命令来创建，本节首先新建冷凝水管类型，再创建案例项目的冷凝水管道。

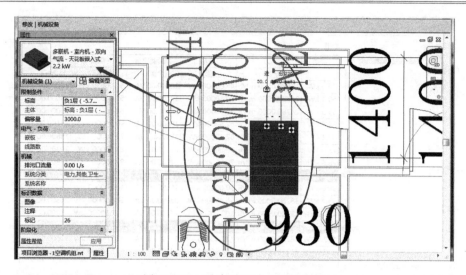

图 6-189　双向气流室内机属性设置

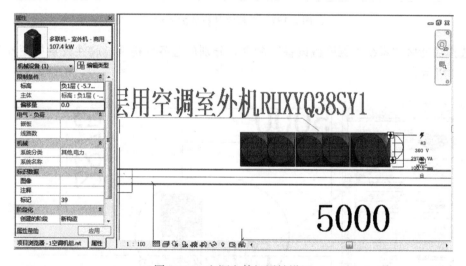

图 6-190　空调室外机属性设置

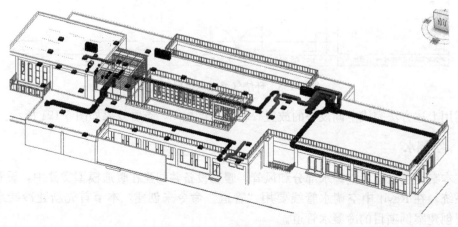

图 6-191　空调设备完成效果

1）新建管道类型

选择功能区"系统＞⬚管道"命令，在默认的"标准"管道类型的属性栏中，点击"编辑类型"，在弹出的类型属性框中，复制新建"冷凝水管"类型。再点击"布管系统配置"按钮，打开"布管系统配置"对话框，如图 6-192 所示。

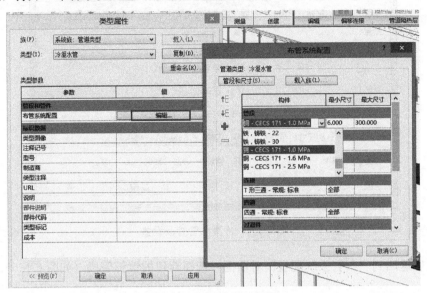

图 6-192　冷凝水管类型设置

在本案例项目中，冷凝水管的材质是镀锌钢管，但在管段下拉栏中没有该材质，所以此处需要新建。

点击"布管系统配置"对话框中的"管段和尺寸"按钮，打开"机械设置"对话框，在"管段"处，点击"新建"按钮新建管段和添加尺寸。如图 6-193 所示。

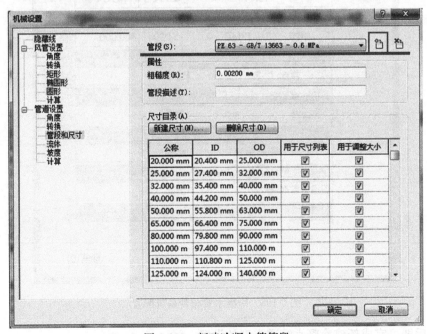

图 6-193　新建冷凝水管管段

在"新建管段"对话框中，选择"材质"新建方式。点击材质后的▭按钮，在弹出的材质库里找到"钢，镀锌"的材质，双击将其添加。设置好后如图 6-194 所示。

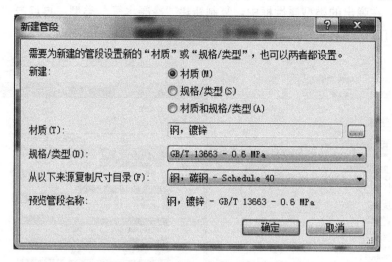

图 6-194　冷凝水管管段设置

确定后返回到"布管系统配置"对话框，选择新建的镀锌管段（如图 6-195）。

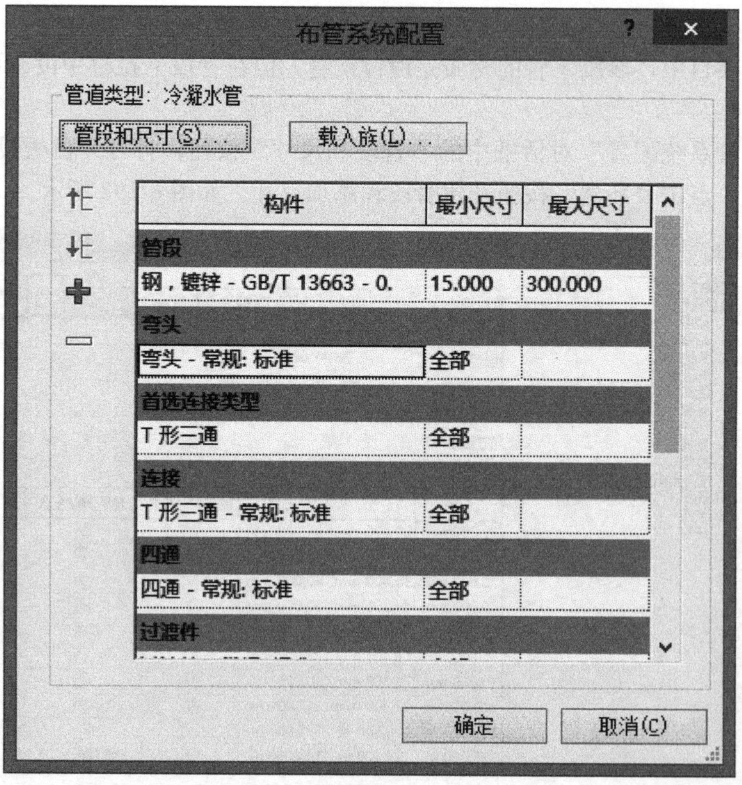

图 6-195　冷凝水管布管系统配置

确定后即可完成新建冷凝水管道类型的设置。

2）创建冷凝水管

此处以创建负一层冷凝水管为例，可将本书附带的 CAD 图"负一层空调"链接进来，作为参照。首先，我们绘制坡度为 0.3%，直径为 40mm 的主管。

进入"负一层（−5.700m）"平面视图，选择功能区"系统＞管道"，跳转到"修改/放置管道"选项卡（图 6-196），选择"向上坡度"，默认的坡度值中没有需要的坡度，所以需要新建。

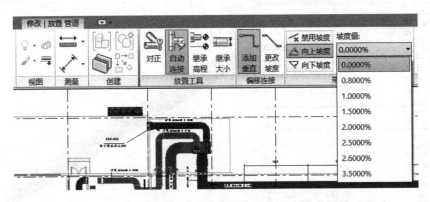

图 6-196　绘制冷凝水管

选择功能区"管理＞MEP 设置＞机械设置"，选择"管道设置"中的"坡度"项，点击"新建坡度"，输入新建坡度百分比值。如图 6-197 所示。

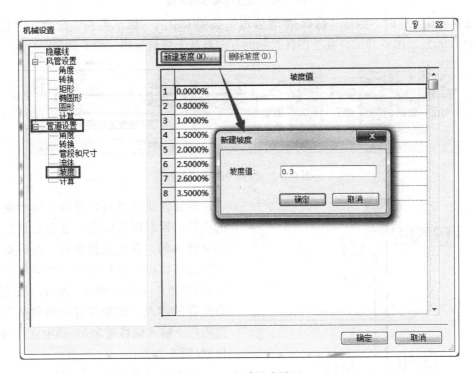

图 6-197　新建坡度设置

确定后，在坡度值下拉栏中就有"0.3000%"选项了。选择"向上坡度"，是指在鼠标绘制的路径方向上往上偏移，也就是说绘制的方向应从水流方向的反方向绘制，即从立管处绘制到机组处。

在"管道"命令的属性框下拉栏中选择"冷凝水管"类型，系统类型选择"冷凝水系统"。在选项栏设置管道的直径、标高和偏移量，在绘图区参照 CAD 底图绘制带坡度的管道，绘制完成后，可点击管道，查看管道两端的高度来检查管道坡度方向是否正确，如图 6-198 所示。

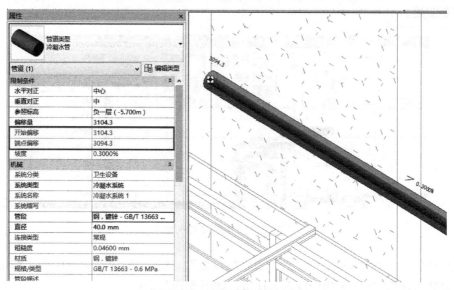

图 6-198　检查冷凝水管坡度

接着创建支管时，激活"修改/放置管道"选项卡中的"继承高程"命令，向上坡度值设为 1.00％（图 6-199）。在绘图区绘制的方向是从干管到机组（图 6-200）。

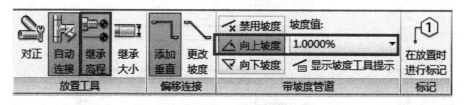

图 6-199　绘制冷凝水管支管

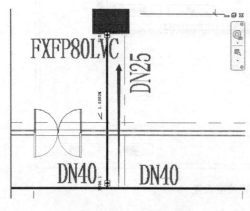

图 6-200　冷凝水管绘制方向

横管创建完成后，开始创建冷凝水管的立管。我们以流向负一层楼面地漏位置的立管为例。首先选择横管，在需要连接立管的端口点击鼠标右键，在菜单中选择"绘制管道"（图 6-201），表示以该端点作为立管的起点。在绘制管道的状态下，在选项栏上输入偏移量为 0，确定立管的终点位置（图 6-202）。

单击选项栏"应用"按钮，则立管生成，如图 6-203 所示。

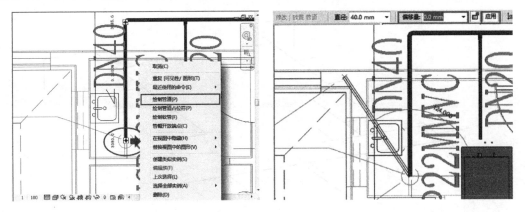

图 6-201　右键菜单绘制冷凝水立管　　　　图 6-202　冷凝水立管选项栏设置

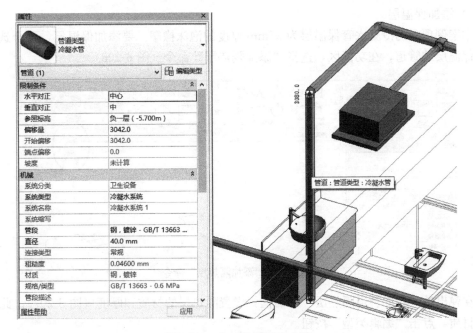

图 6-203　生成的冷凝水立管

要修改管道的端点偏移量，可以直接单击偏移量数值，在出现的修改框内输入新的数值，如图 6-204 所示。

图 6-204　修改管道端点偏移量

运用上述方法完成冷凝水管的创建，模型如图 6-205 所示。

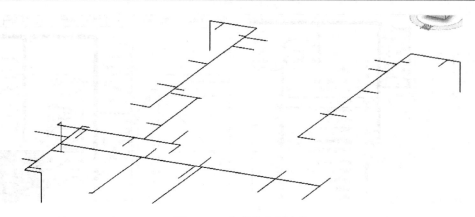

图 6-205　完成的冷凝水管

3）添加保温层

本案例项目的冷凝水管保温层为 35mm 厚度的泡沫橡塑。要添加保温层，可全选需要添加保温层的管道，在功能区，选择"添加隔热层"命令（图 6-206）。

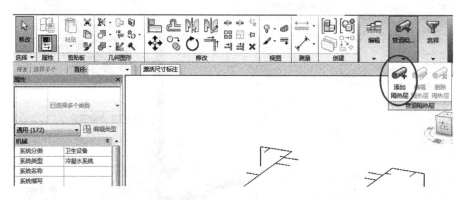

图 6-206　"添加隔热层"命令

在弹出的"添加管道隔热层"对话框，设置隔热层的材质和厚度（图 6-207）。此处无所需材质，点击"编辑类型"按钮。

图 6-207　隔热层设置

在类型属性框内，复制新建"泡沫橡塑"类型，编辑其材质，在材质库中找到并选择"聚氨酯泡沫"的材质，确定完成新建类型（图 6-208）。

返回到"添加管道隔热层"对话框，选择刚刚新建的"泡沫橡塑"类型，厚度设为 35（图 6-209），确定后完成保温层的添加。

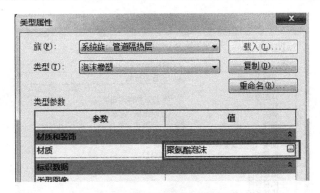

图 6-208　新建隔热层类型

图 6-209　添加管道隔热层

转到三维视图，查看效果如图 6-210 所示。

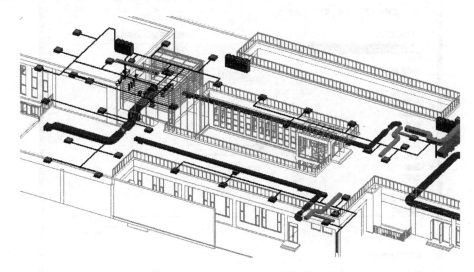

图 6-210　空调水完成效果

6.2.4　统计明细表

当有了暖通模型后，可使用明细表功能统计管线或设备的数量，此处我们以统计各系统风管的长度为例。

选择功能区"视图＞明细表"下拉框中的" 明细表/数量"，在弹出的"新建明细表"对话框中，在"类别"栏列表里选择"风管"，右边名称为"风管明细表"，如图 6-211 所示。

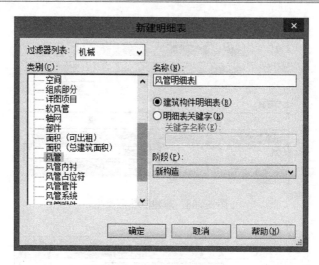

图 6-211 新建风管明细表

在"明细表属性"对话框，从"可用的字段"列表中选择"系统类型"、"尺寸"、"长度"（按住键盘"Ctrl"加选），添加到"明细表字段"列表中，通过"上移"、"下移"按钮调整各字段顺序，如图 6-212 所示。

图 6-212 添加风管明细表字段

在"排序/成组"标签栏，设置排序方式如图 6-213 所示，使明细表分别按照"系统类型"、"尺寸"依次排列，并勾选"系统类型"的"页脚"，添加"标题和总数"。勾选

"总计"，选择"标题和总数"，取消勾选"逐项列举每个实例"。

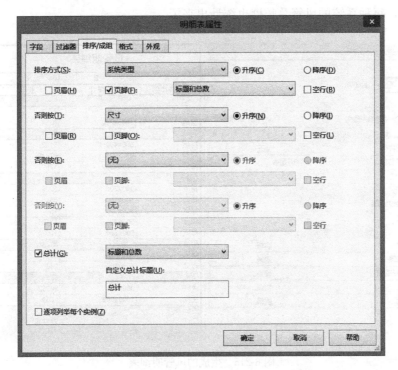

图 6-213　风管明细表"排序/成组"设置

在"格式"标签栏，选中"长度"字段，勾选"计算总数"，让其统计长度的总数，如图 6-214 所示。

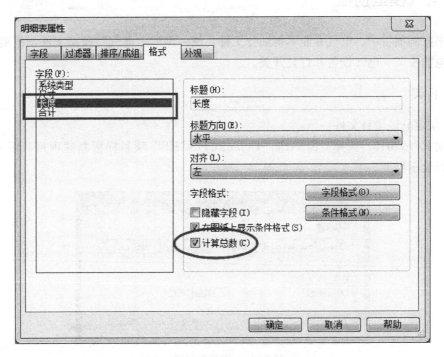

图 6-214　风管明细表"格式"设置

设置完成后，生成的"风管明细表"如图 6-215 所示，可以看到除了不同尺寸的风管长度有统计，每种系统的风管总长度也统计出来了。

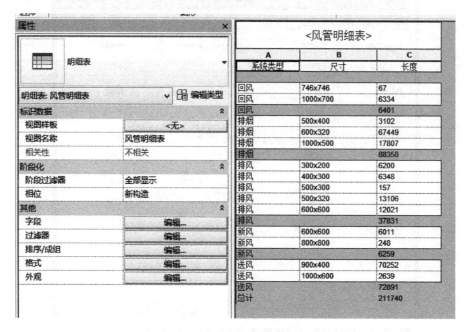

<风管明细表>		
A	B	C
系统类型	尺寸	长度
回风	746x746	67
回风	1000x700	6334
回风		6401
排烟	500x400	3102
排烟	600x320	67449
排烟	1000x500	17807
排烟		88358
排风	300x200	6200
排风	400x300	6348
排风	500x300	157
排风	500x320	13106
排风	600x600	12021
排风		37831
新风	600x600	6011
新风	800x800	248
新风		6259
送风	900x400	70252
送风	1000x600	2639
送风		72891
总计		211740

图 6-215　生成的风管明细表

明细表可以导出成常用的 Excel 表格，导出方法详见 4.13.3 的内容。

6.3　电气模型创建

本书案例项目中，电气专业不再细分文件，统一创建"电气"模型文件，模型内容包括强弱电的桥架、电气设备和灯具开关。

6.3.1　桥架

1）新建电气项目文件

启动 Revit2015，选择"Electrical-DefaultCHSCHS"项目样板新建项目（图 6-216），进入项目绘图界面。

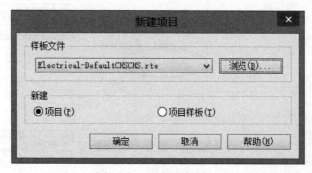

图 6-216　选择电气样板

在新建项目的项目浏览器中可以看到，项目视图默认按"电气"的子规程"照明"和"电力"排布（图 6-217）。

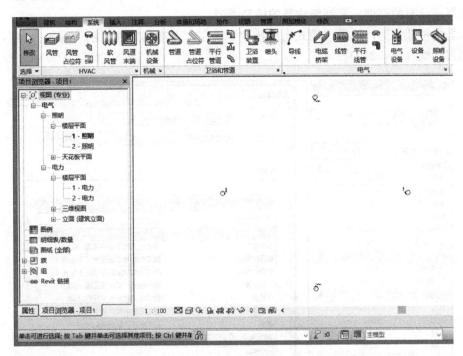

图 6-217　电气项目文件界面

与给水排水专业一样，将 Revit 的建筑结构模型链接到项目中，进入立面视图设置标高，以及创建平面视图，如图 6-218 所示。

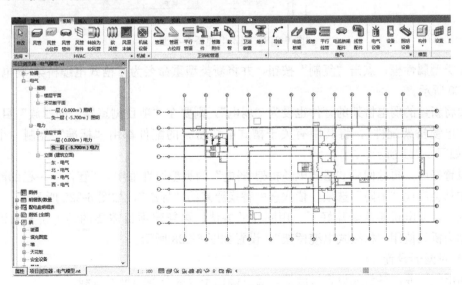

图 6-218　设置电气项目文件标高

2）新建桥架类型

在 Revit 中，电气专业与其他机电专业不同，没有系统类型的设置，需要通过设置桥架的类型名称来区别各功能的桥架。

要新建桥架类型，可以选择功能区"系统＞电缆桥架"命令，在属性栏类型下拉栏中选择一已有的类型，复制新建新的桥架类型。

以弱电桥架为例，选择"槽式电缆桥架"类型，点击其属性栏的"编辑类型"，打开其类型属性框（图 6-219）。

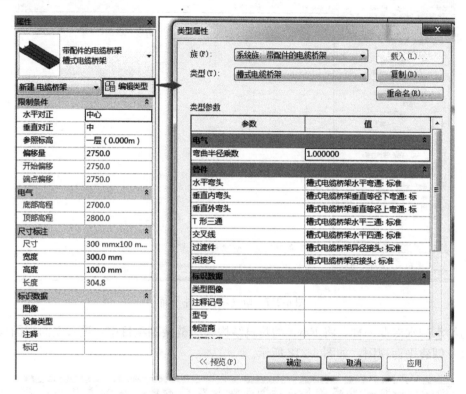

图 6-219　编辑电缆桥架类型

在类型属性框，点击"复制"按钮，并将新类型重命名为"槽式电缆桥架-弱电"，如图 6-220 所示。

要将新建的弱电桥架的管件也设为"弱电"，则要在"项目浏览器"的"族"目录中，找到"电缆桥架配件"，将其中有关于槽式电缆桥架的配件都由"标准"复制一个"弱电"，如图 6-221 所示。

设置好后，再返回到"槽式电缆桥架-弱电"的类型属性框中，"管件"一栏的配件下拉框中都会出现"消防"选项，依次选中替换原来的"标准"，如图 6-222 所示。

这样，弱电桥架就新建好了。用同样的方法，再新建项目需要的动力桥架和消防桥架。动力桥架使用"梯级式电缆桥架"，设置如图 6-223 所示。

3）过滤器设置

为电气专业的各管线设置过滤器，通过颜色予以区分各类型的管线。

在视图"可见性/图形替换"的"过滤器"标签栏，打开过滤器设置框，如图 6-224 所示设置过滤器"电缆桥架-弱电"。注意此处的"过滤条件"要设为"类型名称"。

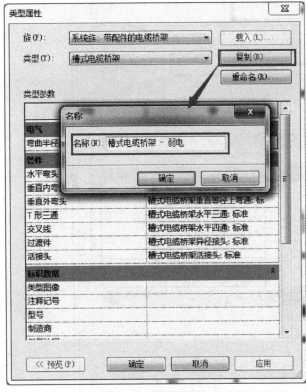

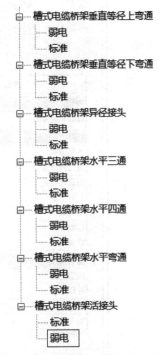

图 6-220　新建弱电桥架

图 6-221　添加弱电桥架配件类型

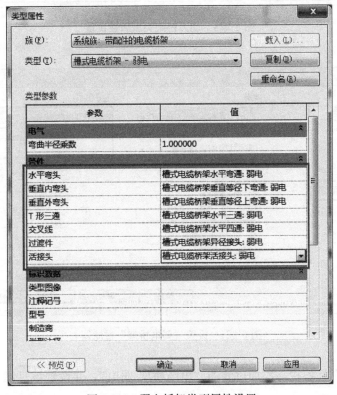

图 6-222　弱电桥架类型属性设置

图 6-223 动力桥架类型属性设置

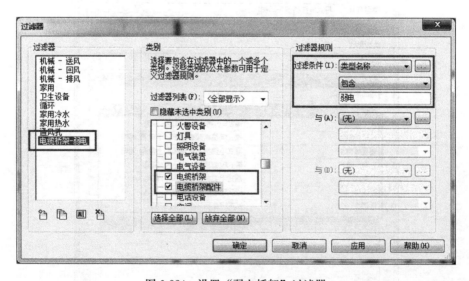

图 6-224 设置"弱电桥架"过滤器

在"过滤器"标签栏，添加过滤器"电缆桥架-弱电"，并设置该过滤器的视图颜色如图 6-225 所示。

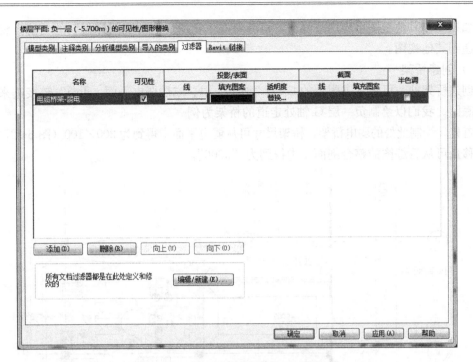

图 6-225　设置"弱电桥架"过滤器颜色

同样方式设置其他类型桥架的过滤器，完成后如图 6-226 所示。

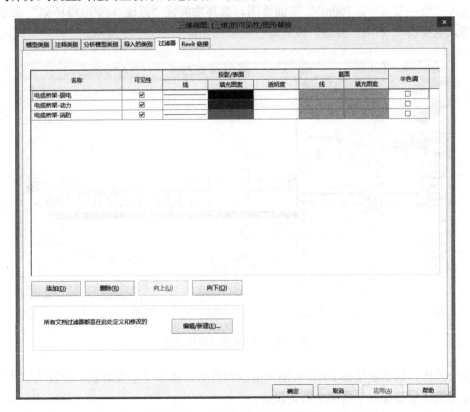

图 6-226　电气模型的视图过滤器

如果要在其他视图中应用过滤器，可参考 6.1.1 所讲的"视图样板"的功能，将过滤器传递到其他视图。

4）创建桥架

创建桥架前，可将本书附带的 CAD"地下一层、二层弱电平面.dwg"链接进来作为参照底图。我们以绘制负一层 G 轴处走道的桥架为例。

首先，绘制此处的弱电桥架，桥架尺寸可从弱电平面中得到为 200×100（图 6-227），标高偏移量可从管综图的整合剖面 1 中得到为"3600"。

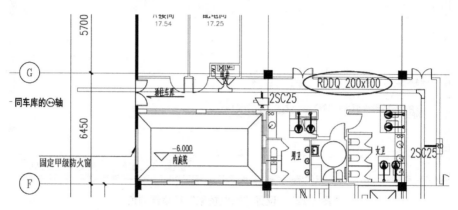

图 6-227　弱电平面图

进入"负一层（−5.700m）"平面视图，选择功能区"系统＞电缆桥架"命令，选择"槽式电缆桥架-弱电"类型，设置属性框和选项框如图 6-228 所示。

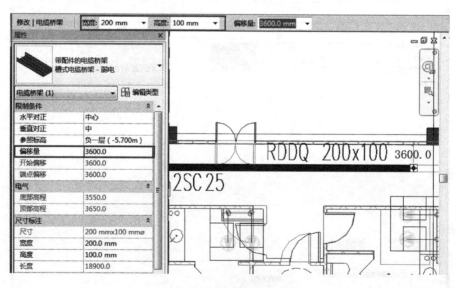

图 6-228　弱电桥架属性设置

在绘图区，根据链接的 CAD 底图点击绘制桥架，由于"垂直对正"设置为"中"，此处的标高偏移量要相对于桥架中心而设置。

依次用以上方法绘制其余桥架，G 轴处走道的动力桥架设置如图 6-229 所示。

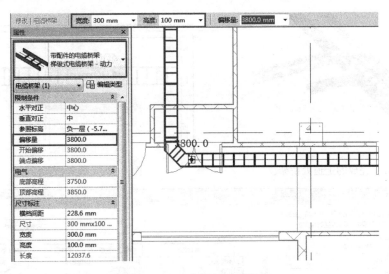

图 6-229　动力桥架属性设置

轴 G 走道处的消防的电缆桥架设置如图 6-230 所示。

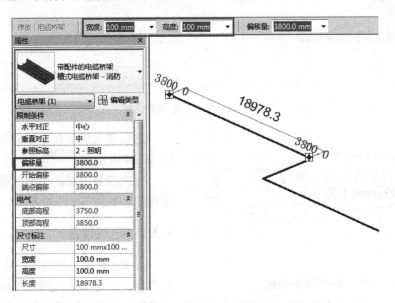

图 6-230　消防桥架属性设置

　　注意每次桥架绘制都会延续采用上次绘制时属性栏和选项栏的设置值，所以每次在绘制前要检查并修改相应的参数值，再进行建模。绘制好的轴 G 处走道的桥架如图 6-231 所示。

　　要添加电缆桥架标记，可以选择功能区"注释＞^①按类别标记"命令，将选项栏里的"引线"项取消勾选，在绘图区点击需要标注的桥架（图 6-232）。

　　目前视图中添加的桥架标记为默认样式，要修改标记，则可选中标记，选择功能区"编辑族"命令，在族编辑界面，点击其属性栏的标签编辑按钮，设置标签参数如图 6-233 所示。

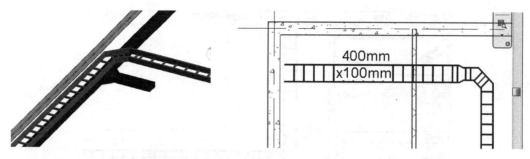

图 6-231　完成的走道处桥架　　　　　　　　图 6-232　放置桥架标记

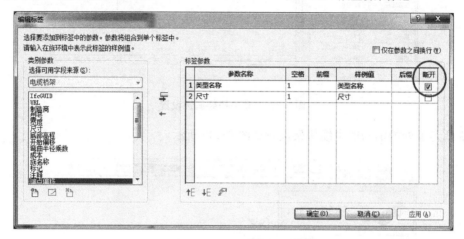

图 6-233　桥架标记标签设置

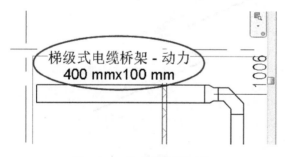

图 6-234　修改后的桥架标记

之后载入到项目中，修改后的标记如图 6-234 所示。

完成的负一层的桥架的模型，转到三维视图，如图 6-235 所示。

6.3.2　电气设备

在 Revit 中，配电箱、配电柜、弱电综合箱、综合布线配线架等电气设备都属于可载入族，可用专门的"电气设备"命令放置。若默认的项目样板中没有需要的电气设备族，可以从外部族库中载入，或是利用族样板新建族构件。

本案例项目中需要的电气设备族可以在软件自带的族库中找到。选择功能区"插入＞载入族"命令，在软件族库目录"机电 \ 供配电 \ 配电设备 \ 箱柜"下找到如图 6-236 所示的族。

点击"打开"，弹出"指定类型"的对话框（图 6-237），可将选择的类型载入到项目文件中。我们以放置负一层配电间名为 D1ALE1 的"事故照明配电箱"和名为 D1AL1 的"照明配电箱"为例。选择功能区"系统＞电气设备"命令，在属性栏类型下拉栏内找到对应的族，"应急照明箱-标准"和"照明配电箱-暗装"。确认族类型属性中的参数设置是否正确，如配电箱厚度超出了墙体厚度，可将其"深度"参数调整到适合数值，如图 6-238 所示。

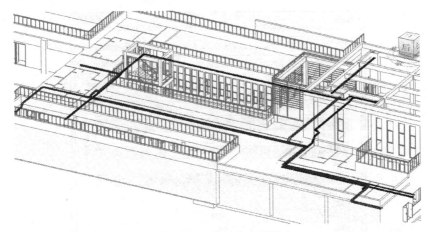

图 6-235　桥架完成效果

图 6-236　载入电气设备族

类型	宽度	高度	深度	最多单极断路器器	干线
(全部)	(全部)	(全部)	(全部)	(全部)	(全部)
PB601	300	300	245	4	32
PB602	300	300	245	4	63
PB603	300	300	245	4	125
PB604	300	300	245	4	160
PB605	400	500	295	4	250
PB606	500	600	295	4	400
PB607	600	800	345	4	630
PB608	600	800	345	4	800
PB701	140	200	145	4	32
PB702	140	200	145	4	63
PB703	300	400	245	4	160
PB704	300	400	245	4	200
PB705	300	400	245	4	250
PB706	300	400	245	4	315

图 6-237　选择电气设备族的类型

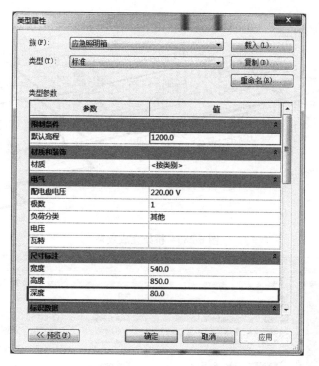

图 6-238　配电箱的类型属性

　　配电箱的放置高度要到立面或剖面中确定，可以在平面中放置好后，再用功能区"视图＞剖面"命令平行于墙面创建一个剖面，如图 6-239 所示。

　　转到剖面视图（图 6-240），确认配电箱放置在距离地面 1.4m 的位置。

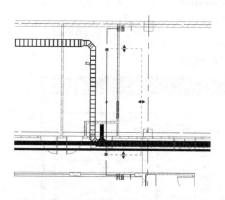

图 6-239　创建用于放置配电箱的剖面

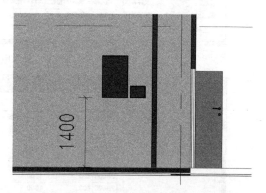

图 6-240　在剖面中确认配电箱的放置高度

　　放置好后，可在其属性栏中将各自的名称输入到"配电箱名称"中（图 6-241）。完成后模型如图 6-242 所示。

6.3.3　灯具与开关

　　Revit 提供了专门的"照明设备"和"设备"命令用于放置灯具和开关。灯具和开关都是可载入族，若默认的项目样板中没有需要的灯具和开关族，可以从外部族库中载入，或是利用族样板新建族构件。

图 6-241　配电箱的属性设置

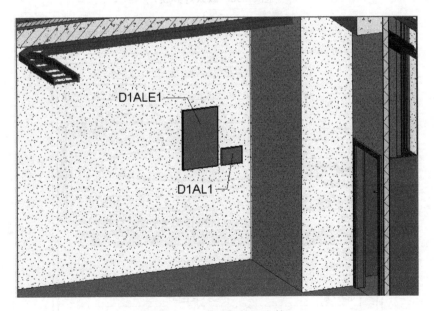

图 6-242　放置好的配电箱

我们以放置负一层的单管荧光灯为例，由于该灯具位于楼层顶部，所以可以到天花板平面图上放置，可将 CAD 的"地下一层、二层照明平面. dwg"链接进来作为参照。灯具的具体型号可参考电气设计说明中的设备表。

选择功能区"插入＞载入族"命令，在族库目录"机电＼照明＼室内灯＼导轨和支架式灯具"下找到如图 6-243 所示的族，载入到项目中。

进入照明的负一层天花板视图，选择功能区"系统＞照明设备"命令，在属性栏类型下拉栏中选择刚刚载入的灯具族，在其类型属性栏中，复制新建一个项目中需要的类型，如图 6-244 所示。

图 6-243　载入灯具族

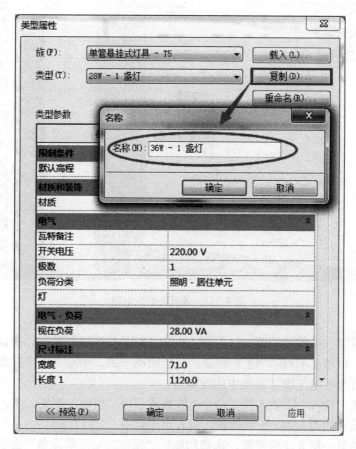

图 6-244　新建灯具类型

在新建类型的类型属性框中，将初始亮度的瓦数修改为"36W"，如图 6-245 所示。

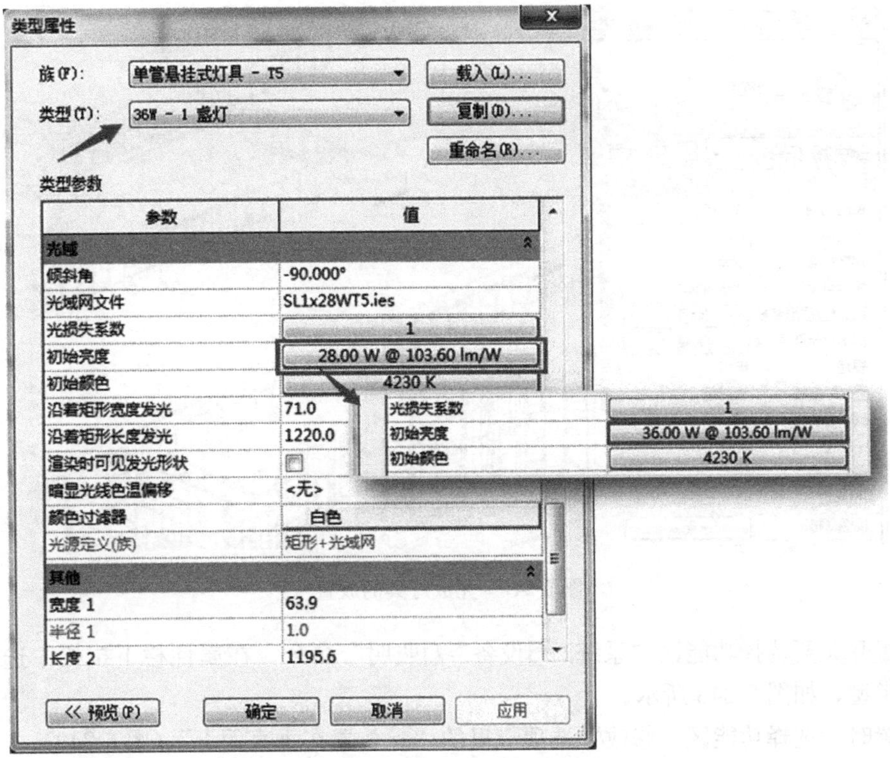

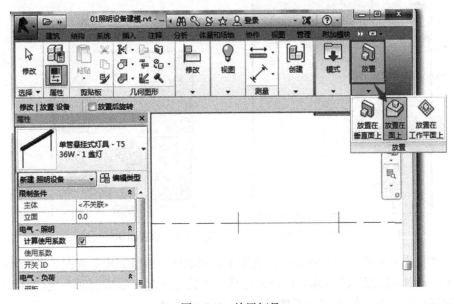

图 6-245 修改灯具类型属性

在绘图区点击放置灯具，放置时注意将功能区"修改"选项卡里的放置命令设置为"放置在面上"（图 6-246）。

图 6-246 放置灯具

放置好的灯具如图 6-247 所示。

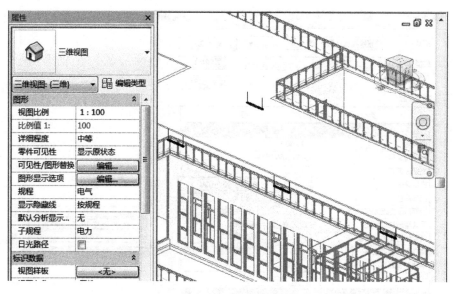

图 6-247　完成灯具的放置

放置开关要选择功能区"系统＞设备＞照明"命令，在属性栏下拉栏中选择案例需要的类型，如图 6-248 所示。

放置时，选择功能区"修改"选项卡里的"放置在垂直面上"（图 6-249）。

图 6-248　照明开关类型　　　　图 6-249　放置照明开关的方式设置

在属性栏设置照明开关放置高度，点击附着的墙体，放置完成。如图 6-250 所示。

在 Revit 中可以用"导线"命令将灯具、开关连接起来形成照明系统，由于导线仅在平面视图显示，在三维视图中不显示。本书就不再详述。

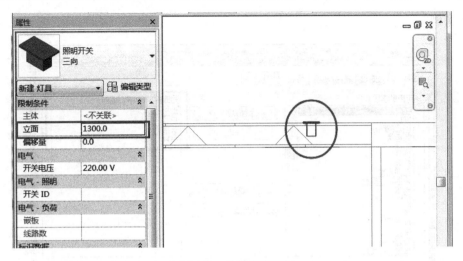

图 6-250　放置照明开关

6.3.4　统计明细表

当有了电气模型后，可使用明细表功能统计管线或设备的数量，此处我们以统计电缆桥架为例。

选择功能区"视图＞明细表"下拉框中的"明细表/数量"，在弹出的"新建明细表"对话框中，在"类别"栏列表里选择"电缆桥架"，右边名称为"电缆桥架明细表"，如图 6-251 所示。

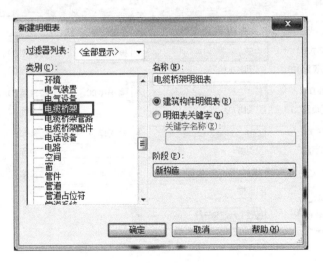

图 6-251　新建电缆桥架明细表

在"明细表属性"对话框，从"可用的字段"列表中选择"类型"、"尺寸"、"长度"、"合计"（按住键盘"Ctrl"加选），添加到"明细表字段"列表中，通过"上移"、"下移"按钮调整各字段顺序，如图 6-252 所示。

在"排序/成组"标签栏，设置排序方式如图 6-253 所示，使明细表分别按照"类型"、"尺寸"依次排列，并勾选"总计"，选择"标题、合计和总数"，取消勾选"逐项列举每个实例"。

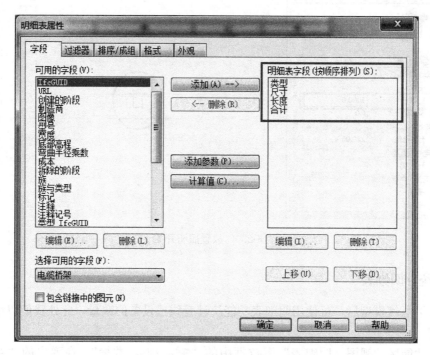

图 6-252 添加电缆桥架明细表字段

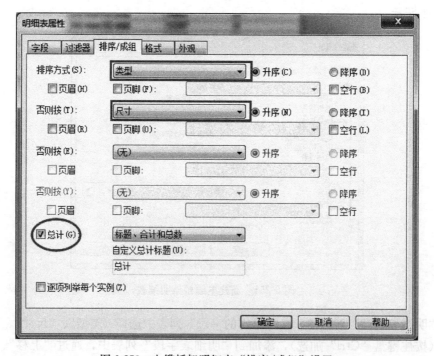

图 6-253 电缆桥架明细表"排序/成组"设置

在"格式"标签栏，将"长度"和"合计"字段里的"计算总数"勾选上。如图 6-254 所示。

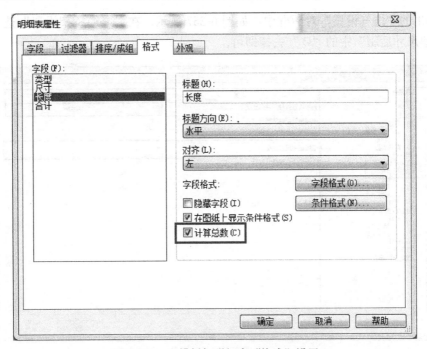

图 6-254　电缆桥架明细表"格式"设置

设置完成后，生成的"电缆桥架明细表"如图 6-255 所示。

<电缆桥架明细表>			
A	B	C	D
类型	尺寸	长度	合计
梯级式电缆桥架 - 动力	200 mm×100 mmø	14051	5
梯级式电缆桥架 - 动力	200 mm×150 mmø	12387	5
梯级式电缆桥架 - 动力	300 mm×100 mmø	68258	6
梯级式电缆桥架 - 动力	400 mm×100 mmø	3950	1
槽式电缆桥架 - 弱电	200 mm×100 mmø	104475	19
槽式电缆桥架 - 消防	100 mm×100 mmø	56546	3
总计: 39		259666	39

图 6-255　生成的电缆桥架明细表

要取消在"尺寸"字段里的数据的后缀"ø"，可以选择功能区"管理＞电气设置"（图 6-256）。

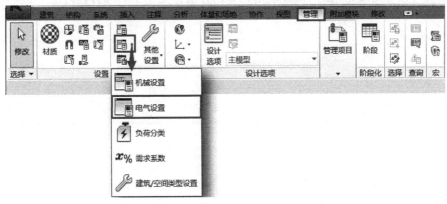

图 6-256　"电气设置"命令

269

在弹出的"电气设置"对话框中，如图 6-257 所示，在"电缆桥架设置"选项里，将"电缆桥架尺寸后缀"中的"∅"去掉即可。

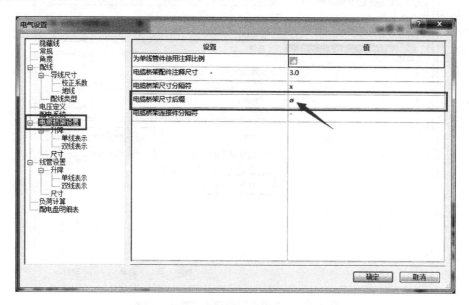

图 6-257 取消电缆桥架尺寸后缀

修改后的明细表如图 6-258 所示。

类型	尺寸	长度	合计
梯级式电缆桥架 - 动力	200 mm×100 mm	14051	5
梯级式电缆桥架 - 动力	200 mm×150 mm	12387	5
梯级式电缆桥架 - 动力	300 mm×100 mm	68258	6
梯级式电缆桥架 - 动力	400 mm×100 mm	3950	1
槽式电缆桥架 - 弱电	200 mm×100 mm	104475	19
槽式电缆桥架 - 消防	100 mm×100 mm	56546	3
总计: 39		259666	39

图 6-258 修改后的电缆桥架明细表

明细表可以导出成常用的 excel 表格，导出方法详见 4.13.3 的内容。

第7章 BIM 模型集成及技术应用

当 BIM 模型创建完成，我们需要将项目的所有模型文件整合到一起，进行模型的检查和相关的模型应用。由于大部分的项目模型数据比较大，或是各专业模型可能会使用不同的软件进行建模导致数据格式不统一，通常会选择专门的集成软件来进行。

本章主要讲解如何使用 Navisworks Manage 来进行模型的集成，以及应用集成模型来进行展示、漫游、信息查询及碰撞检查的方法。

7.1 模型集成的基本方法

7.1.1 导出 Navisworks 文件

安装 Revit 和 Navisworks 软件时，要特别注意安装顺序，要先安装 Revit，后安装 Navisworks。这样 Navisworks 的数据转换插件才会安装在 Revit 上。这时，启动 Revit，就可以在功能区的"附加模块"找到 Navisworks 数据转换插件。

要将 Revit 模型文件导出到 Navisworks，首先，用 Revit 打开之前建立的模型文件，比如"案例-建筑 . rvt"，转到三维视图，选择功能区"附加模块＞外部工具＞Navisworks 2015"命令（注：**随着软件版本的升级，2015 版本号随安装的软件版本而变化**），如图 7-1 所示。

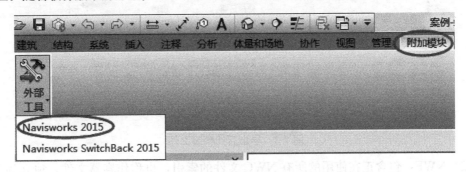

图 7-1 导出插件

在弹出的窗口设置好保存路径，单击"保存"命令。如图 7-2 所示。

依次打开结构模型和机电各专业模型，按同样的方法导出 Navisworks 文件如图 7-3 所示。

这样通过插件导出的是 NWC 格式。Navisworks 有三种文件格式 NWF、NWD、NWC，其区别在于：

（1）NWC：是 Navisworks 的模型文件，也称作缓冲文件，可加速访问通常使用的文件。这在由多个文件组成并且只有一部分模型改变时很有用，例如如果只是建模模型做了修改，而其他专业的模型没有变化，这时只需要更新建筑的 NWC 文件即可，而无需更新其他所有的模型文件。缓冲选项可以在工具菜单下的全局选项对话框中设置。

图 7-2　导出 Navisworks 文件

图 7-3　导出后的模型文件

（2）NWF：包含正在使用的所有 NWC 文件的索引，也称作容器文件，独立的 NWF 文件是没有意义的，它本身并不包含模型信息，模型都保存在 NWC 文件中，NWF 其实是起到整合组织模型的作用，所以 NWF 文件大小通常都非常小。NWF 文件还包含视点和红线注释等信息。建议对于正在进行的项目使用 NWF 文件格式，因为这样对原始模型文件所作的任何更新都将在下一次打开该模型时反映出来。

（3）NWD：是 NWC 和 NWF 的集合。用于发布和分发当前项目的已编译版本，供其他人审阅，无须发送所有的源图形。可以通过使用 Navisworks 的免费模型查看器 Freedom 来审阅。

7.1.2　模型集成

双击 Navisworks Manage 图标，启动软件，进入如图 7-4 所示的软件界面。

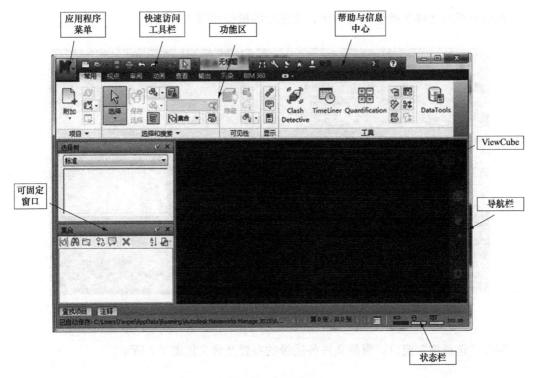

图 7-4　软件界面

在 Navisworks 中将之前导出的各专业模型集成到一起，点击"常用>附加>合并"命令，在弹出的对话框中，选择所有上述导出的文件，并点击"打开"，如图 7-5 所示。

图 7-5　选择 NWC 文件

则所有模型文件就被整合到一块，集成后的模型如图 7-6 所示。

图 7-6　集成后模型

展开"选择树"窗口，模型文件各层级的布置及含义如图 7-7 所示。

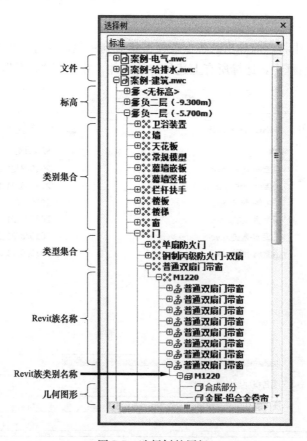

图 7-7　选择树的层级

点击保存按钮，将整合的模型文件保存为 NWF 格式，保存路径一定要与保存上述 nwc 文件格式的路径一致，点击"保存"即可（图 7-8）。

图 7-8 保存 NWF 文件

7.2 模型表现和展示

7.2.1 模型查看

Navisworks 有多种查看模型的方法：

（1）单击 ViewCube 上各方位，即可快速展示对应方向的模型。

（2）选择功能区"视点＞平移"命令（图 7-9），移动模型；也可按住鼠标滚轮不放，移动鼠标平移模型。在"自定义快速访问工具栏"面板中单击"选择"命令，可退出"平移"命令。

图 7-9 查看模型方法

（3）选择功能区"视点＞🔍缩放窗口"命令，增大或减小模型的当前视图比例查看模型；也可滚动鼠标滚轮缩放模型。同样点击"🔖选择"可退出当前命令。

（4）选择"视点＞动态观察"命令，或是按住鼠标滚轮和 Shift 键，可以动态旋转查看模型。

7.2.2 保存视点

在 Navisworks 中可以把某个观察视角保存下来，以便下次可快速切换到该视点：

（1）选择功能区"视点＞保存视点＞📷保存视点"命令，如图 7-10 所示，并在"保存的视点"选项框中右键点击刚保存的视点"视图"名称，重命名为"室外"如图 7-11 所示。

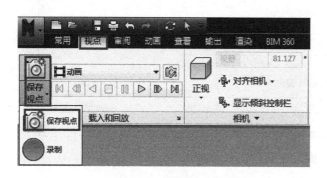

图 7-10 保存视点　　　　　　　　　　图 7-11 视点重命名

（2）点击 ViewCube 的前视图，保存视点，并重命名为"前视图"如图 7-12 所示；我们可单击"室外视角"视点名称和"前视图"视点名称切换视角。

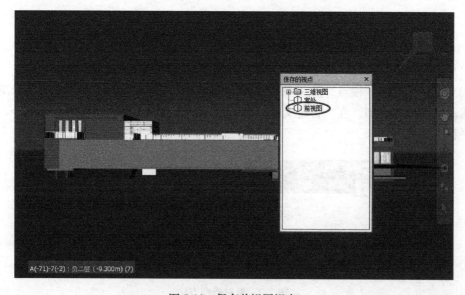

图 7-12 保存前视图视点

（3）当我们觉得"室外视角"视图不能很好地展示模型，我们可以重新调整视角后右键点击"室外视角"名称，点击"更新"命令更新当前视点。

（4）当"保存的视点"窗口被关了，可单击"视点＞保存、载入和回放＞🖼保存的视点对话框启动器"打开"保存的视点"窗口，如图 7-13 所示。

图 7-13　打开保存的视点

7.2.3　模型隐藏

在 Navisworks 中可以选择局部隐藏某些构件，以便选择性展示模型。

（1）当我们只想看到机电模型时，选择功能区"常用＞选择树"命令，打开"选择树"窗口，按 Ctrl 键选择建筑和结构模型；再选择"常用＞隐藏"命令隐藏已选建筑和结构模型，如图 7-14 所示，隐藏的文件或构件名称会灰色显示，屏幕上就只显示机电模型了。

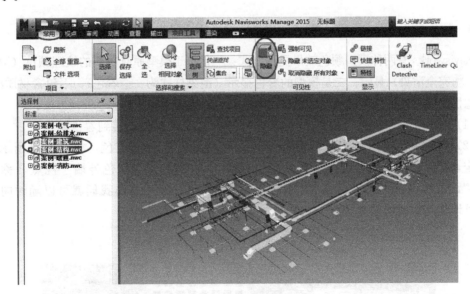

图 7-14　机电模型浏览

（2）在"选择树"窗口，选择"案例-建筑＞负一层"，再点击"常用＞隐藏未选定对象"命令（图 7-15），这时将只显示负一层的建筑。

（3）选择"常用＞取消隐藏所有对象＞显示全部🖱"命令（图 7-16），可显示所有被隐藏的对象。

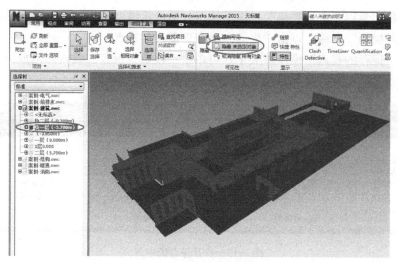

图 7-15　隐藏未选定对象

图 7-16　显示隐藏对象

7.2.4　颜色替换

Navisworks 有两种模型颜色效果显示方式：一是基于模型原有材质的纹理颜色（渲染样式为：▦完全渲染）显示；二是模型的着色显示（渲染样式为：▱着色），不包含材质纹理。如果想快速用另一种颜色替换原来模型的着色颜色，可使用如下的颜色替换方法：

（1）首先选择功能区"视点＞模式＞▱着色"命令，把模型转到着色模式下。

（2）选择一面墙，右键选择"替代项目＞替代颜色"，选择红色，如图 7-17 所示，点击确定，保存当前视点，并命名为"红色外墙"。右键点击"红色外墙"视点名称选择"编辑"，勾选"替代外观"，点击"确定"，如图 7-18 所示，这样我们就可以随时向别人展示外墙为红色时的效果。

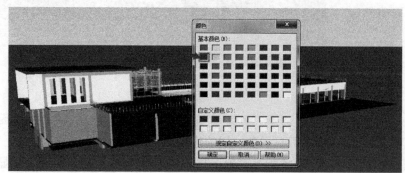

图 7-17　替代颜色

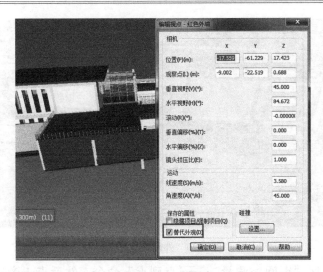

图 7-18　红色外墙展示

选中该墙，右键选择"重置项目＞重置外观"，墙的颜色又恢复为原来的颜色。

注：上述的"颜色替换"功能不会改变渲染样式为：完全渲染的模型材质纹理颜色，要改变材质纹理颜色需要修改材质本身的颜色和纹理。

7.2.5　审阅批注

在模型浏览、检查过程中，如果发现问题，可以添加尺寸、云线、文字等审阅批注。由于 Navisworks 的模型显示是三维动态的，而尺寸、云线、文字等是二维的注释，所以，要在模型中创建这类二维的注释，只能在某个固定的视点中存在。一旦视角改变了，这些注释就消失，当然点击返回存有注释的视点，这些注释还会存在。

要对模型进行尺寸、云线、文字等审阅批注，步骤如下：

（1）先保存一个视点，并重命名为"批注"，选择功能区"审阅＞测量＞点到点"命令，点击外墙的两端，测量外墙的长度，如图 7-19 所示。

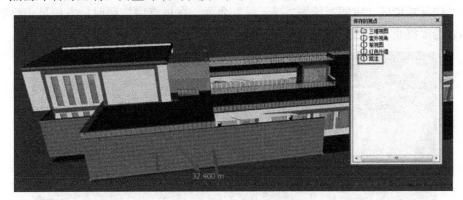

图 7-19　点到点测量

（2）可点击"清除"命令清除当前测量，也可点击"转换为红线批注"把当前测量值转换为红线批注，如图 7-20 所示。红线批注的删除需点击"审阅＞清除"命令，在要删除的红线批注上拖动一个框，然后松开鼠标。

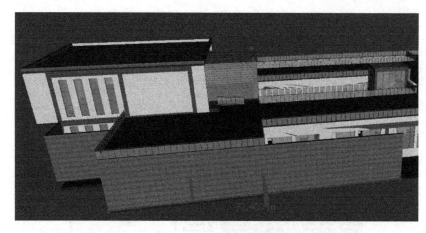

图 7-20　外墙长度展示

（3）选择功能区"审阅＞测量＞▭▭点到点"命令，然后点击旁边的"锁定＞🔲 z 轴"命令，就可以约束到 z 轴测量外墙的高度，再把测量转为红线批注，如图 7-21 所示。

图 7-21　外墙高度展示

（4）选择功能区"审阅＞绘图＞🔵云线"命令，在视点中按顺时针方向单击绘制云线的圆弧，若要终止云线，需在视图中单击鼠标右键，如图 7-22 所示。

图 7-22　绘制云线

（5）选择功能区"审阅＞文本"命令，再单击云线圈，可添加文字，输入"外墙长度"，如图 7-23 所示。

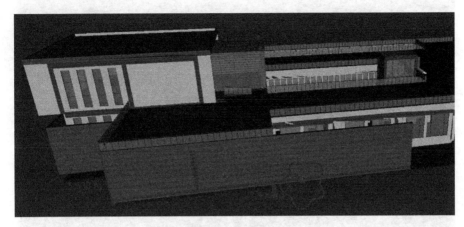

图 7-23　添加文字

（6）在"自定义快速访问工具栏"面板中单击"选择 🔖"命令，可结束测量、云线绘制、添加文字等命令，如图 7-24 所示。

图 7-24　结束文字添加命令

7.3　漫游动画

7.3.1　场景漫游

在 Navisworks 中可以进行实时交互式漫游，模拟在建筑物中行走的效果。

（1）选择功能区"视点＞漫游＞🈚漫游"命令，如图 7-25 所示。

图 7-25　激活漫游功能

（2）勾选"视点＞真实效果＞第三人"命令，启用第三人，如图 7-26 所示。按住鼠标左键不放，前后拖动鼠标，将实现第三人在场景中行走；按住鼠标左键左右移动鼠标，将实现场景旋转。也可以按键盘的"上、下、左、右"键实现第三人在场景中行走。

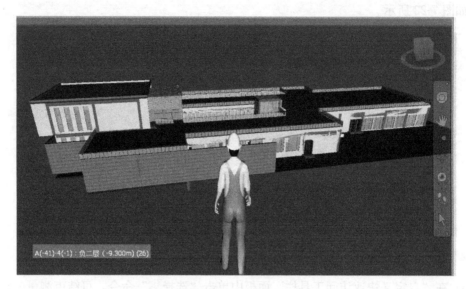

图 7-26 启用第三人

（3）使用"漫游"和、"🖐平移"、"缩放"等工具让第三人穿过墙，进入室内，如图 7-27 所示。

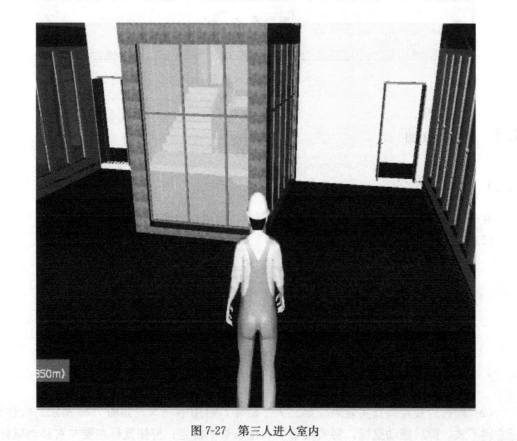

图 7-27 第三人进入室内

（4）勾选"视点＞真实效果＞重力"命令，"碰撞"命令将自动勾选，如图 7-28 所示。继续使用"漫游"工具，此时将产生重力效果，使第三人回落到地板上，并沿着地板表面行走；若碰到障碍物，第三人将无法穿越。

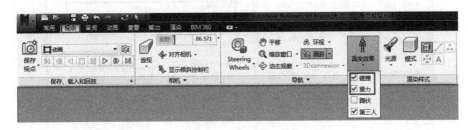

图 7-28　开启重力效果

（5）单击"导航"面板名称右侧的黑色向下三角形，设置"线速度"和"角速度"大小可控制漫游时第三人前进的线速度和旋转时的角速度，如图 7-29 所示。

图 7-29　设置速度

（6）我们可以保存一个"室内"视点，这样方便我们快速切换到室内，如图 7-30 所示。

（7）右键点击"室内"视点名称，点击"编辑"中碰撞"设置"命令，可以设置第三人的半径、高度；还可设置第三人的角色为建筑工人、工地女性、工地男性等选项，如图 7-31 所示。

（8）单击"选择"命令，可结束漫游动作。

7.3.2　动画制作

我们可以将第三人的行走过程记录下来，保存成动画视频。

1）录制动画

选择"动画＞录制"命令，使用鼠标控制第三人在场景内漫游，再点击"停止"命令，即可录制一段动画，如图 7-32 所示。

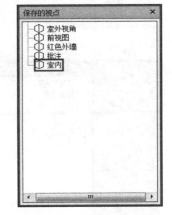

图 7-30　保存室内视点

2）播放动画

打开"保存的视点"窗口，可找到刚刚录制的动画，右键点击名称重命名为"录制动画"；首先选中动画，然后在"动画"面板中点击播放命令播放动画，如图 7-33 所示。

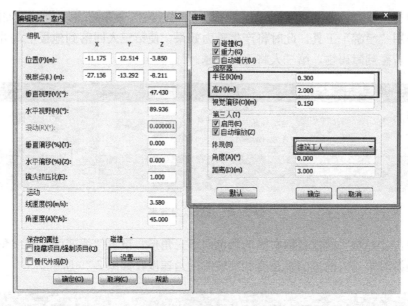

图 7-31　设置第三人体形

图 7-32　录制动画

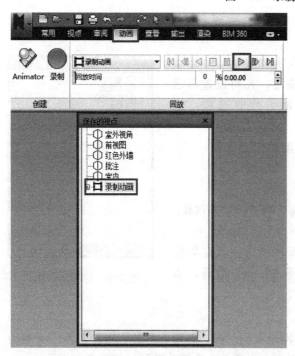

图 7-33　播放动画

3）视点动画

（1）现在我们制作第三人转弯之后再直走的动画。首先在"保存的视点"对话框的空白处右键点击"添加动画"命令，并将动画名称重命名为"视点动画"，如图 7-34 所示。

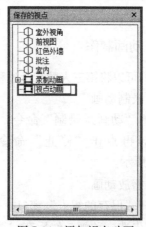

图 7-34　添加视点动画

（2）调整好第三人的位置与角度，右键点击"视点动画"名称，保存视点即"视图（1）"，如图 7-35 所示。

图 7-35　保存第一个视点

（3）如果保存的视点是在"视点动画"外面，则需按住鼠标左键将保存的"视图"拖到"视点动画"目录下，如图 7-36 所示。

（4）控制第三人行走到要开始拐弯的位置，右键点击"视点动画"名称，保存视点即"视图（2）"，如图 7-37 所示。

（5）在拐弯处再次调整第三人的位置，右键点击"视点动画"名称，保存视点即"视图（3）"，如图 7-38 所示。

（6）按同样的方法在拐弯处多保存几个视点，这样制作出来的视点动画才会更加流畅，不会出现第三人穿墙或者横着走等画面，保存视点窗口如图 7-39 所示。

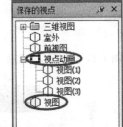

图 7-36　移动视图位置

图 7-37　保存第二个视点

图 7-38　保存第三个视点

图 7-39　保存其他视点

4）导出动画

（1）选择功能区"动画＞◇导出动画"命令，设置导出动画参数，如图 7-40 所示。

（2）点击确定，设置保存路径，即可导出动画，如图 7-41 所示。导出的动画可以用视频播放器播放。

这里需要注意的是，为了得到较高的动画质量，可以在导出动画前，选择"▶应用程序按钮＞选项＞界面＞显示＞Autodesk"命令，在图 7-42 窗口中设置最大值的参数。但在动画导出完成后，要回到该窗口，点击"默认值"，以恢复默认设置，否则会影响浏览模型的操作速度。

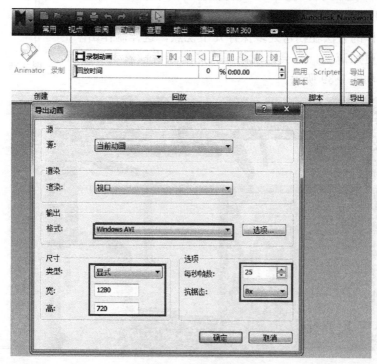

图 7-40　参数设置

图 7-41　导出动画

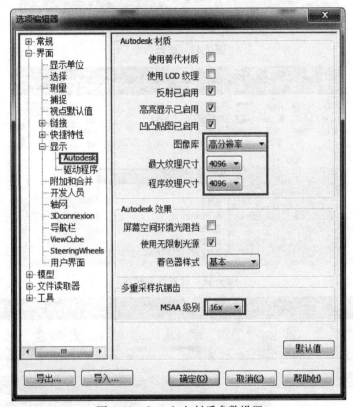

图 7-42　Autodesk 材质参数设置

7.4　选择与信息查询

7.4.1　选择精度

在 Navisworks 中可以有多种方式选中构件，并可按不同精度设置来决定选择构件的层级。

（1）选择"常用＞选择＞ 选择"命令（图 7-43），或单击快速访问工具栏中的" "可点选模型，同时按"Ctrl"键可增选，按"Shift"键可减选。

点击"常用＞选择＞选择框 "命令，可框选模型。

（2）单击"选择和搜索"右侧三角形，会出现"选取精度"选项窗，点击下拉菜单（图 7-44），可以设置选择构件的精度。

（3）如果把选取精度改为"几何图形"，则可以选取门的一些子构件，比如玻璃嵌板、门把手，门框等构件。我们可展开"选择树"窗口，此时选择的几何图形为最底层的"合成部分"，如图 7-45 所示。

图 7-43　选择命令

图 7-44　设置选取精度

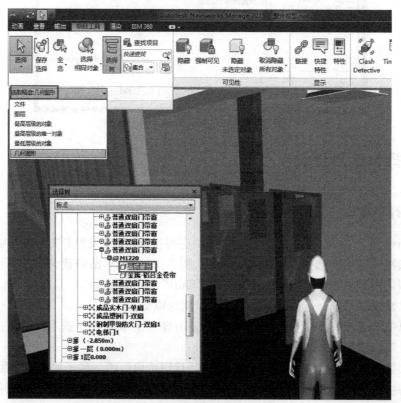

图 7-45　选择精度为几何图形

（4）切换选取精度为"最底层级的对象"，同样选择那扇门，此时在"选择树"窗口中选中的是"M1220"构件。

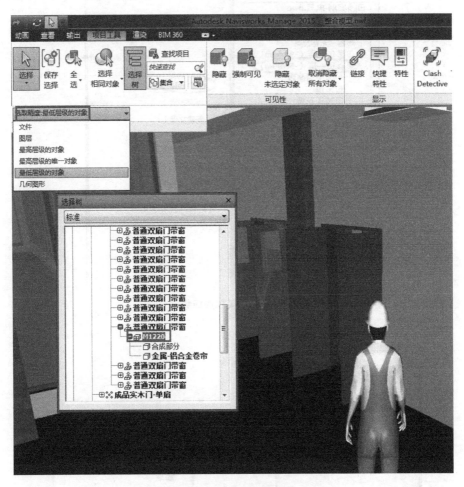

图 7-46　选择精度为最底层级的对象

7.4.2　选择集

当我们选择有多个构件，可以通过创建选择集来保存该组合，以便之后直接调用。

（1）选择功能区"常用>集合>管理集"命令，打开集合窗口；点击"选择树"中"负一层>楼板"，在"集合"窗口中右键点击"保存选择"，并将保存的"选择集"名称重命名为"楼板"，如图 7-47 所示。

（2）在集合窗口会列出所有保存好的选择集。比如按同样的方法保存好"墙"、"幕墙"、"楼梯"、"门"、"窗"选择集，集合窗口如图 7-48 所示。

（3）如果发现已经保存了的选择集不符合要求，那就需要修改并更新。可通过"选择"和"选择框"命令帮助我们选中正确的模型；右键单击需更新的选择集名称，在菜单中选择"更新"（图 7-49）。

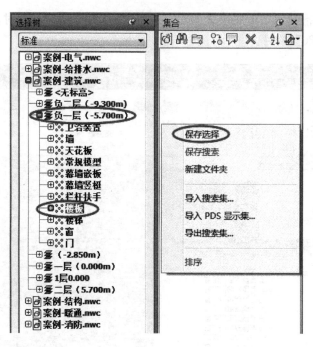

图 7-47　保存选择集

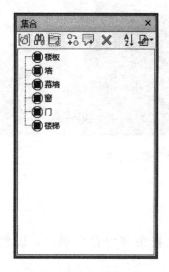

图 7-48　保存的选择集

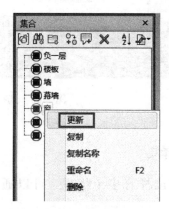

图 7-49　更新选择集

7.4.3　信息查询

Navisworks 的整合模型文件会保留 Revit 源文件中构件的属性，并可在 Navisworks 查询到这些属性值。

（1）选中某一构件比如"栏杆"之后，选择功能区"常用＞特性"命令，弹出"特性"窗口，如图 7-50 所示。"特性"窗口中根据对象的不同特性类别，将对象的特性组织为不同的选项卡。例如"项目"选项卡中，显示所选对象的"项目"类别的特性。

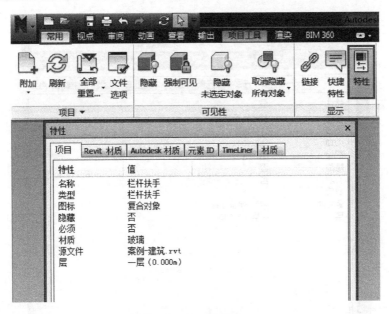

图 7-50　打开特性窗口

（2）选择对象时，不同的选取精度决定不同的特性。比如分别设置选取精度为"最低层级的对象"和"最高层级的对象"选取"栏杆"时，"特性"窗口中的信息分别如图 7-51、图 7-52 所示。

一般来说，选择精度越高，"特性"窗口中的信息也会越多。

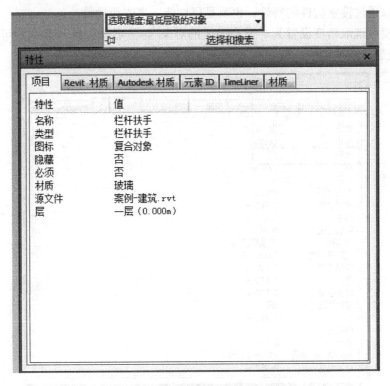

图 7-51　选取精度为最底层级的对象

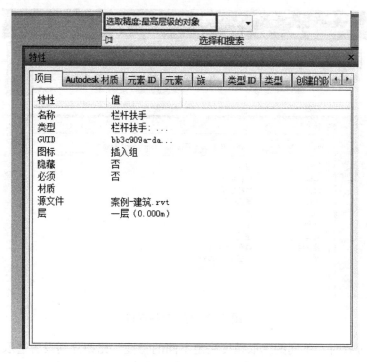

图 7-52　选取精度为最高层级的对象

7.4.4　查找项目

我们可以通过搜索构件的特性，也就是属性值，来查找构件。

（1）把模型选取精度设置为"最高层级的对象"，然后选中任一扇门，可以在特性框的"Revit 类型"选项卡中，看到其"类别"为"门"（图 7-53）。

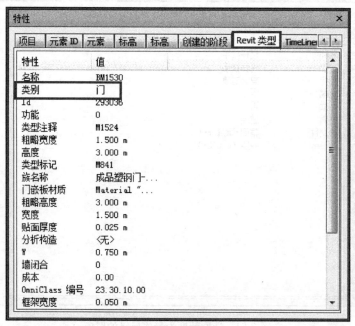

图 7-53　门的特性

（2）选择功能区"常用＞查找项目"命令，弹出"查找项目"窗口，如图 7-54 所示。

图 7-54　打开查找项目窗口

（3）在"类别"下方点击鼠标左键选择"Revit 类型"，"特性"选择"类别"，"条件"选择"＝"，"值"选择"门"，如图 7-55 所示。再点击"查找全部"，此时模型中所有的门都将选中。

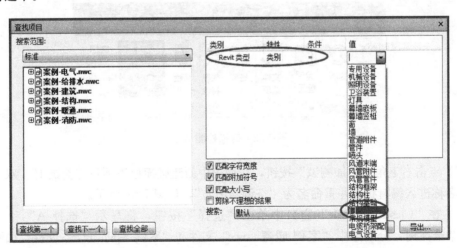

图 7-55　查找全部门

（4）点击"隐藏未选定对象"，查看所有选中的门，如图 7-56 所示。
（5）打开"集合"窗口，在空白处右键点击"保存搜索"，并将"搜索集"名称重命名为"所有门"，如图 7-57 所示。

图 7-56　显示全部门　　　　　　　　　　图 7-57　保存搜索

7.5　各专业模型碰撞检查

7.5.1　碰撞检测

在 Navisworks 中提供了专门的碰撞检测（Clash Detective）工具，用于进行模型的碰撞检查。

（1）选择功能区"常用＞Clash Detective"命令（图 7-58），打开"Clash Detective"窗口。

图 7-58　碰撞检测命令

（2）点击右上角"添加测试"按钮，在列表中新建碰撞检测项目"测试 1"。双击"测试 1"名称进入编辑状态并重命名为"空调与消防"，如图 7-59 所示。

（3）在"Clash Detective"窗口中单击"选择"按钮，将显示"选择 A"和"选择 B"两个选择树，分别选中"案例-暖通．nwc"文件和"案例-消防．nwc"文件，如图 7-60 所示。

（4）单击底部"设置"选项组中的"类型"下拉列表，在类型下拉列表中选择"硬碰撞"，设置"公差"为"0.005"，表示当两对象间的距离小于该值时，将忽略该碰撞。设置完成，单击"运行测试"按钮（图 7-61），Navisworks 将根据制定的条件进行检测。

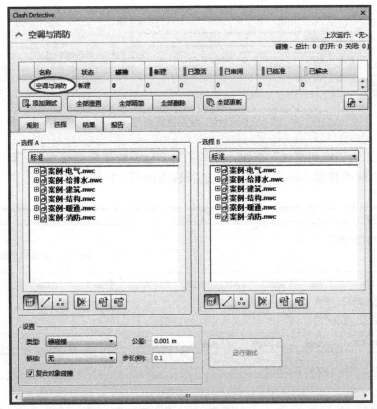

图 7-59　添加测试

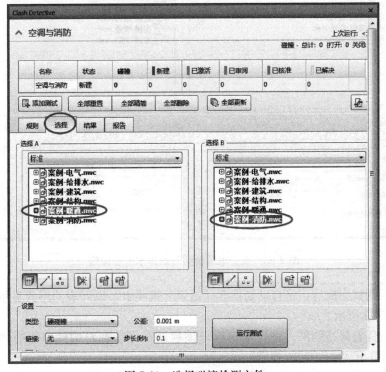

图 7-60　选择碰撞检测文件

图 7-61　设置检测条件

（5）再次点击"添加测试"按钮，并命名为"电缆桥架与给排水"，选中"案例-电气.nwc"与"案例-给排水.nwc"两个专业进行碰撞检测，如图 7-62 所示。

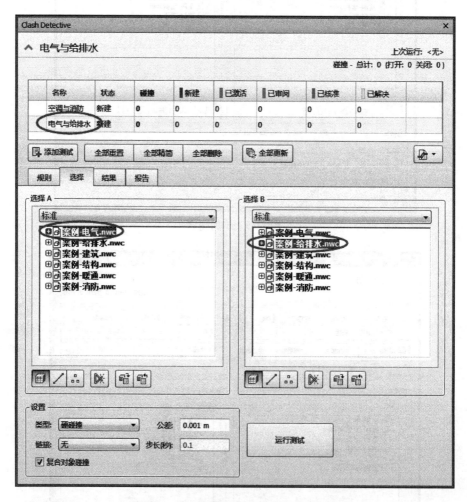

图 7-62　检查电缆桥架与给排水专业碰撞

（6）运行测试完成后，将自动切换至"结果"选项卡，以列表的形式显示碰撞检测的结果，如图 7-63 所示。

（7）单击任意碰撞结果，将自动切换至该视图，可以查看构件碰撞的情况，如点击"碰撞 4"，则可出现如图 7-64 视图。

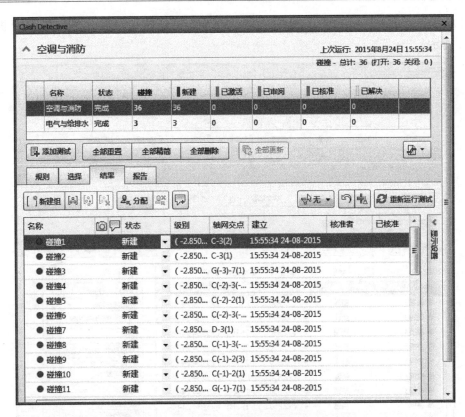

图 7-63　碰撞检测结果

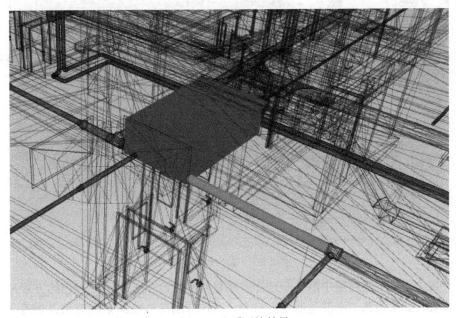

图 7-64　查看碰撞结果

7.5.2　显示控制

有了碰撞结果，我们可以打开显示设置面板，对碰撞检测结果的显示方式进行详细设置。

（1）点击"结果"选项卡右侧的"显示设置"扩展按钮，展开显示设置面板，如图 7-65 所示。

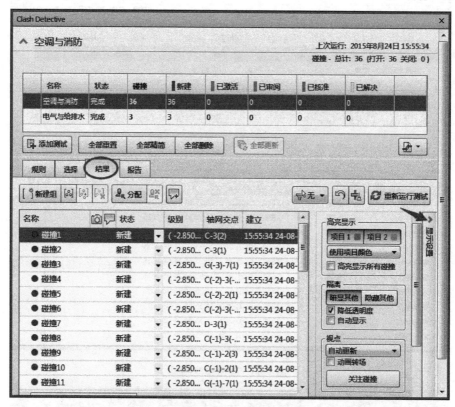

图 7-65　展开显示设置面板

（2）在"高亮显示"选项组中可以勾选"高亮显示所有碰撞"，此时将高亮显示当前"结果"选项卡中的所有碰撞结果，如图 7-66 所示。

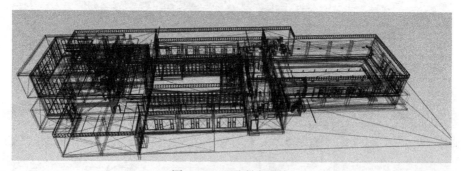

图 7-66　显示所有碰撞

（3）在"隔离"选项组中默认是选择"暗显其他"命令，表示以灰色的方式显示其他非当前对象，如果勾选"降低透明度"命令，其他非当前碰撞结果的对象以半透明线框的方式显示，通常"降低透明度"与"暗显其他"共同使用。当点击"隐藏其他"按钮，这时将隐藏所有非当前碰撞的对象，如图 7-67 所示。

（4）勾选"视点"选项组中的"动画转场"命令，点击任何一个碰撞，将以动画转场形式展现碰撞位置，如图 7-68 所示。

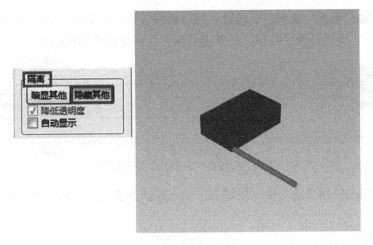

图 7-67　隐藏其他

7.5.3　导出报告

我们可以将碰撞检测结果导出成报告或视点，供各方查阅。

（1）选中"空调与消防"一项，点击"报告"，打开选项卡；在"内容"选项组中勾选需显示在报告中的碰撞检测内容，比如"摘要"、"层名称"、"项目 ID"、"距离"、"快捷特性"、"图像"、"轴网位置"等，如图 7-69 所示。

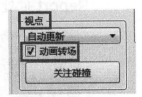

图 7-68　动画转场

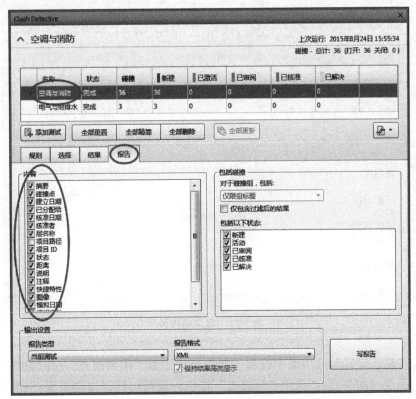

图 7-69　选择报告内容

（2）在"输出设置"选项组中设置"报告格式"为"HTML"格式；单击"写报告"按钮（图 7-70），设置好保存路径之后单击"保存"命令即可输出报告。

图 7-70　输出"HTML"格式报告

输出的"html"格式的文件可以用 IE、360 等浏览器查看，导出报告如图 7-71 所示。

碰撞

Report 批处理

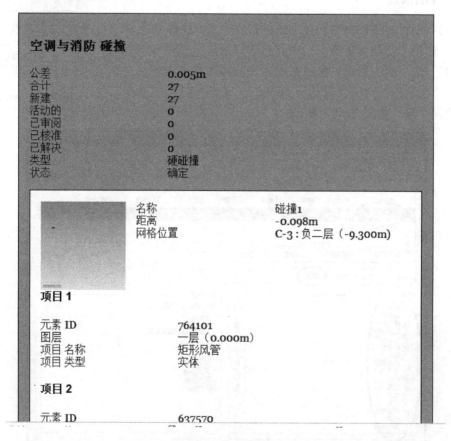

图 7-71　导出的报告

（3）在"输出设置"选项组中设置"报告格式"为"作为视点"，并勾选"保持结果高亮显示"命令（图 7-72），单击"写报告"按钮，就可以把碰撞结果保存到"保存的视点"中。

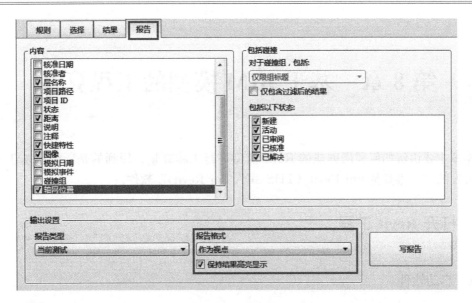

图 7-72　输出设置

（4）回到"保存的视点"窗口，就可以看到所有碰撞点都导出成视点了。点击相应视点，如"碰撞 4"，就可以查看碰撞结果了，如图 7-73 所示。

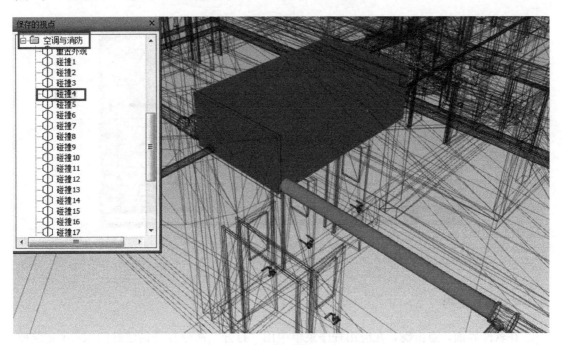

图 7-73　查看碰撞结果视点

第 8 章 基于 BIM 模型的工程算量

本章主要讲解如何利用创建的 Revit 模型进行工程算量，用到的是斯维尔基于 Revit 平台开发的"三维算量 For Revit（THS-3DA For Revit）"软件。

8.1 打开 Revit 工程

8.1.1 启动软件

双击"BIM—三维算量 for Revit"程序图标，启动"三维算量 for Revit"软件。在如图 8-1 的启动界面中，点击"立即启动"，可以立即启动软件，同时也启动 Revit。启动界面右下角可选择 Revit 版本，如 Revit 2014、Revit 2015 等。

图 8-1 软件启动界面

8.1.2 打开工程

在软件界面，点击![图标]，在应用程序菜单中用"打开"命令打开创建好的 Revit 建筑模型文件。

由于本案例项目建筑模型和结构模型是分开建模的，所以计算时需要把结构模型和建筑模型链接组合到一起参与计算。

打开了 Revit 建筑模型文件后，再选择功能区"三维算量>链接计算"命令（图 8-2），打开"链接计算管理"对话框，点击"添加链接"（图 8-3），添加 Revit 结构模型文件。

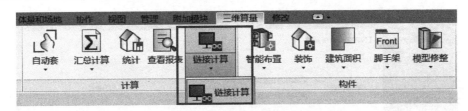

图 8-2　"链接计算"命令

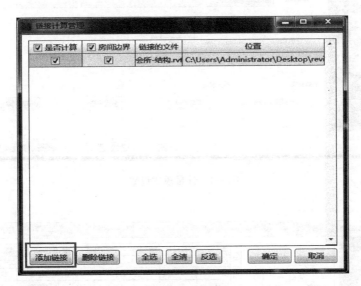

图 8-3　"添加链接"命令

8.2　工程设置

因为软件的工程设置会影响工程量计算结果，所以使用三维算量 for Revit 计算工程量的时候要根据图纸和地区的预算规范要求进行正确的工程设置。

8.2.1　计量模式

根据地区预算要求选择清单和定额规则，此处以深圳地区为例。根据图纸要求设置室内外地坪高差为 300mm，如图 8-4 所示。

8.2.2　楼层设置

楼层设置是为了设置构件的归属楼层和映射依据。为了工程数据报表的简洁和加快数据汇总速度，一般只勾选结构楼板层标高作为楼层分界线。查看图纸发现 6.3m 标高为女儿墙标高非结构楼板标高，女儿墙工程量汇总到屋面层即可，所以本项目需去除 6.3m 标高复选框，同时选择左下"归属楼层设置"为"按构件平均标高"完成楼层设置。如图 8-5 所示。

8.2.3　映射规则

构件映射是为了将 Revit 构件转化成算量软件可识别的构件，根据名称进行材料和结

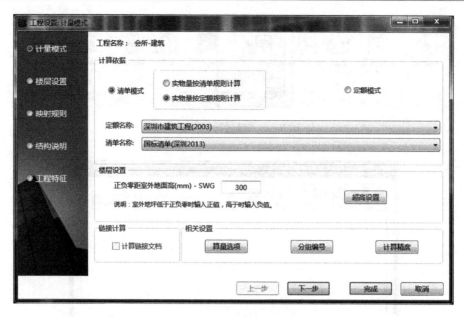

图 8-4　计量模式设置

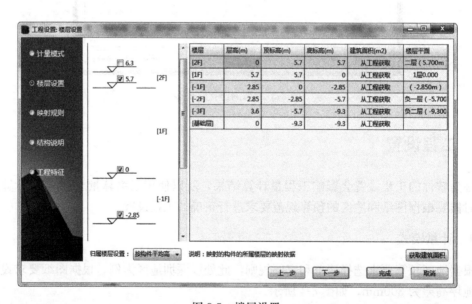

图 8-5　楼层设置

构类型的匹配，当根据族名未匹配成理想效果时，执行族名修改或调整转化规则设置，这样提高默认匹配成功率。

　　本案例项目构件族名都较为规范所以不需要修改映射规则。勾选"幕墙上嵌入的门、窗参与映射"完成设置如图 8-6 所示。

8.2.4　结构说明

　　根据项目要求，可设置混凝土材料和砌体材料如图 8-7、图 8-8 所示。

图 8-6　映射规则设置

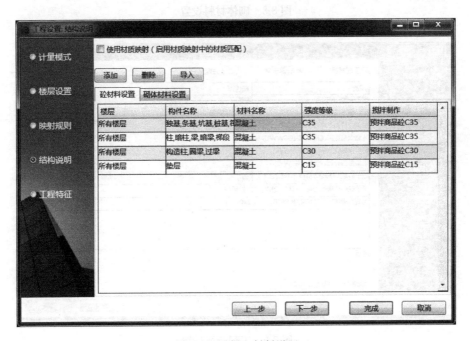

图 8-7　混凝土材料设置

8.2.5　工程特征

工程特征设置包含工程概况、计算定义、土方定义设置，其中蓝色标识的项为必填项，由于土方计算需要施工组织设计、地质勘察报告等土方计算资料，本项目土方定义采用默认设置。计算定义项的设置修改如图 8-9 所示。

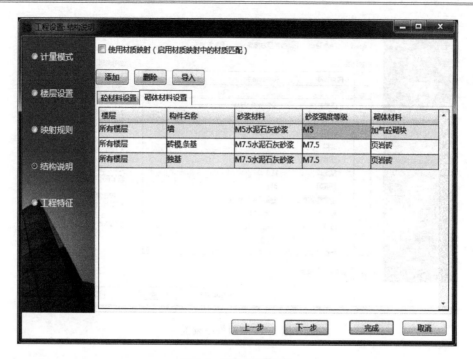

图 8-8　砌体材料设置

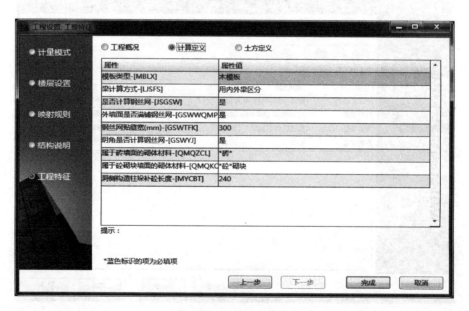

图 8-9　工程特征设置

8.3　模型映射

工程设置完成后，就可以根据设置好的构件映射规则将 Revit 模型构件转化成算量模型构件。

在"模型映射"对话框中，查看映射结果。若有不合理或错误的地方，可以手动调整。比如，根据结构施工图纸，将板厚为 250mm、200mm、220mm 的结构楼板"无梁板"修改为"有梁板"，如图 8-10 所示。

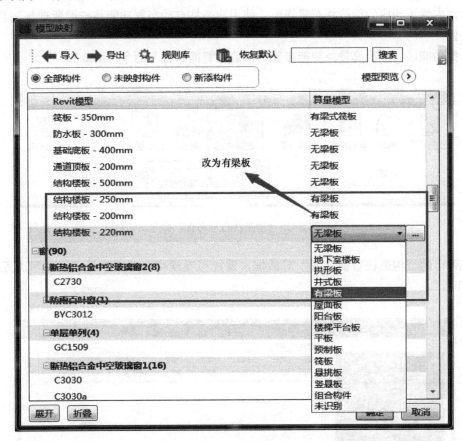

图 8-10　模型映射修改

8.4　补充构件

由于在之前的 Revit 建模过程中，没有创建构造柱、过梁、圈梁、装饰等构件模型，而这些构件在算量过程中又是必须要考虑的，所以为了计算完整的工程量就需要补充建立 Revit 模型缺少的算量构件。

本案例项目没有布置的算量构件有构造构件（构造柱、过梁、圈梁）、装饰（墙面、地面、踢脚、天棚）、脚手架等，可以采用功能区"三维算量"选项卡下提供的补充构件模块来创建（图 8-11）。

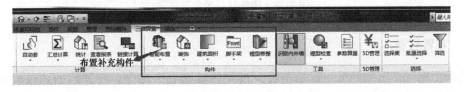

图 8-11　补充构件模块

8.4.1 布置构造柱

软件内置了相应的构造柱布置规范，使用构造柱自动布置功能将按照所选规则自动生成构造柱。

选择功能区"三维算量>智能布置>构造柱智能布置"命令（图 8-12）。

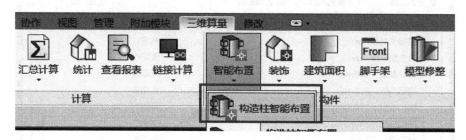

图 8-12 "构造柱自动布置"命令

在弹出的"构造柱智能布置"对话框，设置布置规则，如图 8-13 所示，完成后点击"自动布置"。

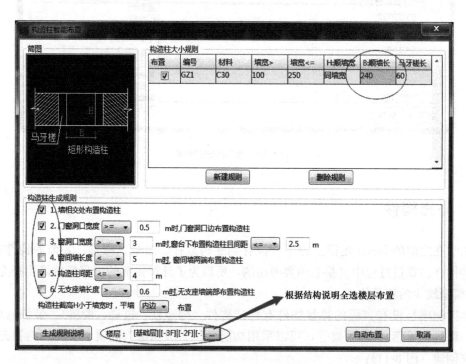

图 8-13 构造柱自动布置设置

8.4.2 布置过梁

选择功能区"三维算量>智能布置>过梁智能布置"命令，在弹出的"过梁智能布置"对话框，设置布置规则，如图 8-14 所示，完成后点击"自动布置"。

图 8-14　过梁自动布置

8.4.3　布置压顶

选择功能区"三维算量＞智能布置＞压顶智能布置"命令，在弹出的"压顶智能布置"对话框，设置布置规则，如图 8-15 所示，完成后点击"自动布置"。

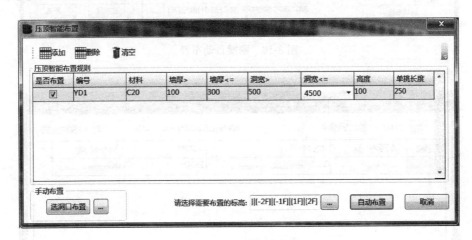

图 8-15　压顶自动布置

8.4.4　布置圈梁

选择功能区"三维算量＞智能布置＞圈梁智能布置"命令，在弹出的"圈梁智能布置"对话框，设置布置规则，如图 8-16 所示，完成后点击"自动布置"。

8.4.5　布置垫层

选择功能区"三维算量＞智能布置＞垫层智能布置"命令，在弹出的"垫层智能布置"对话框，设置布置规则，如图 8-17 所示，完成后点击"确定"。

8.4.6　布置砖模

选择功能区"三维算量＞智能布置＞砖模智能布置"命令，在弹出的"砖模智能布置"对话框，设置布置规则，如图 8-18 所示，完成后点击"确定"。

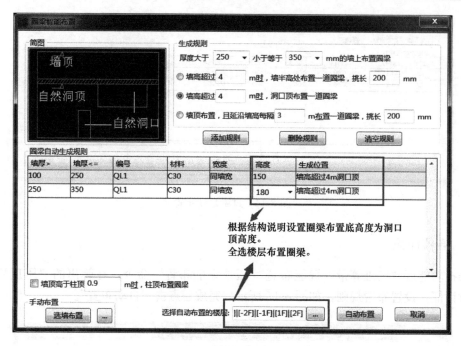

图 8-16　圈梁自动布置

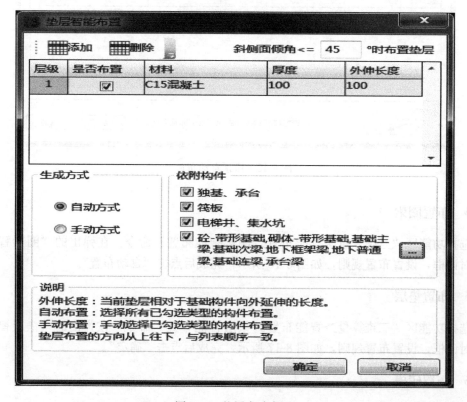

图 8-17　垫层自动布置

8.4.7　布置外墙装饰

本案例项目外墙装饰采用了多种材料，我们先定义外墙墙面，再手动布置外墙装饰。

1) 外墙墙面定义

选择功能区"三维算量>装饰>外墙装饰布置"命令，在弹出的"外墙布置"对话框，定义墙面装饰。以负一层标高－5.7m 外墙面布置为例，定义墙面如图 8-19 所示。

2) 外墙布置

选择功能区"三维算量>装饰>墙面布置"命令，在弹出的"墙面布置"对话框，选择刚刚定义的墙面（图 8-20），确定后，在绘图区沿着外墙外边线手动布置外墙装饰，如图 8-21 所示。

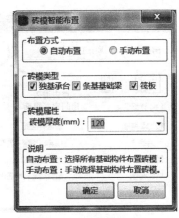

图 8-18　砖模自动布置

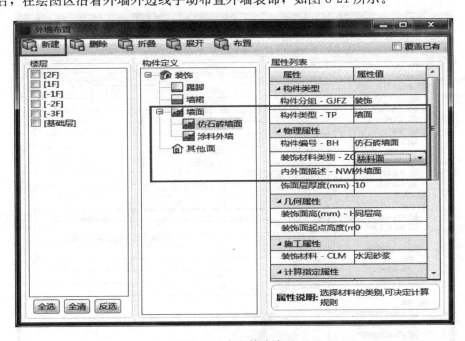

图 8-19　定义外墙墙面

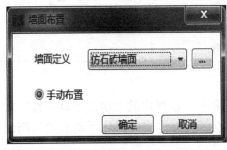

图 8-20　"墙面布置"对话框

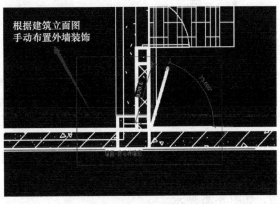

图 8-21　手动布置外墙装饰

311

图 8-22 "房间手动布置"对话框

8.4.8 布置房间装饰

房间装饰一般包含墙面、楼地面、踢脚、天棚装饰等，是基于房间进行定义的。我们先定义房间装饰，再进行手动布置。

1）房间装饰定义

选择功能区"三维算量＞装饰＞房间手动布置"命令，在弹出的"房间手动布置"对话框，点击进入房间定义界面，如图 8-22 所示。

在弹出的"构件列表"对话框，定义房间装饰如图 8-23 所示。

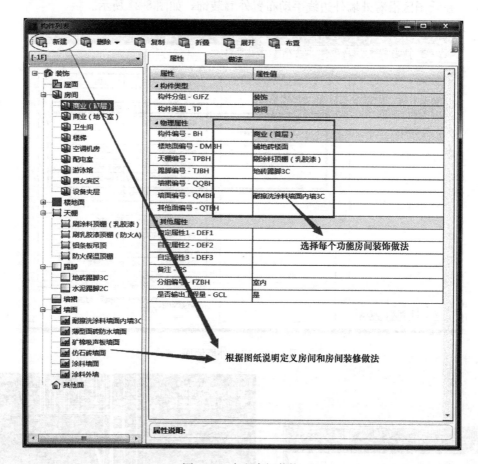

图 8-23 定义房间装饰

2）房间装饰布置

选择功能区"三维算量＞装饰＞房间手动布置"命令，在弹出的"房间手动布置"对话框，选择刚刚定义的房间（图 8-24），确定后，在绘图区点击房间区域手动布置房间装饰，如图 8-25 所示。

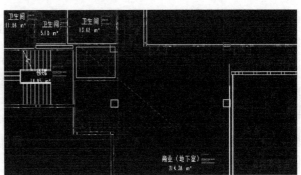

图 8-24　"房间手动布置"对话框　　　　　图 8-25　手动布置房间装饰

8.4.9　布置屋面

1) 屋面定义

选择功能区"三维算量＞装饰＞屋面布置"命令，在弹出的"屋面布置"对话框（图 8-26），点击进入屋面定义界面。

在弹出的"构件列表"对话框，定义屋面如图 8-27 所示。

图 8-26　"屋面布置"对话框

2) 屋面布置

选择功能区"三维算量＞装饰＞屋面布置"命令，在弹出的"屋面布置"对话框，选择刚刚定义的屋面，在绘图区手动绘制封闭区域布置屋面，如图 8-28 所示。

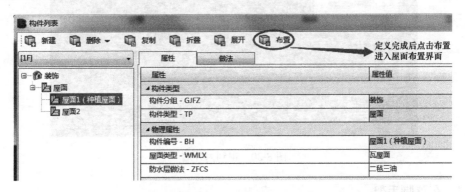

图 8-27　定义屋面

图 8-28　手动布置屋面

图 8-29　新建建筑面积平面

8.4.10　布置建筑面积

1）创建建筑面积平面

选择功能区"三维算量＞建筑面积＞创建建筑平面"命令，在弹出的"新建建筑面积平面"对话框（图 8-29），选择要新建建筑面积平面的标高，确定后即可创建 BIMC 建筑面积平面。

2）创建建筑平面边界

双击进入项目浏览器中"面积平面（BIMC 建筑平面）"目录下的平面视图，选择功能区"三维算量＞建筑面积＞创建面积边界"命令，识别内外墙，布置面积边界线。如图 8-30、图 8-31 所示。

3）创建建筑面积

选择功能区"三维算量＞建筑面积＞创建建筑面积"命令，在绘图区点击面积边界区域创建建筑面积，如图 8-32 所示。

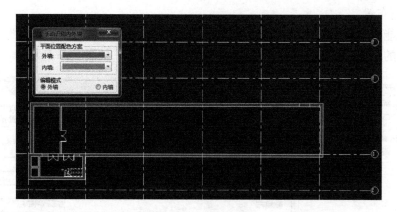

图 8-30　识别内外墙

8.4.11　布置脚手架

1）创建脚手架平面

选择功能区"三维算量＞脚手架＞脚手架平面"命令，在弹出的"新建脚手架平面"对话框（图 8-33），选择要新建脚手架平面的标高，确定后即可创建。

2）布置脚手架

选择功能区"三维算量＞脚手架＞脚手架手动建模"命令（图 8-34），在绘图区手动绘制脚手架。

根据结构立面图设置脚手架搭设高度，以负一层为例，设置搭设底高度为－6.000m，顶部搭设高度为 1.200m，属性设置如图 8-35 所示。

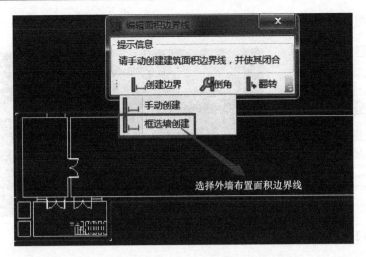

图 8-31　布置面积边界

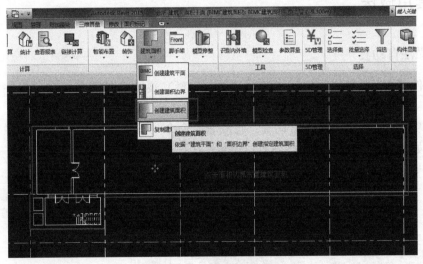

图 8-32　创建建筑面积

图 8-33　新建脚手架平面

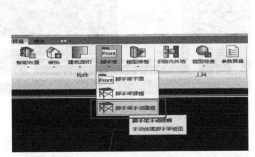

图 8-34　"脚手架手动建模"命令

在三维视图查看脚手架布置效果如图 8-36 所示。

图 8-35　脚手架属性设置

图 8-36　脚手架完成效果

8.5　套用做法

8.5.1　做法自动套

本软件可按照设置好的地区做法（清单、定额）规则，对符合所选的构件自动挂接做法。

选择功能区"三维算量＞自动套＞自动套"命令（图 8-37），勾选需要套做法的楼层和构件，如图 8-38 所示，本案例项目门窗和栏杆扶手只出实物量。

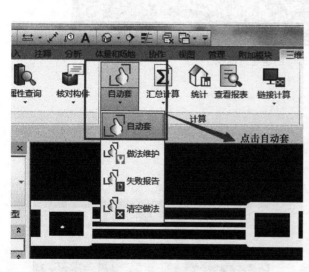

图 8-37　"自动套"命令

图 8-38　选择自动套楼层和构件

选择功能区"三维算量＞自动套＞失败报告"命令，可以打开没有自动套上做法的所有构件的报告（图 8-39），这些构件需手动挂接做法或者直接输出实物量。

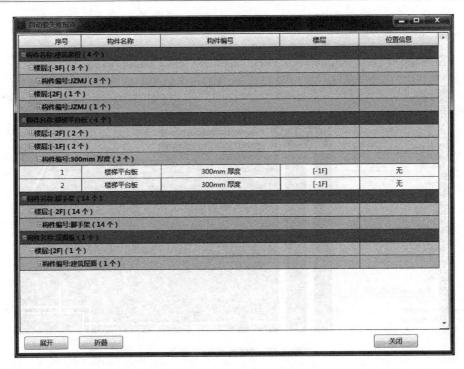

图 8-39　自动套失败报告

8.5.2　手动补充挂接做法

"自动套"没有挂上做法的构件可以根据图纸和地区预算信息进行手动挂接做法。

双击如图 8-40 所示的"失败报告"里的构件名称，可以定位到模型构件，如楼梯平台板。

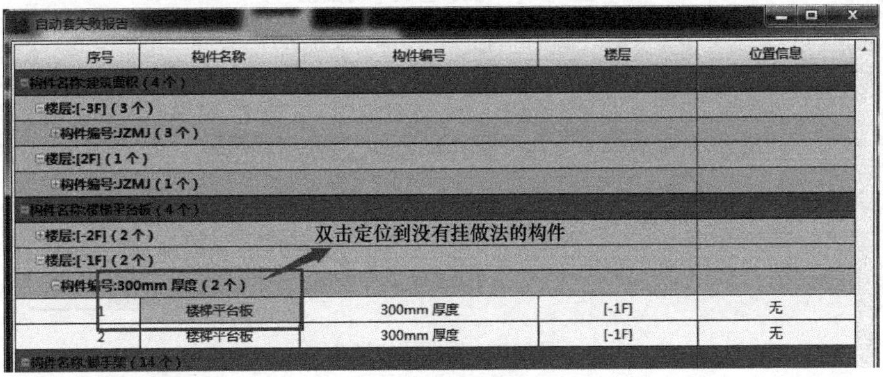

图 8-40　定位模型构件

在绘图区，楼梯平台板高亮显示，选择功能区"三维算量＞属性查询"命令（图 8-41），打开构件属性查询框。

在构件属性查询对话框（图 8-42），点击"做法"，在"添加实例做法"对话框内手动挂接构件做法，如图 8-43 所示。

图 8-41 "属性查询"命令

图 8-42 "属性查询"对话框

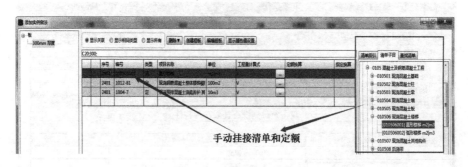

图 8-43 手动挂接做法

8.6 分析统计

选择功能区"三维算量＞汇总计算"命令，在弹出的"汇总计算"对话框，根据需要选择要计算楼层和构件，如图 8-44 所示。

确定后，软件将按照相关规则进行汇总计算，显示如图 8-45 所示的进度。

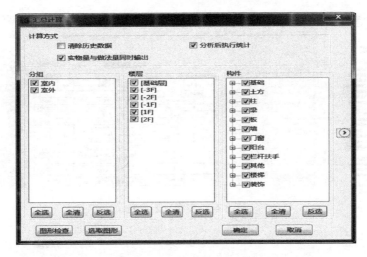

图 8-44　"汇总计算"对话框

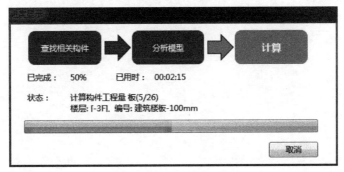

图 8-45　汇总计算进度显示

8.7　输出报表

选择功能区"三维算量＞查看报表"命令，可以根据需要勾选相应报表输出、打印。如图 8-46 为分部分项工程量清单汇总表，图 8-47 为实物量汇总表。

图 8-46　分部分项工程量清单汇总表

图 8-47　实物量汇总表

第9章　BIM模型5D应用

9.1　软件运行环境

在进行 5D 应用前，首先需建立造价模型。此处，我们讲解一下广联达软件如何利用之前章节中建立的 Revit 模型文件建立所需的造价模型。

9.1.1　建筑结构专业

建筑结构专业的造价模型建立需要通过广联达 GFC 插件将建好的 Revit 建筑结构模型导入到广联达土建 BIM 算量软件 GCL 中，赋予工程当地的计算规则，然后再导入广联达 BIM5D，进行集成算量。

为确保模型的转换效率，导入之前可参考"广联达算量模型与 Revit 土建三维设计模型建模交互规范"，了解 Revit 模型需要考虑或遵循的建模要求。交互规范的文档可从 http://bim. fwxgx. com/portal. php? mod＝view&aid＝218 处下载，下载页面如图 9-1 所示。

建立建筑结构专业的造价模型的操作步骤如下：

第 1 步：在本地安装好"广联达 GFC 插件"，如图 9-2 所示。

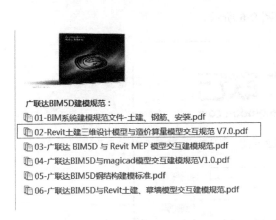

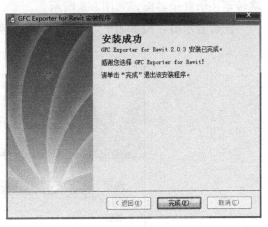

图 9-1　交互规范的下载页面 　　　　　　　　图 9-2　GFC 插件安装

第 2 步：安装插件后启动 Revit，在 Revit 中打开案例项目的建筑或结构文件，在菜单"附加模块"下，点击，会弹出合并楼层窗口，之后按照提示执行即可导出 GFC 工程文件，如图 9-3 所示。

第 3 步：运行安装好的广联达土建 BIM 算量软件 GCL，双击 GCL 图标，选择当地的计算规则，点击命令"BIM 应用＞导入 Revit 交换文件（GFC）"，如图 9-4 所示。

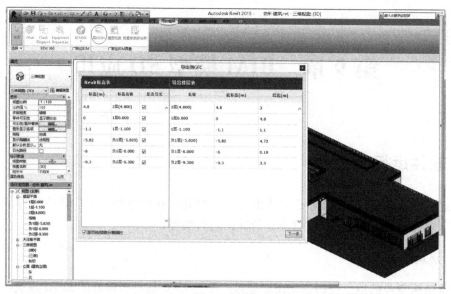

图 9-3　Revit 附加模块

图 9-4　GCL 中导入 Revit 交换文件

对于初次使用该功能的用户，执行"导入 Revit 交换文件（GFC）"命令时，页面会跳转至注册登录界面，如图 9-5 所示。

注册登录后，提示如下，输入邀请码，如图 9-6 所示。

图 9-5　广联云登录界面

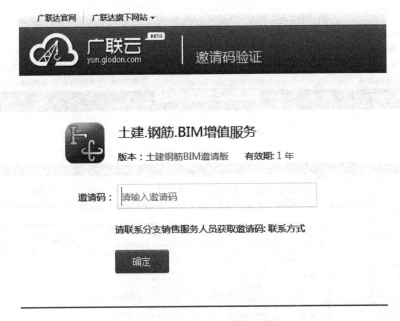

图 9-6　BIM 增值服务邀请码输入

　　输入邀请码确定后弹出如图 9-7 界面，表示注册成功，GCL 的"导入 Revit 交换文件（GFC）"功能就可以正常使用了。

图 9-7　增值服务注册成功

　　第 4 步：在 GCL 中，点击菜单"BIM 应用"下拉表中的 导出BIM交互文件(IGMS)，如图 9-8 所示，将会保存一个 IGMS 格式的项目工程文件。
　　第 5 步：安装并打开广联达 BIM5D 软件，导航栏切换到"数据导入"，导入类型选择"模型导入"，选择"实体模型"，点击"添加模型"，弹出选择窗口后选择之前导出的后缀为". IGMS"的项目文件，如图 9-9 所示。

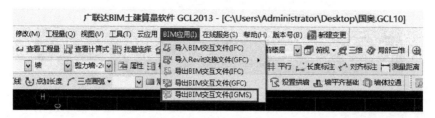

图 9-8　导出 IGMS 文件

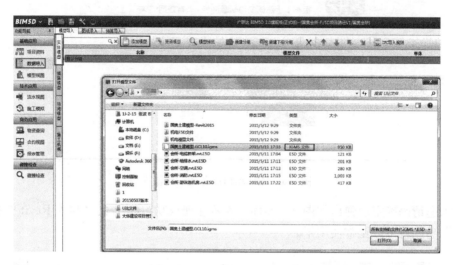

图 9-9　BIM5D 导入 BIM 文件

如果项目分成多个模型文件，要在 BIM5D 中逐个添加，若模型文件的原点设置不一致，添加的模型在 BIM5D 中会重叠显示，解决该问题有两个方法：一是在建模软件中分别去调整原模型的原点，再导入 BIM5D；二是在 BIM5D 中进行模型位置的调整，可如图 9-10

图 9-10　在 BIM5D 中调整模型

所示在模型预览中调整模型。

至此，BIM5D 中建筑结构专业的造价模型就创建完成了。

9.1.2　机电专业

机电专业造价模型的建立，是将 Revit 机电模型文件导出为广联达 E5D 文件，再导入到广联达 BIM5D 中，通过 BIM5D 进行集成算量。

此处需要说明的是，如果机电模型是用 Magicad 软件创建的，则要将机电模型文件导入到广联达安装 BIM 算量软件 GQI，在 GQI 中生成 IGMS 文件后导入到 BIM5D 中。

建立机电专业的造价模型的操作步骤如下：

第 1 步：下载并安装好广联达 E5D 插件"IGMSExporter"，在 Revit 附加模块中会生成名为"BIM5D"的图标。打开要转换的案例项目机电模型文件，点击选择"导出到BIM5D"，如图 9-11 所示。

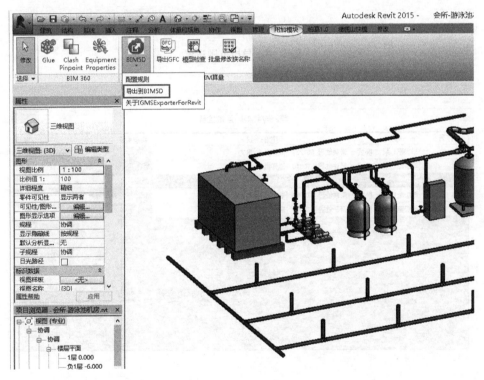

图 9-11　导出到 BIM5D

第 2 步：进行导出设置，在设置导出地址后弹出"范围设置"窗口，选择"机电"及需要导出的楼层，点击"下一步"，如图 9-12 所示。

第 3 步：进行导出设置中的系统检查，对于多义性的构件可以给它指定系统，如图 9-13 所示。

第 4 步：在导出设置中把 Revit 机电模型的系统类型指定到 BIM5D 的机电专业，虽然插件中已经内置系统对应某些专业，但是由于系统类型命名不统一，需要人为判断和调

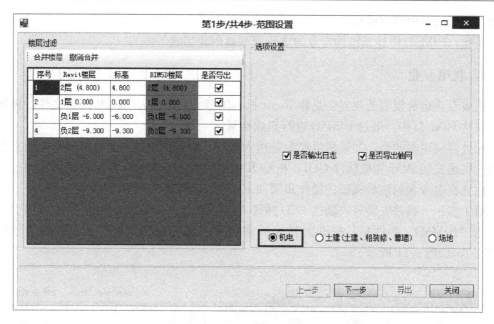

图 9-12　导出范围设置

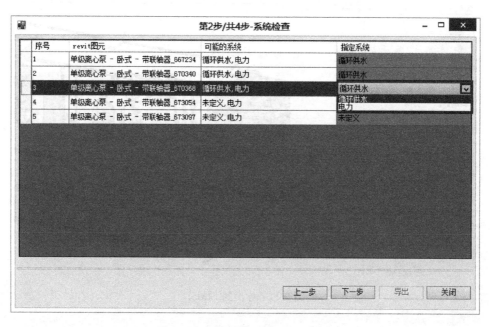

图 9-13　多义性图元指定唯一系统

整，如图 9-14 所示。

　　注意：此处所说的 Revit 的系统类型即对应于图 9-15 所示的 Revit 构件属性栏中"系统类型"一项的属性值。

　　第 5 步：在导出设置中进行图元检查，对多义性图元、未识别图元指定相应的 BIM5D

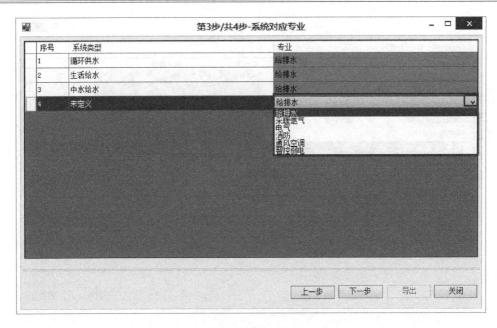

图 9-14　系统类型对应 BIM5D 专业

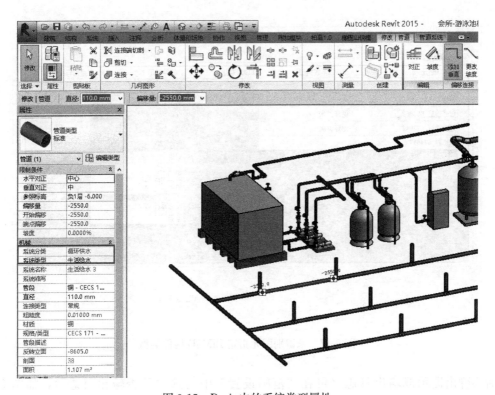

图 9-15　Revit 中的系统类型属性

专业和构件类型（图 9-16、图 9-17），还可控制这些图元是否导出。

第 6 步：完成导出设置后，点击"导出"便可将机电模型导出为 E5D 文件，导出完

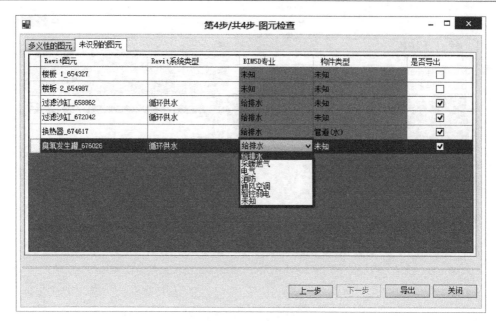

图 9-16　未识别图元指定 BIM5D 专业

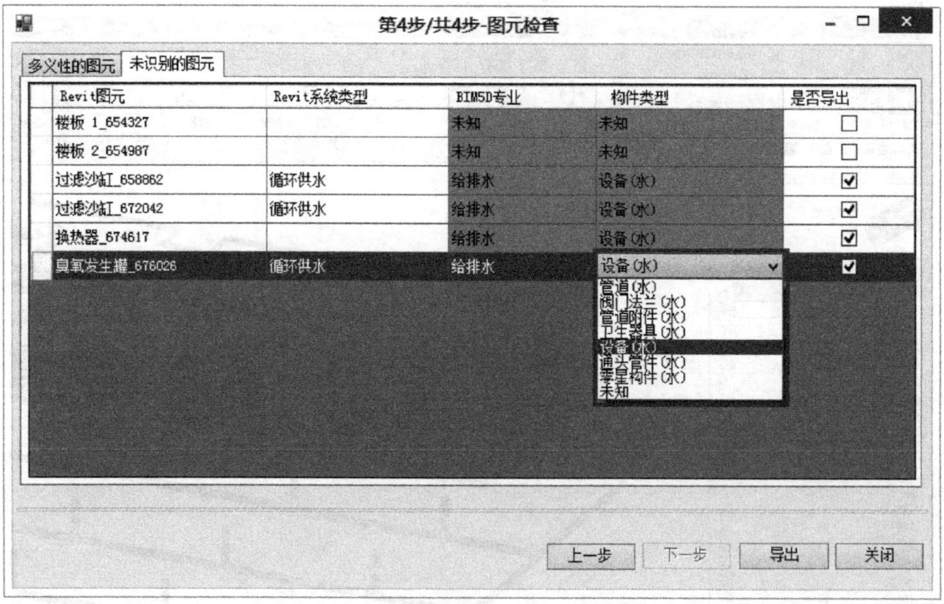

图 9-17　未识别图元指定 BIM5D 构件类型

成后会弹出提示或输出日志（可在"范围设置"中勾选"是否输出日志"），如图 9-18 所示。

　　第 7 步：打开 BIM5D 软件，导航栏切换到"数据导入"，导入类型选择"模型导入"，选择"实体模型"，点击"添加模型"，弹出选择窗口后选择之前导出的后缀为".E5D"的项目文件，如图 9-19 所示。

图 9-18　导出成功提示和日志

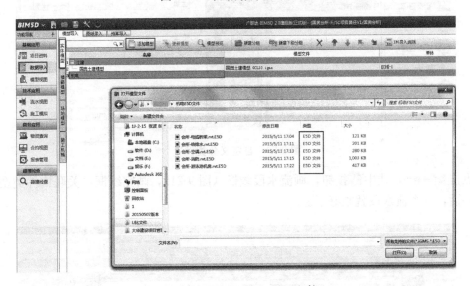

图 9-19　BIM5D 导入 E5D 文件

至此，BIM5D 中机电专业的造价模型就创建完成了。

9.2　5D 应用准备

造价模型建立好后，模型数据完整的话，就可以在广联达 BIM5D 中设置模型范围，出对应的构件工程量，这是基本的算量应用。如果需要深入的 5D 造价应用，如月度报量，需要按月出清单量，就需要将进度任务与模型关联，且将合同预算与模型关联。在进度关联模型之前，还需要将项目按照施工组织设计的施工流水段进行划分。

本节主要讲解如何在广联达 BIM5D 中进行模型相关的设置，为之后的 BIM5D 应用做好准备。

9.2.1　施工流水段划分

在广联达 BIM5D 中，切换到  流水视图页面，选择土建专业，点击 自定义分类，选择专业、楼层后，点击"确定"，如图 9-20 所示。

图 9-20　自定义分类设置

点击 新建流水段，选中 按钮，画流水段线框（图 9-21），画完线框，关联构件类型，关联成功后，一个流水段就画好了。

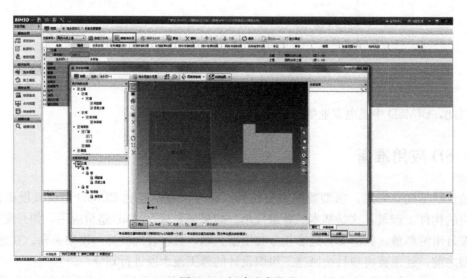

图 9-21　新建流水段

绘制完成一个流水段后，重复以上操作，分别进行其他流水段的绘制，直至当前项目流水段绘制完成。

9.2.2　进度与模型关联

打开全专业模型的 BIM5D 工程文件，切换到 施工模拟 页面，点击 导入MSProject ，在系统弹出的"导入 MSProject"窗口，选择案例项目的进度计划表（图 9-22），在"导入进度计划"窗口，选择"计划时间"和"覆盖导入"（图 9-23），就可将案例项目的计划文件导入 BIM5D。

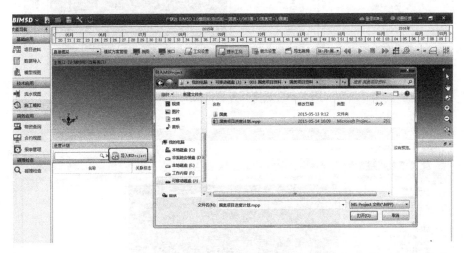

图 9-22　选择进度计划表

选择要关联的进度任务项，比如"负一二层主体施工"，点击 进度关联模型 ，系统自动弹出"进度关联模型"窗口，如图 9-24 所示。

系统提供了两种关联方式：自动关联和手动关联。自动关联即为进度任务项与流水段进行关联，手动关联为进度任务项与模型构件进行关联。案例项目中进度计划编制与流水段不一致，所以我们这个项目采用手动关联的方式进行。

目前任务项为"负一二层主体施工"，在"进度关联模型"窗口中，选择"手工关联"，在模型范围设置中的"楼层-构件类型"窗口，勾选负一二层，再勾选所有的构件类型。如图 9-25 所示。

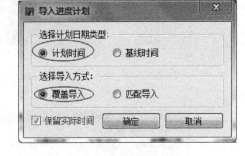

图 9-23　进度导入设置

设置好关联范围后，点击 选中图元关联到进度 ，负一二层所有构件和"负一二层主体施工"就建立好了关联关系。如图 9 26 所示。

关联完成的结果就是负一二层所有构件的计划开始和计划结束时间均为该任务项的计划开始和计划结束时间，检验关联成果，可切换到 模型视图 ，选择负一二层任一构件，查看进度任务，如图 9-27 所示。

按照上述步骤，逐一将进度任务项与相应的模型构件进行关联，模型就可以被赋予时间信息。

图 9-24　进度任务项自动关联模型

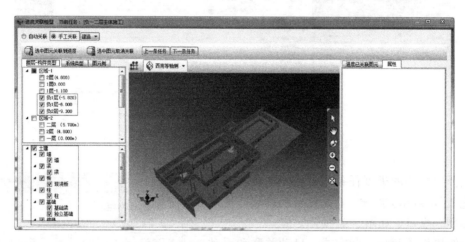

图 9-25　手动关联模型

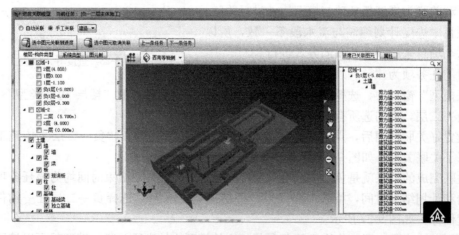

图 9-26　已关联进度的模型

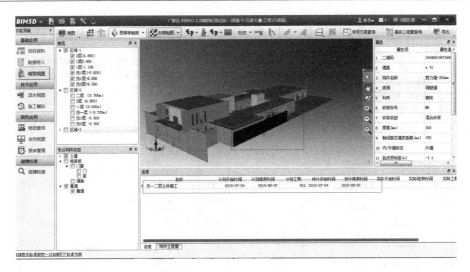

图 9-27　查看对应计划任务项

9.2.3　清单与模型关联

进度任务项和模型关联后，模型就有了时间信息，接下来需要将清单和模型关联，给模型赋予造价信息。

清单与模型关联，首先需要在广联达 BIM5D  页面中点击"预算导入"，选择案例项目的合同预算文件（图 9-28），导入到 BIM5D 中。

图 9-28　导入预算文件

预算文件导入后，点击 清单关联，系统弹出清单关联窗口，在此就可以为各清单项关联模型构件了。此处以案例项目清单项"010504001002　直形墙"为例，选择该清单项，在右侧"属性范围"窗口选择专业为"土建"，选择构件类型为"墙"，如图 9-29 所示。

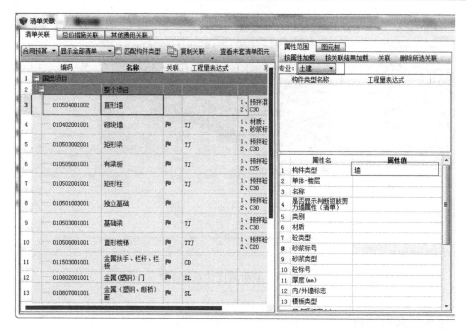

图 9-29　设置构件类型

设置好清单项"010504001002　直形墙"对应的构件类型后，点击 按属性加载 ，则右侧模型显示区域显示案例项目土建专业所有墙构件，如图 9-30 所示。

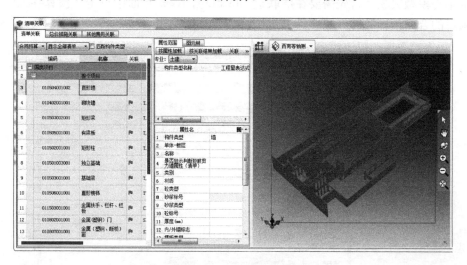

图 9-30　显示加载模型

点击 关联 ，系统自动将案例项目中土建专业的墙构件与清单项"010504001002　直形墙"关联上，"清单已关联图元"窗口中可查看详细关联的内容，如图 9-31 所示。

关联完成后，还有一步重要的操作就是设置工程量表达式，默认系统会给，也可以手动调整。手动调整，需要点击工程量表达式列，点击三点按钮，系统弹出工程量代码列表窗口，可以选择其他工程量代码或者进行代码的运算。如图 9-32、图 9-33 所示。

设置完工程量表达式后，该清单与模型的关联关系建立完成，检验关联成果，可切换到 模型视图 ，选择任一"直形墙"，查看清单工程量，如图 9-34 所示。

图 9-31　清单已关联图元

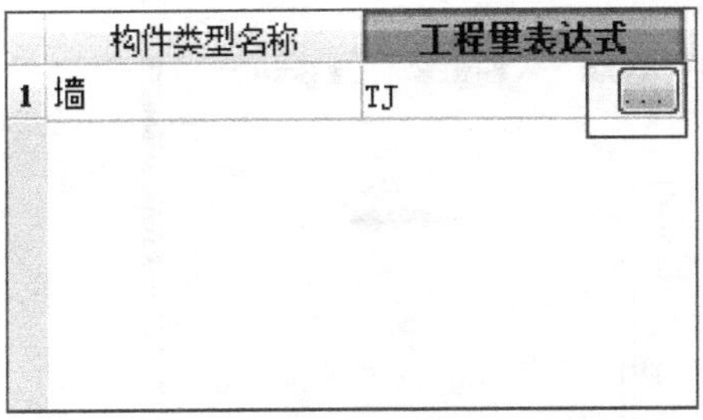

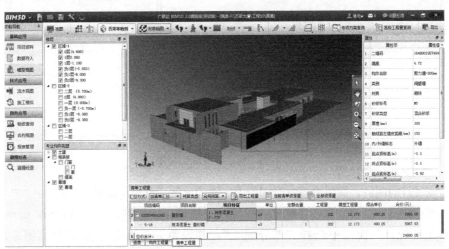

图 9-32　弹出工程量表达式窗口

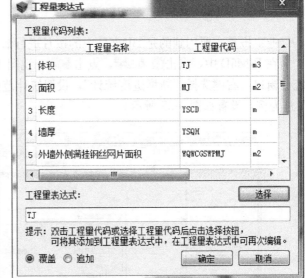

图 9-33　设置工程量表达式

图 9-34　按构件查看清单工程量

按此步骤，可逐一将清单项与模型构件关联。模型赋予价格信息后，就可以进行 5D 造价相关的应用了。

9.3 5D 应用

经过之前的流水段划分、进度与模型关联，清单与模型关联后，模型上就有了时间和造价信息了，就可以按时间段查看模型对应的清单工程量，对施工方来说可以做业主报量、竣工结算；对甲方来说可以做报量审核和结算审核。除了这些工程量方面的应用外，广联达 BIM5D 还可以模拟项目的资金情况，让投资方预知项目的资金需求情况，及时进行资金安排；还可以进行资源模拟，提前编制物资采购计划和劳务计划等。

本节将对广联达 BIM5D 的各项应用进行逐一讲解。

9.3.1 业主报量

业主报量主要用到的是 BIM5D 中的按月进行清单工程量统计的功能。

在 BIM5D 中，点击 🕐 施工模拟，点击 📊 视图，视图下拉选中"进度统计"，系统弹出进度统计窗口，右键选择"新增进度统计"，设置统计范围，在此，我们以统计时间为 2015 年 7 月为例，设置如图 9-35 所示。

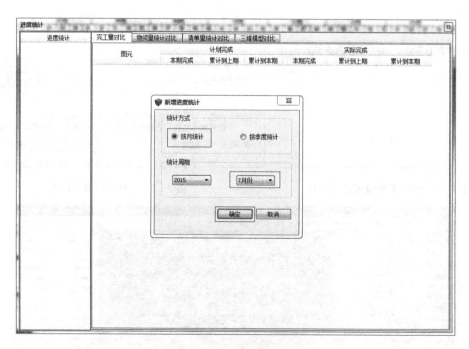

图 9-35 新增进度统计周期

设置完统计时间后，需要设置本时间段内完成的比例。点击时间轴，选择 2015 年 7 月，模型显示区域会出现与 2015 年 7 月对应的模型，选择模型，右键，点击 设置实际完工量（需打开进度统计窗体），在"选择进度统计"窗口中选择"部分完工"，并设置完工百分比为 90%（图 9-36），确定完成。

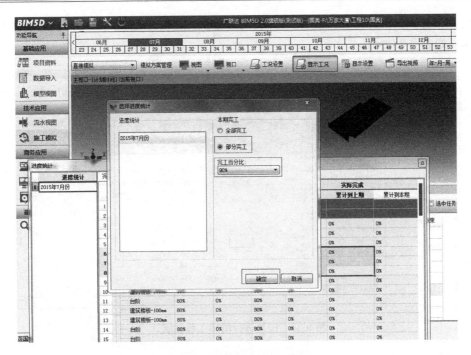

图 9-36　设置实际完工百分比

设置完工百分比后，"完工量对比"一栏中"实际完成"的"本期完成"百分比均为设置的 90%，如图 9-37 所示。

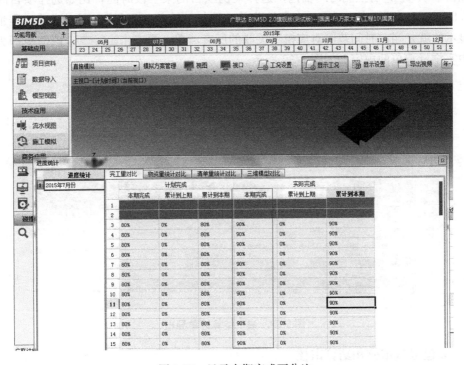

图 9-37　显示本期完成百分比

点击"清单量统计对比"标签，切换到清单页面，点击![导出Excel]，即可进行业主报量的工作，如图 9-38 所示。

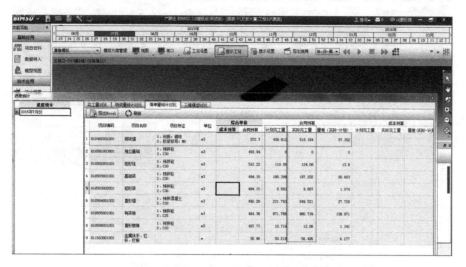

图 9-38　按月进行清单工程量统计

9.3.2　竣工结算

除了可以按时间段出清单工程量外，选择项目的持续时间，可以协助进行竣工结算工作。

点击![施工模拟]，右上侧时间轴拖拉选择案例项目的某一段时间，比如选择项目时间为"2015.5～2015.11"，点击![视图]，在下拉菜单中选择"清单工程量"，则"清单工程量"页面中显示的就是当前时间范围对应模型关联的所有清单，再点击![导出工程]，该清单即为竣工结算中实物量清单的内容。如图 9-39 所示。

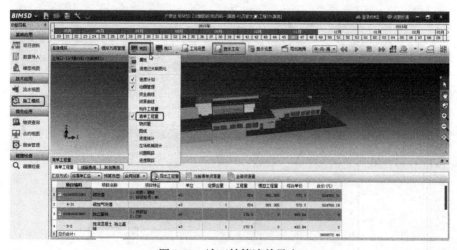

图 9-39　竣工结算清单导出

9.3.3　分包报量审核和结算审核

拿到分包报审的内容，在![模型视图]，选择分包对应的工程范围，可以查看对应的收入清单（图 9-40）。点击全部资源量，可以查看当前范围内，对应的人材机的合同收入部分（图 9-41），这样即可协助进行分包审核工作。

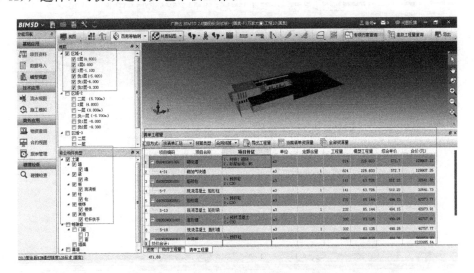

图 9-40　选择范围查看清单工程量

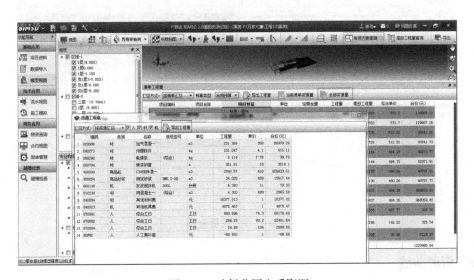

图 9-41　选择范围查看资源

9.3.4　资金曲线

BIM5D 的模型中对应有时间和造价信息，可自动分析出某个时间点对应的造价，形成资金曲线图，便于进行资金安排。

点击 施工模拟，点击 视图，在下拉菜单中选择"资金曲线"，系统弹出资金曲线窗口，窗口中点击 进度总曲线，系统自动生成案例项目的资金曲线图（图 9-42），点击 导出图表，资金曲线可导出图片，直接作为资金计划中的附件使用。

资金曲线可以设置显示累计值还是当月值，显示节点可以是按月或者按周，按照要求设置完成后，点击 导出图表（图 9-43），可直接在资金报告中体现。

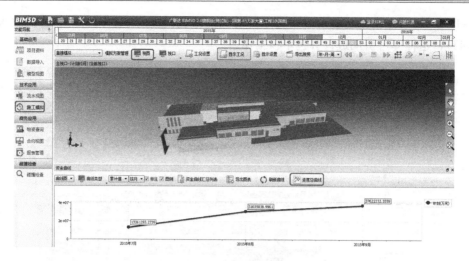

图 9-42　资金曲线图

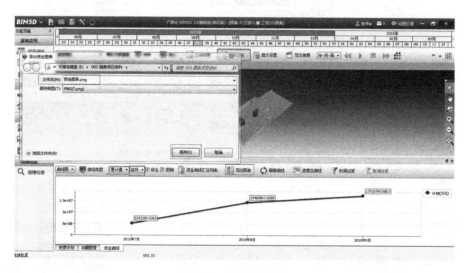

图 9-43　生成资金图

9.3.5　资源曲线

BIM5D 中可以按照人材机进行归类，按时间分类统计资源的需用量，用于编制劳务计划和物资采购计划。

点击 施工模拟，点击 视图，在下拉菜单中选择"资源曲线"，系统弹出资源曲线窗口，窗口中点击 曲线设置，在弹出窗口中进行物资的归类。

第 1 步：物资归类。

曲线设置窗口中，资源类别选择"人"，窗口中自动显示类别为"人"的资源，逐个选择人工，点击 添加到曲线，输入"工日统计"，确定完成。曲线设置窗口右侧显示区域自动新增分类为"工日统计"的分类和资源。如图 9-44 所示。

主要材料的统计和以上工日统计操作类似。

机械台班的统计步骤为，在曲线设置窗口中，资源类别选择"机"，窗口中自动显示

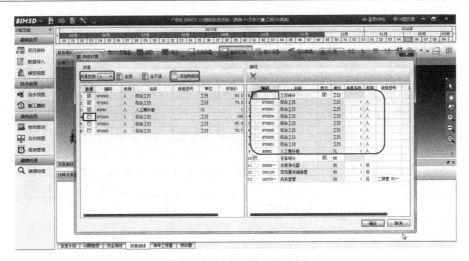

图 9-44　工日曲线设置

类别为"机"的机械，逐个选择机械，点击 添加到曲线，输入"机械台班统计"，确定完成。曲线设置窗口右侧显示区域自动新增分类为"台班统计"的分类和资源。如图 9-45 所示。

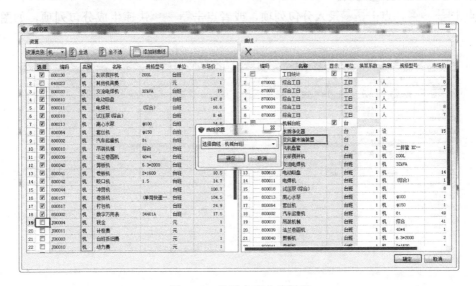

图 9-45　机械台班曲线设置

第 2 步：出资源曲线。

设置好资源统计类别后，关闭曲线设置窗口，在资源曲线窗口中点击 进度总曲线，系统自动显示案例项目的每个月资源量统计，点击 导出图表，可直接导出图片格式文件，如图 9-46 所示。

9.3.6　合约规划并按分包查看费用

项目招投标中，甲乙双方签订的合同是清单维度的，但是乙方进行分包招标的时候，维度是按照资源维度进行的，比如劳务招标合同、混凝土采购合同、机械租赁合同等；这

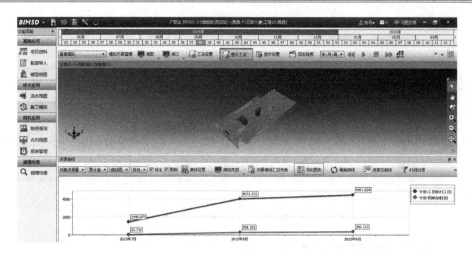

图 9-46　资源曲线显示设置

就需要乙方将与甲方签订的合同进行拆解，并按照劳务、物资采购、机械租赁的维度分配到各类型合同中，便于乙方进行分包招标和分包的成本控制。具体操作步骤如下：

第 1 步：生成分包列项。

点击 合约视图，点击 新建 录入分包列项，或者点击 从模板新建 快速生成分包列项，如图 9-47 所示。

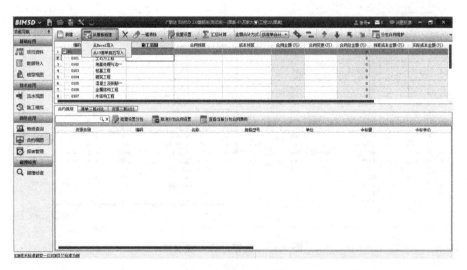

图 9-47　快速生成分包列项

第 2 步：设置分包范围。

选择案例项目中的"混凝土浇捣劳务合同"，点击施工范围列，点击三点按钮，系统弹出"施工范围"设置的窗口，选择"单体-楼层"为区域-1 下所有楼层，选择"专业"为"土建"，选择"流水段"为"所有流水段"，确定完成，则"混凝土浇捣劳务合同"的施工范围为区域-1 中所有构件，如图 9-48 所示。

第 3 步：选择合同预算。

选择案例项目中的"混凝土浇捣劳务合同"，点击合同预算列，点击三点按钮，弹出

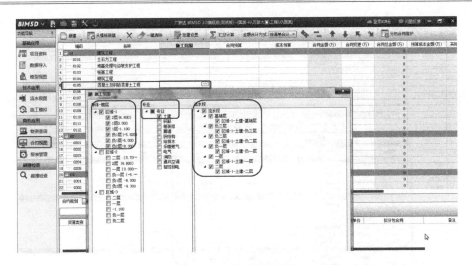

图 9-48　设置分包范围

预算文件窗口，选择合同预算文件"国奥项目.GBQ4"，点击确定，点击 汇总计算，则"混凝土浇捣劳务合同"的收入造价信息取自"国奥项目.GBQ4"。如图 9-49、图 9-50 所示。

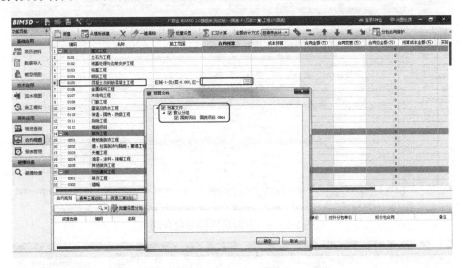

图 9-49　选择合同预算

第 4 步：设置拟分包合同。

点击 分包合同维护，增加当前项目对应的分包合同"混凝土浇捣劳务合同"和"混凝土采购合同"。

合约规划界面中，点击"商品混凝土"列，拟分包合同列选择"混凝土采购合同"；资源类别为"人"下四个资源以及"材"下辅材和"机"下机械的拟分包合同列均选择"混凝土浇捣劳务合同"，分别填写各资源的对外分包单价，则案例项目的"混凝土及钢筋混凝土"列项完成分包的拆分工作，如图 9-51 所示。

设置好拟分包合同后，可以查看每个分包合同对应的费用列项。点击 查看分包合同费用，系统弹出查看分包合同费用窗口，选择"混凝土浇捣劳务合同"，可查看该合同下所有的分包费用项，可将分包费用项导出 excel，作为分包合同的费用条款，如图 9-52 所示。

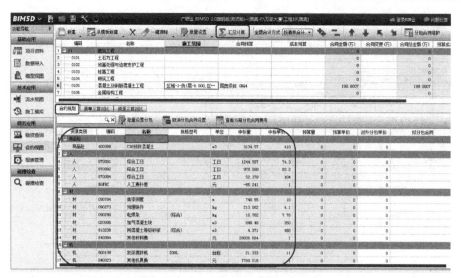

图 9-50　显示对应范围内合同资源

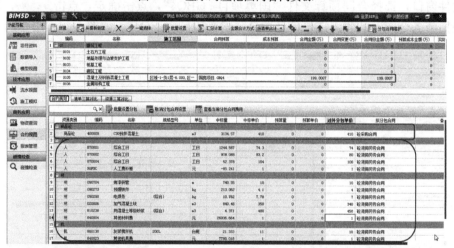

图 9-51　资源设置拟分包合同

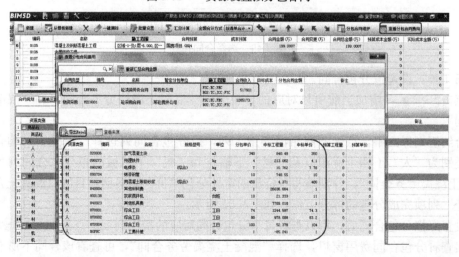

图 9-52　查看分包费用明细

9.3.7　清单资源三算对比

做好项目前期的分包规划后，项目过程中需要进行成本分析，BIM5D 提供了按工程范围进行三算对比，可直观看到工程项目按范围的盈亏和节超情况，便于进行成本控制。

选择"混凝土及钢筋混凝土工程"，成本预算列选择"国奥项目成本预算 .GBQ4"，点击 Σ汇总计算，点击 清单三算对比，系统自动计算清单的中标量价，预算成本量价，实际成本量价默认等于预算成本量价，可以按实际修改，并自动计算盈亏和节超。最后的结果可以点击 导出Excel 生成 excel 格式文件，如图 9-53 所示。

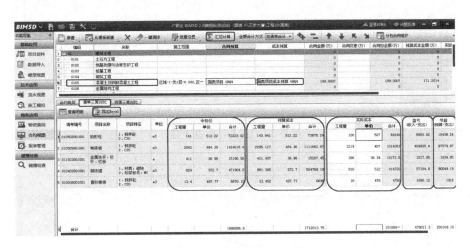

图 9-53　施工范围的清单三算对比

9.3.8　资金报表

BIM5D 资金报表功能可用于竣工决算，相关报表在 web 端呈现。查看资金相关报表需要在 web 端通过互联网查看。工具栏中点击 账号▾，点击[数据管理]（图 9-54），输入广联云项目空间，选择三维模型和成本数据，点击 上传数据，即可将 BIM5D 数据上传 web 端，如图 9-55 所示。

图 9-54　web 账号和数据管理

数据上传后，工具栏点击 账号▾，点击访问BIM云，系统自动打开项目的 web 端。可通过左侧图表导航切换右侧显示内容，如图 9-56、图 9-57 所示。

通过设置时间为项目计划开始和结束时间来进行资金汇总，即可支持案例项目的竣工结算。

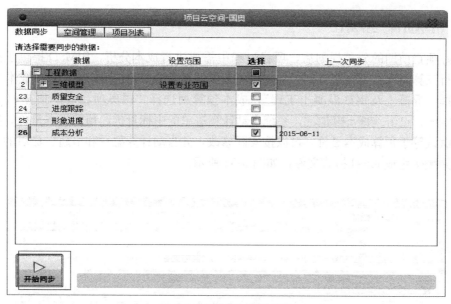

图 9-55　BIM5D 数据上传

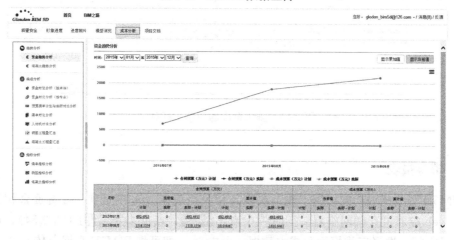

图 9-56　案例项目资金曲线

图 9-57　案例项目清单报表

第 10 章 展 望

BIM 是一种基于模型的建筑业信息技术，目前普遍使用的 CAD 是一种基于图形的建筑业信息技术。建筑业进行项目建设和运维的核心技术由 CAD 向 BIM 升级对整个行业来说意味着模型在项目建设和运维过程中的作用将不断增加，从业人员使用模型完成管理和专业任务的比重将不断增加，实现从目前主要使用图形完成项目任务到未来同时使用模型和图形完成项目任务的生产方式转变，并最终实现行业技术水平、管理水平和服务水平的提升。

BIM 技术的应用可以贯穿工程项目从概念、设计、施工、运维直至拆除整个生命期内的几乎所有生产和管理活动。在国外，美国宾夕法尼亚州立大学（Pennsylvania State University）计算机集成建造（CIC-The Compuer Integrated Construction）研究计划在 2009 年发布的 buildingSMART 联盟委托项目《BIM 项目执行计划指南（BIM Project Execution Planning Guide)》（下面简称《指南》）中通过行业专家访谈、最佳实践分析和文献综述等方法总结了 25 种 BIM 应用（参见表 10-1）。

在国内，2012 年住房城乡建设部《勘察设计和施工 BIM 技术发展对策研究》课题研究结题报告总结了如表 10-2 和表 10-3 所示的 BIM 应用价值表。

当然，限于目前 BIM 软件产品成熟度以及行业从业人员 BIM 应用能力水平普遍不是太高，今天 BIM 应用的价值还没法完全实现，但无论是上述哪一种方式，都充分说明了 BIM 应用的巨大潜力，本书涉及的内容只是 BIM 技术应用最基本的模型创建和模型应用部分，更多的内容还需要大家在今后的工程实践过程中不断地学习、总结、提高。

2015 年 6 月住房城乡建设部发布的《关于推进建筑信息模型应用的指导意见》对我国 BIM 应用提出如下两个方面的发展目标：

（1）到 2020 年末，建筑行业甲级勘察、设计单位以及特级、一级房屋建筑工程施工企业应掌握并实现 BIM 与企业管理系统和其他信息技术的一体化集成应用。

（2）到 2020 年末，以下新立项项目勘察设计、施工、运营维护中，集成应用 BIM 的项目比率达到 90%：以国有资金投资为主的大中型建筑；申报绿色建筑的公共建筑和绿色生态示范小区。

要实现上述发展目标需要从 BIM 基础理论研究、BIM 标准制定、BIM 软件研发、BIM 应用方式实践、BIM 法律环境建立等各个方面进行努力，而所有这一切，都离不开具备 BIM 能力的各类工程技术人才和管理人才。

BIM 的 25 种应用　　　　　　　　　　　　　　　表 10-1

PLAN规划	DESIGN设计	CONSTRUCT施工	OPERATE运营
Existing Conditions Modeling 现状建模			
Cost Estimation 成本预算			
Phase Planning阶段规划			
Programming 规划文本编制			
Site Analysis 场地分析			
	Design Reviews 设计方案论证		
	Design Authoring 设计建模		
	Energy Analysis 能量分析		
	Structural Analysis 结构分析		
	Lighting Analysis 日照分析		
	Mechanical Analysis 设备分析		
	Other Eng. Analysis 其他分析		
	LEED Evaluation LEED 评估		
	Code Validation 规范验证		
		3D Coordination 3D 协调	
		Site Utilization Planning 场地使用规划	
		Construction System Design 施工系统设计	
		Digital Fabrication 数字化加工	
		3D Control and Planning 三维控制和规划	
			Record Model 记录模型
			Maintenance Scheduling 维护计划
			Building System Analysis 建筑系统分析
			Asset Management 资产管理
			Space Mgmt/Tracking 空间管理/追踪
			Disaster Planning 灾害计划

主要BIM应用

次要BIM应用

勘察设计阶段 BIM 应用价值　　　　　　　　　　　表 10-2

勘察设计 BIM 应用内容	勘察设计 BIM 应用价值分析
设计方案论证	设计方案比选与优化，提出性能、品质最优的方案
设计建模	(1) 三维模型展示与漫游体验，很直观； (2) 建筑、结构、机电各专业协同建模； (3) 参数化建模技术实现一处修改，相关联内容智能变更； (4) 避免错、漏、碰、缺发生

续表

勘察设计 BIM 应用内容	勘察设计 BIM 应用价值分析
能耗分析	(1) 通过 IFC 或 gbxml 格式输出能耗分析模型； (2) 对建筑能耗进行计算、评估，进而开展能耗性能优化； (3) 能耗分析结果存储在 BIM 模型或信息管理平台中，便于后续应用
结构分析	(1) 通过 IFC 或 Structure ModelCenter 数据计算模型； (2) 开展抗震、抗风、抗火等结构性能设计； (3) 结构计算结果存储在 BIM 模型或信息管理平台中，便于后续应用
光照分析	(1) 建筑、小区日照性能分析； (2) 室内光源、采光、景观可视度分析； (3) 光照计算结果存储在 BIM 模型或信息管理平台中，便于后续应用
设备分析	(1) 管道、通风、负荷等机电设计中的计算分析模型输出； (2) 冷、热负荷计算分析； (3) 舒适度模拟； (4) 气流组织模拟； (5) 设备分析结果存储在 BIM 模型或信息管理平台中，便于后续应用
绿色评估	(1) 通过 IFC 或 gbxml 格式输出绿色评估模型； (2) 建筑绿色性能分析，其中包括：规划设计方案分析与优化；节能设计与数据分析；建筑遮阳与太阳能利用；建筑采光与照明分析；建筑室内自然通风分析；建筑室外绿化环境分析；建筑声环境分析；建筑小区雨水采集和利用； (3) 绿色分析结果存储在 BIM 模型或信息管理平台中，便于后续应用
工程量统计	(1) BIM 模型输出土建、设备统计报表； (2) 输出工程量统计，与概预算专业软件集成计算； (3) 概预算分析结果存储在 BIM 模型或信息管理平台中，便于后续应用
其他性能分析	(1) 建筑表面参数化设计； (2) 建筑曲面幕墙参数化分格、优化与统计
管线综合	各专业模型碰撞检测，提前发现错、漏、碰、缺等问题，减少施工中的返工和浪费
规范验证	BIM 模型与规范、经验相结合，实现智能化的设计，减少错误，提高设计便利性和效率
设计文件编制	从 BIM 模型中输出二维图纸、计算书、统计表单，特别是详图和表达，可以提高施工图的出图效率，并能有效减少二维施工图中的错误

施工阶段 BIM 应用价值 表 10-3

工程施工 BIM 应用	工程施工 BIM 应用价值分析
支撑施工投标的 BIM 应用	(1) 3D 施工工况展示； (2) 4D 虚拟建造
支撑施工管理和工艺改进的单项功能 BIM 应用	(1) 设计图纸审查和深化设计； (2) 4D 虚拟建造，工程可建性模拟（样板对象）； (3) 基于 BIM 的可视化技术讨论和简单协同； (4) 施工方案论证、优化、展示以及技术交底； (5) 工程量自动计算； (6) 消除现场施工过程干扰或施工工艺冲突； (7) 施工场地科学布置和管理； (8) 有助于构配件预制生产、加工及安装

工程施工 BIM 应用	工程施工 BIM 应用价值分析
支撑项目、企业和行业管理集成与提升的综合 BIM 应用	(1) 4D 计划管理和进度监控； (2) 施工方案验证和优化； (3) 施工资源管理和协调； (4) 施工预算和成本核算； (5) 质量安全管理； (6) 绿色施工； (7) 总承包、分包管理协同工作平台； (8) 施工企业服务功能和质量的拓展、提升
支撑基于模型的工程档案数字化和项目运维的 BIM 应用	(1) 施工资料数字化管理； (2) 工程数字化交付、验收和竣工资料数字化归档； (3) 业主项目运维服务

附录　住房城乡建设部《关于推进建筑信息模型应用的指导意见》

住房城乡建设部关于印发推进建筑信息模型应用指导意见的通知

各省、自治区住房城乡建设厅，直辖市建委（规委），新疆生产建设兵团建设局，总后基建营房部工程局：

为指导和推动建筑信息模型（Building Information Modeling，BIM）的应用，我部研究制定了《关于推进建筑信息模型应用的指导意见》，现印发给你们，请遵照执行。

中华人民共和国住房和城乡建设部

2015 年 6 月 16 日

关于推进建筑信息模型应用的指导意见

为贯彻《关于印发 2011-2015 年建筑业信息化发展纲要的通知》（建质［2011］67 号）和《住房城乡建设部关于推进建筑业发展和改革的若干意见》（建市［2014］92 号）的有关工作部署，现就推进建筑信息模型（Building Information Modeling，以下简称 BIM）的应用提出以下意见。

一、BIM 在建筑领域应用的重要意义

BIM 是在计算机辅助设计（CAD）等技术基础上发展起来的多维模型信息集成技术，是对建筑工程物理特征和功能特性信息的数字化承载和可视化表达。

BIM 能够应用于工程项目规划、勘察、设计、施工、运营维护等各阶段，实现建筑全生命期各参与方在同一多维建筑信息模型基础上的数据共享，为产业链贯通、工业化建造和繁荣建筑创作提供技术保障；支持对工程环境、能耗、经济、质量、安全等方面的分析、检查和模拟，为项目全过程的方案优化和科学决策提供依据；支持各专业协同工作、项目的虚拟建造和精细化管理，为建筑业的提质增效、节能环保创造条件。

信息化是建筑产业现代化的主要特征之一，BIM 应用作为建筑业信息化的重要组成部分，必将极大地促进建筑领域生产方式的变革。

目前，BIM 在建筑领域的推广应用还存在着政策法规和标准不完善、发展不平衡、本土应用软件不成熟、技术人才不足等问题，有必要采取切实可行的措施，推进 BIM 在建筑领域的应用。

二、指导思想与基本原则

（一）指导思想。

以工程建设法律法规、技术标准为依据，坚持科技进步和管理创新相结合，在建筑领域普及和深化 BIM 应用，提高工程项目全生命期各参与方的工作质量和效率，保障工程建设优质、安全、环保、节能。

（二）基本原则。

1. 企业主导，需求牵引。发挥企业在 BIM 应用中的主体作用，聚焦于工程项目全生命期内的经济、社会和环境效益，通过 BIM 应用，提高工程项目管理水平，保证工程质量和综合效益。

2. 行业服务，创新驱动。发挥行业协会、学会组织优势，自主创新与引进集成创新并重，研发具有自主知识产权的 BIM 应用软件，建立 BIM 数据库及信息平台，培养研发和应用人才队伍。

3. 政策引导，示范推动。发挥政府在产业政策上的引领作用，研究出台推动 BIM 应用的政策措施和技术标准。坚持试点示范和普及应用相结合，培育龙头企业，总结成功经验，带动全行业的 BIM 应用。

三、发展目标

到 2020 年末，建筑行业甲级勘察、设计单位以及特级、一级房屋建筑工程施工企业应掌握并实现 BIM 与企业管理系统和其他信息技术的一体化集成应用。

到 2020 年末，以下新立项项目勘察设计、施工、运营维护中，集成应用 BIM 的项目比率达到 90％：以国有资金投资为主的大中型建筑；申报绿色建筑的公共建筑和绿色生态示范小区。

四、工作重点

各级住房城乡建设主管部门要结合实际，制定 BIM 应用配套激励政策和措施，扶持和推进相关单位开展 BIM 的研发和集成应用，研究适合 BIM 应用的质量监管和档案管理模式。有关单位和企业要根据实际需求制定 BIM 应用发展规划、分阶段目标和实施方案，合理配置 BIM 应用所需的软硬件。改进传统项目管理方法，建立适合 BIM 应用的工程管理模式。构建企业级各专业族库，逐步建立覆盖 BIM 创建、修改、交换、应用和交付全过程的企业 BIM 应用标准流程。通过科研合作、技术培训、人才引进等方式，推动相关人员掌握 BIM 应用技能，全面提升 BIM 应用能力。

（一）建设单位。

全面推行工程项目全生命期、各参与方的 BIM 应用，要求各参建方提供的数据信息具有便于集成、管理、更新、维护以及可快速检索、调用、传输、分析和可视化等特点。实现工程项目投资策划、勘察设计、施工、运营维护各阶段基于 BIM 标准的信息传递和信息共享。满足工程建设不同阶段对质量管控和工程进度、投资控制的需求。

1. 建立科学的决策机制。在工程项目可行性研究和方案设计阶段，通过建立基于 BIM 的可视化信息模型，提高各参与方的决策参与度。

2. 建立 BIM 应用框架。明确工程实施阶段各方的任务、交付标准和费用分配比例。

3. 建立 BIM 数据管理平台。建立面向多参与方、多阶段的 BIM 数据管理平台，为各阶段的 BIM 应用及各参与方的数据交换提供一体化信息平台支持。

4. 建筑方案优化。在工程项目勘察、设计阶段，要求各方利用 BIM 开展相关专业的性能分析和对比，对建筑方案进行优化。

5. 施工监控和管理。在工程项目施工阶段，促进相关方利用 BIM 进行虚拟建造，通过施工过程模拟对施工组织方案进行优化，确定科学合理的施工工期，对物料、设备资源进行动态管控，切实提升工程质量和综合效益。

6. 投资控制。在招标、工程变更、竣工结算等各个阶段，利用 BIM 进行工程量及造价的精确计算，并作为投资控制的依据。

7. 运营维护和管理。在运营维护阶段，充分利用 BIM 和虚拟仿真技术，分析不同运营维护方案的投入产出效果，模拟维护工作对运营带来的影响，提出先进合理的运营维护方案。

（二）勘察单位。

研究建立基于 BIM 的工程勘察流程与工作模式，根据工程项目的实际需求和应用条件确定不同阶段的工作内容。开展 BIM 示范应用。

1. 工程勘察模型建立。研究构建支持多种数据表达方式与信息传输的工程勘察数据库，研发和采用 BIM 应用软件与建模技术，建立可视化的工程勘察模型，实现建筑与其地下工程地质信息的三维融合。

2. 模拟与分析。实现工程勘察基于 BIM 的数值模拟和空间分析，辅助用户进行科学决策和规避风险。

3. 信息共享。开发岩土工程各种相关结构构件族库，建立统一数据格式标准和数据交换标准，实现信息的有效传递。

（三）设计单位。

研究建立基于 BIM 的协同设计工作模式，根据工程项目的实际需求和应用条件确定不同阶段的工作内容。开展 BIM 示范应用，积累和构建各专业族库，制定相关企业标准。

1. 投资策划与规划。在项目前期策划和规划设计阶段，基于 BIM 和地理信息系统（GIS）技术，对项目规划方案和投资策略进行模拟分析。

2. 设计模型建立。采用 BIM 应用软件和建模技术，构建包括建筑、结构、给排水、暖通空调、电气设备、消防等多专业信息的 BIM 模型。根据不同设计阶段任务要求，形成满足各参与方使用要求的数据信息。

3. 分析与优化。进行包括节能、日照、风环境、光环境、声环境、热环境、交通、抗震等在内的建筑性能分析。根据分析结果，结合全生命期成本，进行优化设计。

4. 设计成果审核。利用基于 BIM 的协同工作平台等手段，开展多专业间的数据共享和协同工作，实现各专业之间数据信息的无损传递和共享，进行各专业之间的碰撞检测和管线综合碰撞检测，最大限度减少错、漏、碰、缺等设计质量通病，提高设计质量和效率。

（四）施工企业。

改进传统项目管理方法，建立基于 BIM 应用的施工管理模式和协同工作机制。明确施工阶段各参与方的协同工作流程和成果提交内容，明确人员职责，制定管理制度。开展 BIM 应用示范，根据示范经验，逐步实现施工阶段的 BIM 集成应用。

1. 施工模型建立。施工企业应利用基于 BIM 的数据库信息，导入和处理已有的 BIM 设计模型，形成 BIM 施工模型。

2. 细化设计。利用 BIM 设计模型根据施工安装需要进一步细化、完善，指导建筑部品构件的生产以及现场施工安装。

3. 专业协调。进行建筑、结构、设备等各专业以及管线在施工阶段综合的碰撞检测、分析和模拟，消除冲突，减少返工。

4. 成本管理与控制。应用 BIM 施工模型，精确高效计算工程量，进而辅助工程预算的编制。在施工过程中，对工程动态成本进行实时、精确的分析和计算，提高对项目成本和工程造价的管理能力。

5. 施工过程管理。应用 BIM 施工模型，对施工进度、人力、材料、设备、质量、安全、场地布置等信息进行动态管理，实现施工过程的可视化模拟和施工方案的不断优化。

6. 质量安全监控。综合应用数字监控、移动通讯和物联网技术，建立 BIM 与现场监测数据的融合机制，实现施工现场集成通讯与动态监管、施工时变结构及支撑体系安全分析、大型施工机械操作精度检测、复杂结构施工定位与精度分析等，进一步提高施工精度、效率和安全保障水平。

7. 地下工程风险管控。利用基于 BIM 的岩土工程施工模型，模拟地下工程施工过程以及对周边环境影响，对地下工程施工过程可能存在的危险源进行分析评估，制定风险防控措施。

8. 交付竣工模型。BIM 竣工模型应包括建筑、结构和机电设备等各专业内容，在三维几何信息的基础上，还包含材料、荷载、技术参数和指标等设计信息，质量、安全、耗材、成本等施工信息，以及构件与设备信息等。

（五）工程总承包企业。

根据工程总承包项目的过程需求和应用条件确定 BIM 应用内容，分阶段（工程启动、工程策划、工程实施、工程控制、工程收尾）开展 BIM 应用。在综合设计、咨询服务、集成管理等建筑业价值链中技术含量高、知识密集型的环节大力推进 BIM 应用。优化项目实施方案，合理协调各阶段工作，缩短工期、提高质量、节省投资。实现与设计、施工、设备供应、专业分包、劳务分包等单位的无缝对接，优化供应链，提升自身价值。

1. 设计控制。按照方案设计、初步设计、施工图设计等阶段的总包管理需求，逐步建立适宜的多方共享的 BIM 模型。使设计优化、设计深化、设计变更等业务基于统一的 BIM 模型，并实施动态控制。

2. 成本控制。基于 BIM 施工模型，快速形成项目成本计划，高效、准确地进行成本预测、控制、核算、分析等，有效提高成本管控能力。

3. 进度控制。基于 BIM 施工模型，对多参与方、多专业的进度计划进行集成化管理，全面、动态地掌握工程进度、资源需求以及供应商生产及配送状况，解决施工和资源配置的冲突和矛盾，确保工期目标实现。

4. 质量安全管理。基于 BIM 施工模型，对复杂施工工艺进行数字化模拟，实现三维可视化技术交底；对复杂结构实现三维放样、定位和监测；实现工程危险源的自动识别分析和防护方案的模拟；实现远程质量验收。

5. 协调管理。基于 BIM，集成各分包单位的专业模型，管理各分包单位的深化设计和专业协调工作，提升工程信息交付质量和建造效率；优化施工现场环境和资源配置，减少施工现场各参与方、各专业之间的互相干扰。

6. 交付工程总承包 BIM 竣工模型。工程总承包 BIM 竣工模型应包括工程启动、工程策划、工程实施、工程控制、工程收尾等工程总承包全过程中，用于竣工交付、资料归档、运营维护的相关信息。

（六）运营维护单位。

改进传统的运营维护管理方法，建立基于 BIM 应用的运营维护管理模式。建立基于 BIM 的运营维护管理协同工作机制、流程和制度。建立交付标准和制度，保证 BIM 竣工模型完整、准确地提交到运营维护阶段。

1. 运营维护模型建立。可利用基于 BIM 的数据集成方法，导入和处理已有的 BIM 竣工交付模型，再通过运营维护信息录入和数据集成，建立项目 BIM 运营维护模型。也可以利用其他竣工资料直接建立 BIM 运营维护模型。

2. 运营维护管理。应用 BIM 运营维护模型，集成 BIM、物联网和 GIS 技术，构建综合 BIM 运营维护管理平台，支持大型公共建筑和住宅小区的基础设施和市政管网的信息化管理，实现建筑物业、设备、设施及其巡检维修的精细化和可视化管理，并为工程健康监测提供信息支持。

3. 设备设施运行监控。综合应用智能建筑技术，将建筑设备及管线的 BIM 运营维护模型与楼宇设备自动控制系统相结合，通过运营维护管理平台，实现设备运行和排放的实时监测、分析和控制，支持设备设施运行的动态信息查询和异常情况快速定位。

4. 应急管理。综合应用 BIM 运营维护模型和各类灾害分析、虚拟现实等技术，实现各种可预见灾害模拟和应急处置。

五、保障措施

（一）大力宣传 BIM 理念、意义、价值，通过政府投资工程招投标、工程创优评优、绿色建筑和建筑产业现代化评价等工作激励建筑领域的 BIM 应用。

（二）梳理、修订、补充有关法律法规、合同范本的条款规定，研究并建立基于 BIM 应用的工程建设项目政府监管流程；研究基于 BIM 的产业（企业）价值分配机制，形成市场化的工程各方应用 BIM 费用标准。

（三）制订有关工程建设标准和应用指南，建立 BIM 应用标准体系；研究建立基于 BIM 的公共建筑构件资源数据中心及服务平台。

（四）研究解决提升 BIM 应用软件数据集成水平等一系列重大技术问题；鼓励 BIM 应用软件产业化、系统化、标准化，支持软件开发企业自主研发适合国情的 BIM 应用软件；推动开发基于 BIM 的工程项目管理与企业管理系统。

（五）加强工程质量安全监管、施工图审查、工程监理、造价咨询以及工程档案管理等工作中的 BIM 应用研究，逐步将 BIM 融入相关政府部门和企业的日常管理工作中。

（六）培育产、学、研、用相结合的 BIM 应用产业化示范基地和产业联盟；在条件具备的地区和行业，建设 BIM 应用示范（试点）工程。

（七）加强对企业管理人员和技术人员关于 BIM 应用的相关培训，在注册执业资格人员的继续教育必修课中增加有关 BIM 的内容；鼓励有条件的地区，建立企业和人员的 BIM 应用水平考核评价机制。

参 考 文 献

1. 2011-2015 年建筑业信息化发展纲要. 住房城乡建设部，2011.
2. 关于推进建筑业发展和改革的若干意见. 住房城乡建设部，2014.
3. 关于推进建筑信息模型应用的指导意见. 住房城乡建设部，2015.
4. BIM 技术综合应用培训教材，广州优比建筑咨询有限公司内部资料，2010-2015.
5. 广联达 BIM 5D 软件使用手册，2014.
6. 斯维尔三维算量 For Revit（THS-3DA For Revit）软件使用手册. 2015.
7. Autodesk 官网资料及软件帮助文档，http://www.autodesk.com.cn.

编 委 简 介

王轶群

广州优比建筑咨询有限公司技术总监，曾经在各类建筑设计工程公司从事室内设计方案创作、设计深化和项目管理等工作多年。2005 年加入 Autodesk，研究 BIM 应用，参与相关软件的设计和研发，推广 BIM 技术在建筑工程领域的应用。2008 年作为 Autodesk 在中国的第一位咨询顾问，负责拓展和实施 BIM 咨询服务，直接支持国内外设计、施工、业主企业在项目建设全过程中的 BIM 应用。

何波

广州优比建筑咨询有限公司副总经理，负责 BIM 项目级应用和软件开发。中国建筑工业出版社"BIM 技术实战技巧丛书"《Revit 与 Navisworks 实用疑难 200 问》主编，"BIM 技术应用丛书"《BIM 第二维度——项目不同参与方的 BIM 应用》、《BIM 第一维度——项目不同阶段的 BIM 应用》副主编、中国建筑股份有限公司《建筑工程设计 BIM 应用指南》、《建筑工程施工 BIM 应用指南》编委。1985 年开始进行电脑辅助结构计算，1989 年从事推广普及 CAD 技术，2004 年开始推广 BIM 在工程建设行业的应用，曾经在国企、民企从事过工业与民用建筑设计、软件开发应用、咨询服务等工作。

王鹏翊

广联达软件股份有限公司 BIM 产品部副总经理，致力于建筑信息化产品研发，有多年 BIM 产品的研发以及应用经验。目前主要负责广联达施工阶段重点 BIM 产品 BIM5D 产品的研发。2003 年加入广联达，负责施工项目管理系统的研发。2009 年开始负责 BIM 业务研究和产品开发，曾担任负责多个 BIM 项目经理，包括广州东塔等 BIM 项目。

张立杰

深圳市斯维尔科技有限公司高级副总裁，BIM 及绿色建筑咨询中心总经理，长期从事 BIM 软件研发和 BIM 及绿色建筑技术研究实践工作，对国内外主流 BIM 软件有较深入认识，对当前 BIM 应用现状与 BIM 技术发展趋势有深入思考和认识。是中国建设教育协会 BIM 委员会委员，中国图形学会项目管理研究分会 BIM 专业委员会专家，深圳勘察设计行业协会 BIM 工作委员会技术顾问。

致　谢

　　本书所用工程案例的原始资料由北京国奥五环国家体育馆经营管理有限公司授权提供，国奥集团执行副总裁周昕昕女士对本书的编写工作给予了极大的支持和帮助，特此致谢！